動物園学入門

An Introduction to Zoo Science

村田浩一・成島悦雄・原久美子〔編〕

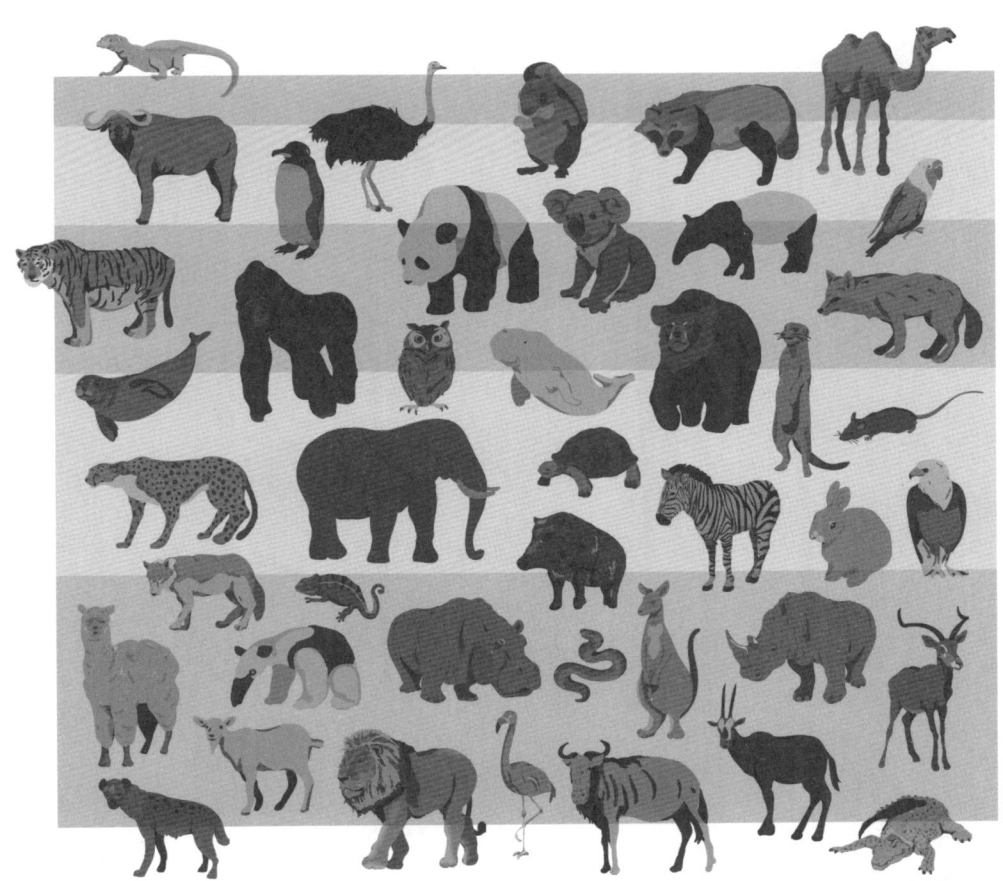

朝倉書店

『動物園学入門』刊行にあたって

　国内の動物園関係者が多数協力して，『動物園学入門』の出版にたどり着いたことを心から嬉しく思う．"動物園学"が何であるかについては，本書の序論で述べたとおりであるが，「消えていいのか，日本の動物園水族館」（日本動物園水族館協会）と，かまびすしく存在意義が問われている現在の動物園界にとって，この新たな学問領域の必要性を痛感していたから，出版の嬉しさは一入（ひとしお）である．

　欧米の先進的動物園では，飼育下野生動物にかかわる生物学や保全生物学，そして環境教育学が日本よりはるかに発展している．関連の専門書も毎年出版されている．これまでに，その幾冊かを翻訳出版し動物園における飼育や管理運営面での参考にもしてきた．しかし，優れた海外事例から学びつつも，胸の内に違和感を覚えていたのも嘘ではない．

　上記の訳書にも記されていることだが，欧米先進国が取り組んでいる各種動物園事業の標準化や規準化は，確かに世界の動物園がともに進歩してゆくうえで有効であると思う．しかし，それらが日本を含むアジア諸国の動物園に画一的に応用可能かといえば，問題が多いと言わざるを得ない．

　標準化を全面的に否定はしないが，文化や社会状況の異なる場へ，一様もしくは一律に世界標準（グローバル・スタンダード）を導入することに諸手を挙げて賛同はしない．飼育技術面でグローバル・スタンダードが有用な場面は多いかもしれない．だが，動物の保護や福祉に関しては，国それぞれの思想や宗教観，そして歴史的背景があり，迅速に対応できない場合も少なくないし，その取り組み方も多様だと考える．さらに，押し付けられると反発するのは世の習いである．

　では，国際的潮流やネットワークに協調しながらも迎合することなく，その国の動物園観ともいえる概念にも配慮した動物園づくりを目指すには，どのようにすればよいのだろうか？　いつも思っていたのは，その国の動物園関係者によって執筆された，その国の動物園の役割や道筋を示すための教科書の必要性であった．

　動物園の役割には，レクリエーション，教育，保護，研究の4つがあると言われてきた．これらの役割の一部は研究対象になっており，そのための学問的背景もある．そもそも近代動物園が誕生して以降，しばらくは動物園学が重要な設立基盤となっていた．現代においても，希少種の域外保全にかかわる繁殖研究では，既存の畜産学や獣医学が学問的背景となっている．動物園の環境教育に関係した学会も存在する．学問とは縁遠く感じられるレクリエーションにおいてさえ，地域振興やツーリズムなどの観点から研究対象となり，海外では動物園のエコツーリズムに関する専門書も出版されている．このように動物園の基盤として学問が存在し，現在も成立し得る背景は十分にある．にもかかわらず，国

内で動物園専門の学問領域を設けようとした試みは動物園の設立当初から認められず，4つの役割を有機的に結びつけようとした学者や研究者の動きもなかった．

　本書の出版意図は，動物園を取り巻く多様な学問を総合した動物園学を興し，アカデミアの中に学問領域として普及させ，動物園における学術的基盤の構築に役立てることにある．そして，この国に動物園文化を定着させる布石とすることである．

　ただし，布石は将来のために配置するひとつの石にすぎない．将来的な動物園学の発展を確固とするためには，より多くの礎石を敷き詰める必要がある．その地道な第一歩が本書の出版であることを私たちは共通認識している．将来的に，この布石としての教科書が幾度も改訂され，もしくは次世代の動物園人による新たな教科書が出版され続け，動物園学が動物園にとって当たり前の存在になるような文化が日本に根付くことを願っている．

　なお，本書中の用語・固有名詞等はできる限り統一性を図ったが，執筆者の専門分野特有の表記を尊重し一定の揺れを容認したものもある．読み進めるうえであらかじめそのむねをご理解いただきたい．

　2014年7月吉日

村田浩一・成島悦雄・原　久美子

編集者

村田浩一	よこはま動物園ズーラシア 園長*／日本大学生物資源科学部 教授
成島悦雄	東京都井の頭自然文化園 園長**／日本獣医生命科学大学 客員教授
原　久美子	横浜市立金沢動物園 園長*

執筆者 (50音順)

浅川満彦	酪農学園大学獣医学群	冨澤奏子	The Zoological Lighting Institute
浅野早苗	日本大学生物資源科学部	冨田恭正	多摩動物公園**
天野未知	葛西臨海水族園**	豊嶋省二	恩賜上野動物園**
荒井　寛	恩賜上野動物園**	長倉かすみ	公益財団法人 横浜市緑の協会
石田　戩	千葉市動物公園 園長	永田尚志	新潟大学 朱鷺・自然再生学研究センター
大沼　学	独立行政法人 国立環境研究所	並木美砂子	帝京科学大学生命環境学部
大橋直哉	東京都井の頭自然文化園**	成島悦雄	東京都井の頭自然文化園 園長**
小川裕子	多摩動物公園**	日橋一昭	狭山市立智光山公園こども動物園
梶川　博	日本大学生物資源科学部	橋川　央	名古屋市東山動物園 園長
川上茂久	群馬サファリパーク 園長	橋崎文隆	前 恩賜上野動物園**
川田　健	前 スタッテン島動物園	原　久美子	横浜市立金沢動物園 園長*
木下直之	東京大学大学院人文社会系研究科	福井大祐	EnVision 環境保全事務所
桐生大輔	横浜市立野毛山動物園*	福本幸夫	前 広島市安佐動物公園 園長
楠田哲士	岐阜大学応用生物科学部	細田孝久	多摩動物公園**
桑原一司	前 広島市安佐動物公園	堀　秀正	恩賜上野動物園**
小松　守	秋田市大森山動物園 園長	本田公夫	Wildlife Conservation Society
佐々木基樹	帯広畜産大学基礎獣医学研究部門	松本朱実	動物教材研究所 pocket
さとうあきら	動物・写真家	松本令以	横浜市立野毛山動物園*
椎名　脩	愛媛県立とべ動物園	三浦慎悟	早稲田大学人間科学学術院
柴田典弘	秋田市大森山動物園	宮下　実	前 天王寺動物公園 園長
正田陽一	東京大学名誉教授	村井良子	有限会社 プランニング・ラボ
杉田平三	多摩動物公園**	村田浩一	よこはま動物園ズーラシア 園長*
高藤　彰	前 恩賜上野動物園**	山本茂行	富山市ファミリーパーク 園長
田中正之	京都市動物園	綿貫宏史朗	NPO法人 市民ZOOネットワーク
土居利光	恩賜上野動物園 園長**		

*：公益財団法人 横浜市緑の協会
**：公益財団法人 東京動物園協会

目　　次

1　序論—動物園学とは……………………………………………………[村田浩一]…1
  1.1　動物園の存在意義…………………………………………………………………1
  1.2　動物園学とは何か…………………………………………………………………2
    1.2.1　動物園学の体系……………………………………………………………2
    1.2.2　動物園の氷山モデル………………………………………………………3
    1.2.3　進化する動物園学…………………………………………………………4

2　動物園の歴史学………………………………………………………………………6
  2.1　動物園の歴史………………………………………………………………………6
    2.1.1　近代動物園のあゆみ……………………………………………[川田　健]…6
    【コラム】サファリ……………………………………………………[川上茂久]…11
    2.1.2　日本の動物園史…………………………………………………[石田　戢]…12
    【コラム】ドリームナイト・アット・ザ・ズー……………………[長倉かすみ]…16
  2.2　動物園の文化—動物園はどこに向かう…………………………[木下直之]…17
    2.2.1　日本社会のなかの動物園…………………………………………………17
    2.2.2　ゾウ飼育をめぐる議論……………………………………………………18
    【コラム】特色のある動物園………………………………………[綿貫宏史朗]…20

3　動物園の生物学………………………………………………………………………24
  3.1　概　　論…………………………………………………………[楠田哲士]…24
    3.1.1　動物園生物学とは…………………………………………………………24
    3.1.2　動物園生物学の研究動向…………………………………………………25
    3.1.3　動物園生物学の研究体制…………………………………………………25
    3.1.4　動物園生物学の研究の倫理………………………………………………26
  3.2　各　　論…………………………………………………………………………27
    3.2.1　比較解剖………………………………………………………[佐々木基樹]…27
    3.2.2　動物の学習に関する基礎知識…………………………………[田中正之]…32
    【コラム】ハズバンダリートレーニング……………………………[柴田典弘]…35
    3.2.3　動物園における行動学，生態学—有蹄類を中心に……………[三浦慎悟]…36
    3.2.4　繁殖生理・内分泌………………………………………………[楠田哲士]…40

4　動物園の保全生物学…………………………………………………………………46
  4.1　概　　論…………………………………………………………[成島悦雄]…46

4.1.1　野生生物の現状……………………………………………………………46
　　4.1.2　飼育個体群をつくる意味…………………………………………………47
　　4.1.3　飼育個体群の管理…………………………………………………………48
　　4.1.4　生息域内保全を保管する生息域外保全…………………………………49
　　【コラム】国際間交流………………………………………………[原　久美子]…50
　4.2　各　　　論…………………………………………………………………………51
　　4.2.1　域外保全と域内保全……………………………………[桑原一司]…51
　　4.2.2　希少種の保全……………………………………………[大橋直哉]…55
　　4.2.3　遺伝資源の保存…………………………………………[大沼　学]…59
　　【コラム】友好動物…………………………………………………[橋川　央]…63

5　動物園の飼育管理学……………………………………………………………64
　5.1　概　　　論………………………………………………………[堀　秀正]…64
　　5.1.1　博物館としての動物園……………………………………………………64
　　5.1.2　資料の保管…………………………………………………………………64
　　5.1.3　種の同一性の保持…………………………………………………………65
　　5.1.4　生息環境の再現……………………………………………………………66
　　5.1.5　飼育管理の手法としての安楽殺…………………………………………66
　　5.1.6　持続可能な利用と生息域内保全…………………………………………67
　5.2　各　　　論…………………………………………………………………………67
　　5.2.1　動物の栄養………………………………………[梶川　博・浅野早苗]…67
　　5.2.2　動物園動物の個体管理……………………………………[堀　秀正]…71
　　5.2.3　動物園における展示動物の遺伝管理……………………[正田陽一]…74
　　5.2.4　動物園での飼育個体群の遺伝的管理……………………[永田尚志]…77
　　5.2.5　捕獲・移送技術……………………………………………[橋崎文隆]…80
　　5.2.6　動物飼育各論………………………………………………………………83
　　　a．哺乳類………………………………………………………[細田孝久]…83
　　　b．鳥　類……………………………………………[杉田平三・小川裕子]…86
　　　c．爬虫類………………………………………………………[桐生大輔]…90
　　　d．両生類………………………………………………………[荒井　寛]…92
　　【コラム】野生動物の人工保育……………………………………[椎名　脩]…96

6　動物園の獣医学…………………………………………………………………98
　6.1　概論―動物園の医学……………………………………………[松本令以]…98
　　6.1.1　動物園獣医師の役割………………………………………………………98
　　6.1.2　動物園医学教育……………………………………………………………98
　　6.1.3　診療の実際…………………………………………………………………99
　　6.1.4　インフォームド・コンセント……………………………………………100

6.1.5　診療情報の蓄積と収集 ……………………………………………………… 100
　　　6.1.6　終末期医療と安楽殺 …………………………………………………………… 100
　　　6.1.7　病理検査と動物遺体の有効活用 ……………………………………………… 101
　　　6.1.8　保全医学と動物園獣医師 ……………………………………………………… 101
　　　【コラム】傷病鳥獣の救護 ………………………………………………[松本令以]… 102
　6.2　各　　論 ……………………………………………………………………………… 102
　　　6.2.1　予防医学 ……………………………………………………………[豊嶋省二]… 103
　　　6.2.2　外科学 ………………………………………………………………[福井大祐]… 106
　　　【コラム】国内初の野生動物の皮膚移植手術 ……………………………[福井大祐]… 108
　　　6.2.3　内科学 ………………………………………………………………[宮下　実]… 109
　　　6.2.4　寄生虫学 ……………………………………………………………[浅川満彦]… 111
　　　6.2.5　感染症学 ……………………………………………………………[福本幸夫]… 115
　　　6.2.6　麻酔学 ………………………………………………………………[福井大祐]… 117
　　　【コラム】不動化あれこれ ………………………………………………[福井大祐]… 120
　　　【コラム】難敵チンパンジー対策 ………………………………………[福井大祐]… 120
　　　【コラム】治療成功の鍵は麻酔にあり …………………………………[福井大祐]… 121

7　動物園の展示学―動物園とデザイン …………………………………………………… 122
　7.1　総論―動物園展示の形態 ……………………………………………[本田公夫]… 122
　　　7.1.1　建築物主導の展示デザイン …………………………………………………… 122
　　　7.1.2　ハーゲンベックの革命 ………………………………………………………… 125
　　　7.1.3　ニューヨークとジオラマ的動物展示の起源 ………………………………… 126
　　　7.1.4　アリゾナ・ソノーラ砂漠博物館からランドスケープ・イマージョンへ …… 127
　　　7.1.5　ストーリー性とテーマパーク化 ……………………………………………… 129
　7.2　各　　論 ………………………………………………………………[本田公夫]… 132
　　　7.2.1　日本の展示文化 ………………………………………………………………… 132
　　　7.2.2　媒体としての展示を考える …………………………………………………… 132
　　　7.2.3　デザインのプロセスと役割分担 ……………………………………………… 134
　　　7.2.4　解説サイン ……………………………………………………………………… 135
　　　7.2.5　景観デザイン …………………………………………………………………… 136
　　　7.2.6　展示の評価 ……………………………………………………………………… 139
　　　7.2.7　ユニバーサルデザインと動物園 ……………………………………………… 140
　　　7.2.8　動物展示を越えて ……………………………………………………………… 141
　　　【コラム】展示における解説計画と課題 ………………………………[村井良子]… 142
　　　7.2.9　動物園での体験型展示 ………………………………………………[天野未知]… 143

8　動物園の教育学 …………………………………………………………………………… 148
　8.1　概　　論 ……………………………………………………………[並木美砂子]… 148

8.1.1　動物園教育の目的—持続可能な社会構築のための人づくり……………………148
　　8.1.2　動物教育と動物園教育の関係……………………………………………………149
　　8.1.3　対象とプログラム…………………………………………………………………149
　【コラム】こども動物園……………………………………………………[高藤　彰]…151
　8.2　各　　　論………………………………………………………………………………153
　　8.2.1　学校教育との連携……………………………………………………[松本朱実]…153
　【コラム】動物園でのガイド—インタープリテーションの心得……………[松本朱実]…157
　　8.2.2　参加型プログラム……………………………………………………[長倉かすみ]…158
　【コラム】動物の写真撮影法……………………………………………[さとうあきら]…162

9　動物園の福祉学……………………………………………………………………………164
　9.1　概論—動物園動物の福祉と倫理…………………………………………[土居利光]…164
　　9.1.1　「動物福祉」が指していること……………………………………………………164
　　9.1.2　動物福祉という思想………………………………………………………………164
　　9.1.3　動物福祉の流れ……………………………………………………………………165
　　9.1.4　環境倫理と動物倫理………………………………………………………………165
　　9.1.5　動物園動物の倫理と福祉…………………………………………………………166
　【コラム】動物慰霊碑………………………………………………………[成島悦雄]…167
　9.2　各　　　論………………………………………………………………………………168
　　9.2.1　動物園の倫理…………………………………………………………[土居利光]…168
　　9.2.2　環境エンリッチメント………………………………………………[細田孝久]…169
　【コラム】動物園で働くには………………………………………………[村田浩一]…171

10　動物園の経営学…………………………………………………………………………173
　10.1　概　　　論………………………………………………………………[小松　守]…173
　　10.1.1　動物園と経営………………………………………………………………………173
　　10.1.2　動物園経営と目標設定……………………………………………………………174
　　10.1.3　目標達成に必要な動物園組織……………………………………………………175
　　10.1.4　組織管理と統括……………………………………………………………………175
　　10.1.5　組織管理の人間論…………………………………………………………………176
　10.2　各　　　論………………………………………………………………………………177
　　10.2.1　動物園の組織と体制…………………………………………………[山本茂行]…177
　　10.2.2　動物園の関係法規…………………………………………………[冨田恭正]…180
　　10.2.3　危機管理……………………………………………………………[成島悦雄]…183
　　10.2.4　動物の収集計画（コレクション・プランニング）………………[日橋一昭]…186
　　10.2.5　世界の動物園連合体…………………………………………………[冨澤奏子]…188

索　　引…………………………………………………………………………………………192

1 序論—動物園学とは

1.1 動物園の存在意義

動物園に類似した施設は，すでに紀元前に存在したと考えられているが，現在世界中に認められる動物園の基盤が形成されたのは約200年前のことで，その原型は1826年に設立されたロンドン動物園にある（佐々木・佐々木，1977）．近代動物園の成立過程に関する詳細は，次章2.2.1項の論稿に譲るが，そもそもロンドン動物園の設立趣旨は「動物学および動物生理学の進歩，および動物界における新しきものの紹介（The advancement of zoology and animal physiology and the introduction of new and curious subjects of animal kingdom）」であり（中川，1975），動物学協会の附属機関として開設された．設立当初の協会会則第2条には，協会が留意することとして「生きている動物のコレクションを形成すること．比較解剖学的コレクションによる博物館を形成すること．関連する文献による図書館を形成すること．」と書かれている（佐々木・佐々木，1977）．これらは実現され，現在，ロンドン動物園には動物学研究のための大規模な図書館が併設されている（図1.1）．このように，本来，近代動物園は自然科学を存在基盤として誕生した．

その後，社会が発展し変化するなかで，動物園にはほかにも多くの役割が求められるようになってきた．たとえば，慰楽のための施設としての役割や，環境教育や希少種保全の場としての役割である．これらの役割を明確にするため，動物園には種の保存（conservation），教育・環境教育（education），調査・研究（research），レクリエーション（recreation）の4つの存在意義があることが示され，最近では，これらを包括するものとして「いのちのミュージアム」と銘打った新概念も提唱されている（日本動物園水族館協会，2012）．さらに将来的には，持続可能な動物園（環境公園としての動物園）になることが国際的にも期待されている（Hosey et al., 2009）．

このように多様な役割が動物園に求められているにもかかわらず，動物園が設立当初に基盤としていた動物学や博物学のような学問的背景は，国内では反対に不明瞭になっている．それは，動物園が拠って立つべき学問的基盤が存在しないためと考える．日本で最初の動物園が誕生したのは1882年（明治15年）であり，パリやロンドン動物園を参考にした博物館付属施設としての上野動

図1.1 ロンドン動物学協会の図書館［写真提供：佐藤雪太］
ロンドン動物学協会（Zoological Society of London）が運営するロンドン動物園に併設された図書館．動物学関連の専門書や学術誌を多数所蔵し研究のために開架されている．

物園が開設されたのが始まりである．日本の動物園史の詳細については，次章2.1.2項に掲載されている論稿や佐々木時雄著『動物園の歴史』（西田書店，1975）から学んでいただきたいが，動物学を基盤とした近代動物園をお手本にしたわが国の動物園には，当初から学問的な連携が希薄であった（佐々木，1975）．年を経るにつれ大衆迎合的な遊興施設へと変貌する動物園の軌道修正を図る試みが幾度かなされたが，動物園を自然科学の場とする文化的および学術的基盤も脆弱であったことから，現在まで動物園が科学する場であることは広く認知されるに至っていない．日本の動物園が欧米の先進動物園に比肩する知識と実力を身に付け，世界的潮流の最先端に位置するには，今一度，先人たちが目標とした動物学園（Zoological Park）の存在と意義を再考する必要がある．

1.2　動物園学とは何か

動物園学という名称を国内で初めて使ったのは，筆者の知る限りにおいて中川志郎・元 上野動物園長である．彼は，その新たな学問領域を書名にした『動物園学ことはじめ』（玉川大学出版部，1975）を著し，その最終章で動物園学に対する自らの考えを表明している．そこにおける本学問領域の定義を要約すると，「ヒトと動物の調和をめざす総合科学（動物園学 Zoo Science）は，単一の科学ではなく総合的なものであり，関係ある科学を有機的に結び付け，連関させることによって作り上げられる新しい学問体系」となる．同章の中で彼は，動物園が「たんなる慰楽の場ではなく，また，動物学や博物学のたんなる実験場でもない．ヒトと動物が交流する場であり，ヒトと動物が，この限られた地球上で，いかに調和を保ってすごし得るかを科学する場」であるとも記している．生物多様性を維持しながら持続的発展を目指す社会で，現代の動物園が果たすべき役割を先見的に示している文章であると思う．

総合科学の場としての動物園を将来的に発展させるためには，この新たな学問体系が学界のみならず社会で広く認知されている必要がある．しかし，動物園学が明示されて40年近く経過した今も，本学問を基盤にした動物園の科学が進展しているとは思われない．その理由の1つとして，体系（システム）を構築する科学分野が不明確なため，各分野間で有機的関係を結ぶことが難しかったことがあげられる．もちろん，もっと根本的な問題として，そのような関係を動物園や他の科学分野がさして望まなかった実情は否定できない．

将来的に総合科学としての動物園学をこの国で発展させてゆくために，以下では，まず本学問の体系を明確にし，関連学問分野との関係構築に役立てたい．

1.2.1　動物園学の体系

「学問」という用語を『広辞苑 第五版』（新村，1998）で調べると，「一定の理論に基づいて体系化された知識と方法」と解説されている．つまり，動物園学を成立させるためには，本学問領域にかかわる知識と方法を秩序づけ統一化する必要がある．学問体系の例として動物園の重要関連分野である畜産学をあげると，狭義の畜産学領域と獣医学における家畜臨床学領域に大別され，畜産学は家畜を合理的に飼育，改良して，生産部門，利用加工部門，畜産の経営・経済部門を体系づけるものとされている（中原，2002）．そのうち生産部門は，動物学を基盤として形態学，生理学，内分泌学，分子生物学，遺伝子操作学，家畜育種学，家畜衛生学，家畜管理学等に区分され，動物の化学を基盤とした家畜栄養学，家畜飼育学等があり，さらに植物学を基盤とした飼料生産学，草地学等に区分されている．その他の部門としては，利用加工部門，畜産の経営・経済部門等がある（中原，2002）．

このような体系を動物園学に当てはめると，本

1.2 動物園学とは何か

図 1.2 動物園を取り巻く学問分野
動物園に必要な学問領域は多岐にわたり，自然科学のみならず人文科学や社会科学なども包含する総合科学分野である．動物園学は，現場で役立つ実践的学問でもある．

学問領域は自然科学領域と社会科学および人文科学領域に大別され，前者を体系づける部門としては，動物園動物を動物学的に研究するとともに科学的に飼育するための飼養管理部門，繁殖部門，栄養部門，生理部門，生態部門，行動部門，比較形態部門，獣医部門，保全生物部門等が考えられる．一方，後者を体系づける部門としては，動物園を文化的存在として研究するとともに都市装置の一部としてその存在基盤を明確にするために，歴史部門，展示部門，環境教育部門，福祉部門，法律部門，経営部門等が考えられる．つまり，現状では国語辞書にも掲載されていない本学問領域を構築し発展させるには，学問領域の枠を越えた学際的な切り口でアプローチする必要がある（図1.2）．

そこで本書では，新領域または境界領域としての動物園学の体系化を図るために，一部を除いて既存の学問領域から動物園を科学する構成を試みた．すなわち，歴史学（第2章），生物学（第3章），保全生物学（第4章），飼育管理学（第5章），野生動物医学（第6章），展示学（第7章），教育学（第8章），福祉学（第9章）そして経営管理学（第10章）である．そして各学問には，基礎分野で構築された理論や知識を現場で活かすための応用分野つまり各論がある．たとえば，本書に掲載された野生動物医学は概論と各論で構成

され，各論は予防医学（6.2.1項），外科学（6.2.2項），内科学（6.2.3項），寄生虫学（6.2.4項），感染症学（6.2.5項），麻酔学（6.2.6項）からなっている．紙面の都合上掲載することができなかったが，ほかにも病理学，微生物学，疫学など動物園の医学にとっての重要分野もある．中川志郎が前掲書で述べているように，これらの動物園にかかわる学問分野を有機的に結びつけることで，自然科学と社会科学を包含する動物園学が構築できると考える．

1.2.2 動物園の氷山モデル

動物園学を基盤とした動物園は，海に浮かぶ氷山に似ている．「氷山の一角」という言葉どおり，海表面に姿を現しているのは氷山のほんの一部である．つまり，通常，人間が観察できるのは全体の10分の1にすぎず，残りの10分の9はその見える部分の根幹として水面下に隠れている．動物園で来園者が目にしたり触れたりすることができるのも，じつは動物園という存在のほんの一部にすぎない（図1.3）．

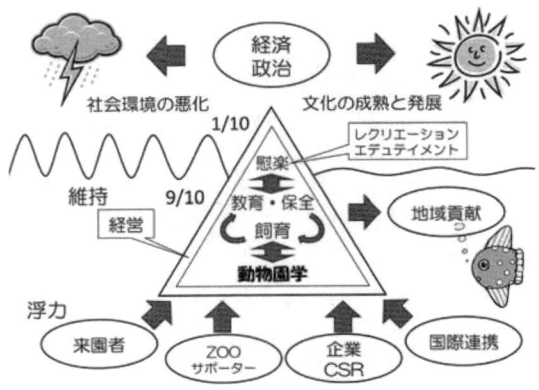

図 1.3 動物園の氷山モデル
動物園における科学は，容易に表面に現出しないため評価対象となり難い．氷山に例えれば，来園者が直接的に見て感じることができるのは10分の1であり，残りの10分の9の飼育技術そして環境教育や生物多様性保全に対する努力は，水面下にあって容易に知ることのない部分である．しかし，それこそが動物園の慰楽（レクリエーション）を根幹で支えるものであり，来園者との相互作用の中で強化されてゆく基盤である．表面を覆うように外部環境の変動から守っているのは，健全な経営であり，浮力となるのは動物園利用者やサポーターそして支援企業である．発展する動物園は地域振興にも貢献する．

動物を観察し楽しみながら学ぶ場を来園者へ提供するために，動物園のスタッフは動物の健康と福祉に配慮しながら飼育し，長期的な遺伝的多様性の維持と生物多様性保全を目的とした繁殖計画を立て，動物を飼育展示する意義を来園者に伝えるための環境教育プログラムを考案し，園内施設が来園者や動物にとって安全であるように保守管理し，組織が安定的に維持できるように健全経営に日夜取り組んでいる．これらは動物園の根幹であり，すぐれた飼育技術や教育技術や経営能力によって支えられているものであるが，通常，来園者が目にすることのない部分である．しかし，来園者が楽しみながら学べる慰楽の場を支え，来園者との相互作用の中で強化されるバックボーンが「動物園学」という総合科学である．すなわち，動物園学という科学的基盤に基づく技術が，高い専門性を持った人材によって現場で応用されることで，動物たちが健康に暮らすことができ，明治時代の博物館建設意見書に記されているような「ココニ遊ブモノヲシテ，タダニ一時ノ快楽ヲ取リ，ソノ精神ヲ養フノミナラズ，カタハラ眼目ノ教エヲ享ケ，識ラズ知ラズ開知ノ域ニ進ミ」得る動物園を保証する．そのような動物園は，社会の大きな変化にも動揺することなく存在し続けることができるであろうし，何よりも良識ある利用者やNPOそしてCSR（社会的責任）に熱心な企業からのサポート，そして国際的な動物園間協力や協働が期待される．都市装置として確固としたニッチを確保できれば，地域振興にも役立つに違いない．

　氷山は，外気温の上昇で表面が融解してゆく．動物園も経済や政治などさまざまな外部環境の変動に影響を受ける．そこで重要となってくるのが，動物園のコアを表層で守り抜くための管理であり運営である．つまり，経営学（business management）が動物園の維持および発展のキーとなる．しかし，中川志郎が前掲書の中でも述べているように，大切な命を預かり，育て，増や

し，次の世代に引き継ぐ責務を負った機関が，アミューズメントパークと同等に扱われたり，テーマパークと同じような感覚で経営されたりしてよいわけがない．求められるのは「動物園の経営学」である．このことは，他の学問分野にもいえる．既存の学問を基盤にし，参考にしながらも，動物園のための独自の学問を打ち立ててゆかなければならない．

1.2.3　進化する動物園学

　動物園は，絶えず進化し続ける存在であると言われている．当初は動物学の研究をおもな目的として設置されたが，生物多様性が失われつつある現代では，絶滅危惧種の域外保全の場としての役割が求められている．持続可能な発展のための環境教育（ESD）の場としても期待が寄せられている．激しく時代が変貌するなかで，動物園はその理念や哲学を保ちつつも，時代や社会の変化に応じた役割を理解し，社会からの多様な要望に取り組み，さらに時代に先行して課題を解決していく必要がある．動物園学は，そのようなときに役立つ実践的学問でなければいけない．つまり，動物園とともに動物園学も進化し続ける必要がある．いずれ本書も，次世代の動物園人たちによって大幅に改訂されることを望んでいる．

〔村田浩一〕

文　献

Hossey, G., Melfi, V., Pankhurst, S.（2009）: *Zoo Animals Behaviour, Management, and Welfare*, Oxford University Press.（村田浩一・楠田哲士訳（2011）: 動物園学, 文永堂出版）

中原達夫（2002）: 畜産学および家畜臨床繁殖学領域の体系. 家畜繁殖誌, 48: 15-19.

中川志郎（1975）: 動物園学ことはじめ, 玉川大学出版部.

新村　出編（1998）: 広辞苑 第五版, p.2996, 岩波

書店.
日本動物園水族館協会（2012）http://www.jaza.jp/info/info20120424.html
佐々木時雄（1975）：動物園の歴史―日本における動物園の成立，西田書店.
佐々木時雄・佐々木拓二（1977）：続 動物園の歴史 世界編，西田書店.

2

動物園の歴史学

2.1 動物園の歴史

2.1.1 近代動物園のあゆみ

野生動物はヒトが決めた国境など認めない．渡り鳥はパスポートも持たずに国境を越え，生の営みを続ける．野生動物は貴重な自然資源であるという見地に立てば，彼らを市民に紹介する責務を担っている動物園にとっても，ヒトが造った障壁など存在すべきではない．しかしそうは問屋が卸してくれず，言語や政治体制などの障壁が立ちはだかり，世界規模で動物園を一覧するなど難しいのが現実である．本項では範囲をしぼって，地理的には欧米の工業先進国，歴史の流れに関しては近代（文芸復興・封建制廃止以後）に中軸を据えることにする（文中敬称略）．

a. 近代への胎動

ここでひとつ．通説では世界最古の動物園はウィーンのシェーンブルン宮殿にあるとされている（1752年開園）が，正確には「現存するなかでは」とただし書きをつける必要がある．ヨーロッパでは15世紀以降未開地からの珍獣奇鳥が到着し始め，王侯貴族，領主，富豪などによって見当もつかない数の，メナジェリーと称する初期の動物園が建てられ，栄枯盛衰を繰り返していた．だからウィーンが最古とはいえない．この動物園はステファン・フランツ・フォン・ロスリンゲンが愛妻である女帝マリア・テレジヤのために開設，一般公開は1765年である．欧州の列強中最も豊かなフランスにも，充実したメナジェリーが成立

図 2.1　シェーンブルン動物園のチャップマンシマウマ（絵はがき）［提供：Grzegorz Konarski］

していた．王室の狩猟場であるヴェルサイユの森にルイ13世が1624年に創立したメナジェリーなどがそうである．

マリア・テレジヤの娘マリー・アントワネット姫は10代の身そらでフランスに送られ，同じく10代のルイ16世と豪華なヴェルサイユ大宮殿での政略結婚の後フランス王妃となる．その後のフランス革命で彼女は1793年10月16日パリでギ

図 2.2　パリのメナジェリーの霊長類館［2011年，筆者撮影］
内部は改装されたが外観は古めかしい．

ロチンの露と消えた．当時，虐げられた人民が飢えに苦しむ一方で，ヴェルサイユのメナジェリーではラクダだかゾウだかにワインを1日に6瓶も飲ませるなどの愚行が続いていた．同年11月3日，パリの警察署は展示動物を押収してセーヌ河畔のジョルダン・デ・プラント（植物園）に移すよう指令を出し，四輪馬車で5時間の道のりだったヴェルサイユから動物が運ばれて1794年11月に国立のメナジェリー（今も正式の名称）が誕生した．

その後数々の変遷を体験するなかでこの国立メナジェリーに研究活動が定着し，学術論文が発表されるようになった．これが現在我々が知るような近代動物園成立の第一歩であった．同メナジェリーは，日本最古の上野動物園のお手本となったことでも知られている．

b. ヨーロッパでの開花と成長

一方，海を越えたイギリスでは1826年にロンドン動物学会が創立され，同学会によって2年後に動物園が開設された．パリのメナジェリーとロンドン動物園はヨーロッパでは最も重要な動物コレクションとして知られるようになる．

ロンドンでの動きはまた各地に大型動物園が生まれる呼び水となっていった．おもなものだけでも1838年にアムステルダム，1843年にはアントワープ，1844年にベルリン，1858年にフランクフルト，1860年にはケルン，1874年にはバーゼ

図2.4 ハーゲンベック動物園の古い絵はがき［提供：Grzegorz Konarski］
中央にアフリカのパノラマが見える．

ルと，次々にうぶ声を上げた．20世紀に入ると，1906年にシェーンブルンでヨーロッパで初めてゾウ（アジアゾウ）が生まれている．この時代にドイツでの革命的な試みが世界の動物園界を驚かせた．1907年にカール・ハーゲンベック（1844-1913）によってハンブルグの郊外に開園した動物園がそれで，従来の展示の概念をくつがえし，造園技術を駆使して広々とした空間で動物を見せるパノラマ方式を導入している．それはまた，系統分類学を軸にして1つでも多くの種類を集めて檻に入れて展示する従来の考えへの決別でもあった．

この分類収集方式の頂点に立っていたのはベルリン動物園で，1914年には哺乳類・鳥類合わせて1474種にも達している．その頃西欧の動物園数は約40に達していたが，同年に第一次世界大戦が動物園を巻き込んで，約10年間の衰退・停

図2.3 1905年ごろのロンドン動物園（水彩画）［提供：John Edwards］
当時は観客をゾウに乗せて園内を歩かせていた．

図2.5 1930年頃のベルリン動物園のキジ舎［同園ガイドブックより］

図 2.6 ベルリン動物園の象の門［同園ガイドブックより］
戦後再建されたもの．

図 2.7 東ベルリン（当時）動物公園（1954 年開園）のホッキョクグマ［提供：Bernhard Blaszkiewitz］
建材にはヒットラーの参謀本部あとの石塊が用いられた．

滞を強いられるに至った．戦後の再建期の業績の1つに，1928年に再開したミュンヘンの動物園による地理的展示方式（ジオ・ズー）がある．アフリカの動物はまとめて1ヶ所に，アジアの動物はアジア区に，といった方式はここに源を発している．やがて第二次大戦がヨーロッパを襲って，各国の動物園は壊滅的な打撃を受けた．ミュンヘンの動物園で1943年4月11日に近代動物園で初めて誕生したアフリカゾウは，同年11月8日に母獣とともに爆撃の犠牲となった．大戦前夜，哺乳類と鳥類だけで1400種4000点（加えて園内の水族館には750種8300点）のコレクションを誇っていたベルリン動物園はたび重なる空襲を受け，敗戦直前には戦場と化した．戦禍を生きのびた動物は91点にすぎなかった．

はじめは手間どった戦後の復興はやがて急速に進められ，既成施設の改善・拡張だけでなく，新しい動物園が建てられた．また広範囲の動物種を集めた従来の「総合動物園」に相対する特殊動物園の動きも生まれた．1958年にドイツのヴァルスローデに開園した鳥類園，オランダのアペルドーンに1971年に開かれたサル類動物園などその好例である．目新しい方向には，自家用車で乗り入れできるサファリ・パークがある．よく知られるのはイギリスのロングリートで貴族の領地に1966年に開園した公園で，動物の管理はサーカス一族の手を借りている．

当時，欧米の動物園界には一騎当千の著名な園長が揃っていた．その中でも巨人と呼べるのはフランクフルト動物園長のベルンハルト・チメック（1909-1987）である．夭逝した息子ミヒャエルと力を合わせてセレンゲティ（現タンザニア）の自然保護に貢献した彼はテレビ番組にも力を入れ，すぐれた著述家でもあった．彼の影響は今も続き，世界中の動物園経営団体の中で自然保護に最も尽力しているのはフランクフルトとニューヨーク（ブロンクス）といわれている．

その後も動物園は増え続け，2012年現在，ヨーロッパ動物園連盟加入園だけでも287園にのぼっている．以上，近代動物園の流れを一瀉千里で駆け抜けたが，アメリカの通史に移る前に20世紀の世界の動物園に最も影響を与えた動物園についての私見を加えたい．そのひとつはロンドン動物園の学術的な貢献で，動物学会の手によって数多くのシンポジウムが開催され，多数の文献や専門誌が刊行されている．その中には動物園の人々にもなじみの深い，1959年創刊の国際動物園年鑑が含まれている．いまひとつは前に述べたハーゲンベックである．一部にはハーゲンベックは国際動物商，サーカス経営者にすぎないとする見方もあるが，彼のパノラマ式展示方式は世界の動物園の流れを変えた．「世界中の動物園がハーゲンベックの模倣をしたが，オリジナルにはかなわない」とよく耳にするが，同園のアフリカ・パノラ

マの前に立ってみれば，そのことは一目瞭然である．そのうえ，カール・ハーゲンベックは動物飼育の面でも足跡を残している．

哺乳類や鳥類は広範囲の環境条件に適応できる特性を有している．そのことを見抜いていたハーゲンベックは，冬でもなるべく屋外に出して健康に飼う方法をとっていた．しかし当時の主流は，熱帯産の動物は一年中暗い建物にとじこめて暖房し，狭い檻の中で汚染した空気を吸わせる蒸し殺し方式で，死亡率も高かった．ロンドン動物学会の長に1903年に任命されたピーター・ミッチェルはハーゲンベックの成果に感化され，飼育係の猛反対を押しきって「窓やドアを開け，暖房はほどほどに」と説き，また自ら率先して屋外展示施設を建てた．ミッチェルの努力は，動物の死亡率低下として結実した．

c. 新世界・アメリカでの発展

大西洋を渡ってアメリカに目を向けると，動物園の出足はかなり遅れている．国が若いだけでなく，南北戦争（1861～1865）による中断のせいでもある．最古の動物園はニューヨークのセントラルパークにあり，1860年に有力な市民によって支援団体が組織され，1863年の夏までには立派な動物舎が建てられていた．現存する大きな動物園をたどると，1868年にシカゴのリンカーンパークに動物園がうぶ声をあげ，1874年7月1日には「アメリカ初の動物園」（自称）がフィラデルフィアに開園した．これには説明を要する．

フィラデルフィア動物学協会は1859年に法人組織として発足し，公式の過程をふまえて計画・建設したという見地から，アメリカ第一を名乗っている．一方ニューヨークでは開園年月日どころか最初の動物がいつ着いたのかもはっきりせず，シカゴにしても，2つがいのコブハクチョウがニューヨークから贈られた時点を動物園の始まりとしている．要は出発点をどこに引くかであり，セントラルパークのような「なしくずし型」と，フィラデルフィアに見られる「定款型」の2つの流れがあるわけで，ここではセントラルパークのメナジェリーをもって全米初の動物園とする説に従うことにする．

その後もおもなものだけでも1875年にバッファロー（ニューヨーク州），シンシナティ（オハイオ州），翌年にはボルティモア（メリーランド州）などの新しい動物園が造られてゆく．当時は北米大陸の豊かな大自然が開発によって急激に破壊されていた．いささか前後するが，シンシナティ動物園ではリョコウバトの最後の1羽が1914年に，また1918年にはカロライナインコの最後の1羽が息をひきとった（このリョコウバト，マーサが展示されていた檻は，今は悲しい記念堂として残されている）．1889年にはワシントンの国立動物園とサンフランシスコ動物園が開かれ，次いで1899年，ニューヨークのブロンクス動物園が開園した．有名なサンディエゴ動物園は1916年の設立となっている．

ここでアメリカ合衆国の動物園の増加・成長を一覧すると，私見になるが3つの建設期が考えられる．第一期は上記のように1870年頃から20世紀初頭までである．第二期は，全国が経済大恐慌に見舞われていた1930年代から太平洋戦争の勃

図2.8 フィラデルフィア動物園のインドサイ［1970年，筆者撮影］
この厚皮獣館はその後改築された．

発（1941年）までの約10年間を指す．失業者が巷にあふれ，社会が暗雲に閉ざされていた当時，フランクリン・ルーズベルト大統領はニュー・ディール政策を打ちだす．失業者は国費によって大量に雇い入れられ，公共事業促進計画によって橋梁・道路・校舎・公園などが整備されていった．

そればかりではない．公共資金の不足で青息吐息の状態だった全米の動物園はニュー・ディールによって息をふきかえし，大躍進をとげることになる．内容が貧弱だったサンフランシスコ，バッファロー，トレド（オハイオ州）などの動物園には助成金と労働力の投入によって次々と堅牢な建物が建てられ，面目を一新した．この10年間に少なくとも8つの動物園がニュー・ディールによって創設された．スタッフの面でも，この政策によって飼育係だけでなく画家や特殊技能者が雇用され，ポスターを描き，展示の背景を造るなどの仕事をしている．当時の建物の多くは今も健在で，好例には石材で建てられたトレド動物園の爬虫類館がある．

第二次大戦のあとアメリカ社会は経済繁栄期を迎え，それはまた動物園建設第三期へとつながってゆく．一説では1960年から1979年の間に，合計47の動物園が造られている．大型動物園も目立ち，1972年には728 haの敷地にサンディエゴ野生動物公園がお目見えした．2年後にはノースカロライナ州立動物園が開園したが，222 haとこれまた大規模である．巨大だと感じさせられるブロンクス動物園の107 ha，多摩動物公園の60 haに比べれば大きさの見当がつくだろう．この第三期には，中堅層を占める中型の動物園も各地に加わった．フェニックス（アリゾナ州，1962），ウィチタ（カンザス州，1971），コロンビア（サウスカロライナ州，1974）などがそうである．

一方特殊動物園は，気候温和なフロリダ州ではかなり前から存在していた．1893年にはセント・オーガスチンにアリゲーター・ファームが開かれ，マイアミやその周辺にはモンキー・ジャングル（1933），パロット・ジャングル（1936）と続く．ちょっと北上した小さな町ではイルカを中心としたマリン・スタジオ（1938年，のちマリンランドと改名）があったが，小型歯鯨類の展示施設はこれをきっかけにロサンゼルス近郊（1953年，その後閉鎖），サンディエゴ（シーワールド，1964）と続いた．いずれもテーマパークの色彩が強い．テーマパーク型動物園の頂点に立つのはディズニーのアニマル・キングダム（フロリダ，1998年）であり，1970年代に各地に点在していたサファリ・パークのその後の衰退との興味深い対照を示している．変わった例には有蹄獣を中心にした，ニューヨーク州のキャッツキル・ゲーム・ファームがある（1933年開園，2006年閉鎖）．

総合動物園に話を戻すと，1970年代を機に展示方式に大きな変化が起こり始めた．西海岸のシアトルにデビューしたいわゆる生態展示がそれで，ハーゲンベックの亜流の印象が強いが1980年代に全米を席巻し，海外にも影響を及ぼしている．この1980年代にはさまざまな分野で，アメリカの動物園界は急激な変貌をとげることになる．その1つは遺伝学・個体群統計学に基づいた全米規模の種の保存・管理計画である（日本動物園水族館協会傘下の種保存委員会も，この世界的な流れを汲んでいる）．ヒトの面でも，かつて「男の世界」だった動物園に新しい波が打ち寄せ，多数の女性が働いているのは，世界的な現象といえよう．

それはともかく，2012年現在，全米動物園水族館協会加入園館数はアメリカ214，カナダ5，メキシコ2となっているが，このほかにも未加盟の施設が多数存在することは，どこの国でも同じである．

本項を読みかえして，とりこぼしの多いことに気付いた．たとえば水族館についてはふれるだけの紙面がなかったが，これについては鈴木克美の

図 2.9　水鳥館でフラミンゴについて語る，ブロンクス動物園ウィリアム・コンウェイ園長［1970 年，筆者撮影］

労作（一例に西源二郎と共著の『水族館学』，東海大学出版会，2005 年がある）を参照していただきたい．

　21 世紀の曙が近づくと，動物園未来論が目につき始め，今も続いている．高い理念を掲げるのも結構だが，現実に足をつけた視点も必要である．元ブロンクス動物園長のウィリアム・コンウェイは卓見と読みの深さで知られる第一級の論客だが，彼は論文のなかで，醒めた目で動物園のたどった道を見つめている．野生動物の受難はとどまるところを知らない．そのなかにあって動物園による域外保全は確立されたかにみえるが，実際には個体群自給体制は危うさを孕んでいる．そのうえ世界の動物園を合わせても種の収容能力は限られている．なおかつ，とコンウェイはいう．個体群自給体制を目標としない展示計画には将来への道は閉ざされている．そして動物園が生きる道の 1 つは，域内保全関係者と提携して共通の目標に向かうことにある，と説く彼の言葉には，動物園関係者は耳を傾けてほしいところである．

〔川田　健〕

【謝辞】写真・さし絵については，Bernhard Blaszkiewitz（ドイツ），John Edwards（イギリス），Grzegorz Konarski（ポーランド）各氏のご協力をいただいた．ここに感謝の意を表したい．

文　　献

〈世界の動物園・通史〉

佐々木時雄著・佐々木拓二編（1977）：続 動物園の歴史 世界編，西田書店．

Fisher, J.（1966）：*Zoos of the World*, Aldus Books Limited.

Kirchshofer, R.（ed.）（1968）：*The World of Zoos*, The Viking Press.

Kisling, V. N., Jr.（ed.）（2001）：*Zoo and Aquarium History: Ancient Animal Collections to Zoological Gardens*, CRC Press.

〈パリのメナジェリーと学術的貢献〉

Burkhardt, R. W., Jr.（2001）：The Man and His Menagerie. *Natural History*, February：62-69.

Murphy, J. B.（2009）：History of Early French Herpetology, Part I：The Reptile Menagerie of the Museum of Natural History in Paris. *Herpetological Review*, 60（3）：263-273.

〈動物園未来論〉

Conway, W. G.（2010）：Buying Time for Wild Animals With Zoos. *Zoo Biology*, 29：1-8.

サファリ

　サファリ（safari）とは「探検隊，冒険旅行」という意味のアラビア語・スワヒリ語であり，動物の生態を見せる動物園の 1 つの形態である．広い敷地に多種の動物を混合，または単種の群れで飼育し，人がマイカーやバスに乗って動物を観覧する．近年は各サファリで，連結バス，トラム，ゴルフカート，自転車等で趣向を凝らし，新しい観覧方式を行っている．

サファリは，英国から始まり米国と日本で発展したと思われているが，世界で初めてサファリ形式が採用されたのは，1963年の多摩動物公園でライオンの飼育場の中をバスで巡るライオンバスであった．1966年には，英国のロングリートでサファリが開園した．このサファリの全体的概念は，ジミー・チッパーフィールド氏によるものであったといわれている．米国では，1967～1974年にライオンカントリーサファリ社が，全米に6つのサファリを開園した．年を同じくしてヨーロッパの各国でもサファリが建設されている．日本では，1975～1984年の間に全国で7つのサファリが開園した．

サファリの特徴は，前述したように，広大な敷地に柵を設けて，多種多様の動物を群れで飼育して，車等の乗り物で人が動物を観覧することである．そこに棲む動物たちは，より自然な行動，生態を私達に見せてくれる．たとえば，季節，天候等によって動物達の違う表情が見られたり，それぞれの群れの中，また動物種の間での行動や生態を見ることができる．いわば，サファリパークは，「動物の群れ展示の博物館」ともいえるだろう．

サファリパークでの動物管理には，動物園と異なる管理が必要となる．個々の動物を見るとともに，群れとして観察することも重要である．たとえばシカの仲間では，秋にはボスの座を狙うための激しい闘争が起こることがある．そのために群れを安全に管理することもしなければならない．

また，来園者が，安全に快適にサファリを楽しむための管理も重要になる．過去には不幸な事故も起きている．動物にも入園者にもより良いサファリを提供するために，入園前の注意喚起が重要となる．

〔川上茂久〕

2.1.2 日本の動物園史
a. 日本の動物園の始まり

黒船の到来から開国，明治維新と激動の時代にあって，欧米諸国の圧倒的な科学・技術を見せられた明治初頭の高官たちは，こぞって欧米への視察に赴いた．そこで彼らの見たものは科学・技術ばかりではなく今までみたことのない文化であった．そのなかに博覧会・博物館・動物園・水族館があった．ちなみに動物園という用語は，福沢諭吉の『西洋事情』に初めて登場する言葉で，動物を飼育して見せる施設は，ほかにも禽獣園，生霊苑などいくつかの施設名が残されているが，上野動物園の開設を前後して動物園として定着したようである．

帰国した彼らは，まず日本での博覧会開催に着手する．そのために各地の工業製品，物産そして動物を集め，明治4（1871）年九段で博覧会を開催した．こうして博物館の準備は整うが，折柄，西南戦争で財政難に陥り，博物館の建設は遅れに遅れる．しかし博物館設立へ情熱をもった先人たちの努力で，上野公園に博物館が開設されたのが，明治15（1882）年であり，同日博物館の自然史部門の野外展示場として動物園が開園した．

b. 明治・大正時代の動物園

動物園は開園したものの日本産動物を中心としてあまり人気を呼ばなかった．転機が訪れるのは4年後のトラの来園である．さらに2年後シャムの国王からゾウが贈られるなど外国産の動物が増えるに従い，来園者は増加し始め，明治22（1889）年には30万人を超え，次第に人の口にものぼるようになって定着していく．

この頃の動物園には獣医師はおらず，ほとんど経験のない飼育係，檻と柵の貧弱な展示施設内に動物は飼育されていた．日本にはそれまで動物園の類似施設はほとんどなかったし，野生動物学研究の伝統もないため，すべてが見よう見まねで行

われていたといってよい．こうしたなかにあって明治30（1897）年頃に東大教授の石川千代松が博物館と動物園に関与し始める．石川は洋書などを手掛かりに野生動物の研究に手をつけ，さらにドイツのハーゲンベックと連絡をとり，動物コレクションの充実を図り始める．カバ，ホッキョクグマをはじめとして多くの外国産動物を導入していく．しかしキリンを輸入する際のトラブルで，石川は明治40（1907）年動物園を退職することになる．ここにきて上野における西欧からの新たな動物の輸入はとん挫することになった．

明治33（1900）年，日本の第二の動物園として京都市動物園が誕生する．市民から募金を集めるなどして開園した．その後，都市化が進むにつれて大阪市（天王寺，大正4（1915）年）や名古屋市（鶴舞公園動物園，大正7（1918）年）にも動物園が開園して，動物園は市民権を得ていく．これらの動物園はいずれも公立で，博覧会などの跡地を利用したものであった．動物はそれまであった動物飼育施設の動物たちを活用・拡充し，飼育係はそれらの施設の職員に加えて新たに採用してまかなっていった．

さらに民間でも，鉄道会社を中心とした動物園の萌芽がみられた．明治40（1907）年に香櫨園が西宮市で，明治43（1910）年にも箕面動物園も開園したが，しばらくして閉鎖された．関西の鉄道資本が，積極的に動物園経営に乗り出すのは昭和に入ってからである．その他の地域では大正5（1916）年に鹿児島市鴨池動物園と同8（1919）年に甲府市遊亀公園動物園が開園している．

大正12（1923）年9月，関東地方を強い地震が襲う．関東大震災である．この震災で東京は灰尽と化して，上野公園以東は一面の焼け野原となった．罹災者は上野公園に集まったため，宮内省ではこの管理をあきらめ，東京市に下賜することとなった．このとき，動物園の扱いが問題となったが，東京市の強い要望で動物園も上野公園ともに東京市に下賜されることになった．東京市は上野動物園の再生を目指して，新しい動物舎などの施設を建設する．

c. 昭和初期の動物園

昭和に入って各地でも動物園づくりの動きは強まってくる．神戸の諏訪山と熊本，高松の栗林，福岡，東京の井の頭，仙台，名古屋の東山などが昭和初期に設立された動物園である．なかでも昭和4（1929）年開園した熊本動物園は九州のレジャーの中心として位置づけられ，アルマジロ，チンパンジー，ナマケモノなどの珍獣のコレクションで有名となった．この頃からこれまでに少なかったアフリカ，南米地域の動物が展示され始める．

こうしたなか，大阪の天王寺動物園では昭和7（1932）年からチンパンジー・リタの動物芸を開始する．リタの芸は多くの入園者を集め，ワオキツネザルやイボイノシシなどの珍獣の展示とあいまって入園者数は上野動物園をしのぐほどにまで増加した．日本において上野より多い年間入園者を記録した例は，この時期の天王寺だけである．

市営の動物園の活発化に並行して，民間鉄道資本も積極的に動物園界に参入し始める．鉄道会社は沿線を延長して宅地開発，文化施設の建設等を進め，あわせて動物園を建設していく．代表的なものとして，大正15（1926）年あやめ池遊園，昭和4（1929）年宝塚動植物園，昭和7（1932）年阪神パーク，昭和8（1933）年北九州市到津遊園があげられる．これらの鉄道系動物園は遊園地を併設してパフォーマンスや催しを積極的に取り入れて，アミューズメント性を高めていった．公立の動物園もさまざまな催しを始めて人気を博し，動物園はアミューズメント施設として定着していく．旧植民地でも京城，台北などで動物園が日本人の手で運営されている．昭和10年代に入って日中戦争が始まり，物資の欠乏，防空体制の整備などが課題とされ，動物や飼料の入手などを組織的に行うためにも日本動物園水族館協会が設立される．これ以外にも種名の統一や社会教育の

充実なども論議されている．戦争の足音が迫るなか，動物園の人気は衰えることなく，昭和16（1941）年に太平洋戦争が始まっても，戦功動物の展示などによって，入園者記録は最高値を示していた．

しかし決定的な事態は突然やってきた．昭和18（1943）年8月，発足したばかりの東京都は上野動物園に猛獣の処分をするように命令を発する．戦時体制の強化のために，動物を犠牲にして戦意の高揚をはかるために処分は公然と行われ，慰霊の儀式すら大々的に開催された．引き続き各地でも同様の処分が行われ，動物園には小型の草食獣と家畜が残されるのみとなった．例外的に残されたのは名古屋・東山動物園のアジアゾウや上野動物園のキリンくらいであった．こうして多くの動物園は開店休業状態となった．その後の空襲によって実際に閉園した動物園もある．

d. 戦後の動物園

戦後における動物園の復興は早かった．上野動物園をはじめとして空襲の被害のなかった動物園はすぐに再開する．復員した飼育係は再建に努力し始める．とはいえ動物も家畜だけ，飼料も手に入らない状態がしばらく続くことになる．昭和24（1949）年に東京都台東区の子ども議会がゾウを上野にもってくるべく決議したことをきっかけに，動物園は一躍注目の的になり始めた．おりしも名古屋にゾウが生き残っていたことから，一方では名古屋にゾウ列車を走らせ，他方ではゾウの来日を要望する依頼をインドやタイに要請する．こうして平和の象徴としてのゾウを求める意見は世論を形成していく．こうしたなか，インドのネール首相からゾウを寄贈するむねの返事があり，昭和24（1949）年9月タイとインドから相次いでゾウが上野動物園に来園した．これらをきっかけに全国各地で動物園の建設が相次ぎ，ゾウの来日が続いていく．設立された動物園の多くは，家畜を中心とした子ども動物園型動物園であり，それにゾウや猛獣が加われば満足できるといった状況であった．この時期開園した動物園には，秋田，浜松，円山，野毛山，道後など5年間で23園を数え，ゾウの来園は23頭にもなる．全国の動物園の中心的存在は上野であり，上野は東日本での移動動物園，開園70周年祭など戦後日本のエンターテインメントを領導していく．この後も続く動物園の建設に力があったのは，上野動物園の古賀忠道園長であり，古賀が助言・指導してできた動物園は20園に及ぶ．これらの時期を第一次動物園ブームと呼ぶこともある．

これらの動物園とは別に新しいタイプの動物園も開園し始める．日本モンキーセンターはサルと研究・教育活動を課題にして昭和31（1956）年に設立された．熱川バナナワニ園，のぼりべつクマ牧場は生産活動と結合した動物園を開園．また東京農業大学の近藤典生は景観を重視した伊豆シャボテン公園を開園し，千葉の房総ではフラミンゴダンスを見せる行川アイランドができる．これらはいずれも昭和30年代に設立されたものである．近藤はこの後も長崎鼻，平川，名護などの動物園を設計し，動物園界に新しい展示を切り開いていく．この時期の大きなトピックスとして昭和33（1958）年に東京の郊外に多摩動物公園が開園したことがげられる．もともと上野の分園として繁殖を担うことを主眼に設立されたが，爆発的に人気を呼び，注目を浴びた．またアフリカ園の建設をはじめとして，日本初めての昆虫園やライオンバスを走らせるなどいくつかの新しい試みを展開して，動物園に新風を巻き起こした．

戦後の復興も一段落した30年代後半から都市中心部は住宅密集地域となり，外国産動物の輸入なども活発になるにつれ，狭隘化した動物園は郊外に移転を始める．加えて火災や臭気，脱走などの心配などもこの傾向に拍車をかけた．新しく開園される動物園も，すべて郊外での建設となっていく．旭山，静岡・日本平，広島・安佐，宮崎などが建設され，熊本，豊橋，鹿児島・平川，秋田・大森山等は郊外へのリニューアル移転を行っ

た．これらの動物園の多くは，ドイツ・ハーゲンベック型の，無柵放養式と呼ばれる展示方式を採用している．さらに車社会の到来に伴って，サファリ型の動物園が開園する．こうして現在の動物園の原型はほぼ固まっていったといってよい．

e. 現在の動物園

昭和47（1972）年，突然の日中国交復活に合わせて，ジャイアントパンダが上野動物園に来園した．パンダは爆発的な人気を呼び，上野の入園者はその後の10年間で5500万人にものぼり，国中がパンダで沸き立った．パンダの人気は動物園を再認識させただけではなく，折からの公害・環境問題とあわせて野生動物種の保護の必要性を印象づけることになった．昭和49（1974）年には東京動物園ボランティアーズ（TZV）が設立され，教育活動にも着手することになった．動物園における教育はそれまで子ども動物園におけるふれあいなど「情操」教育に重きが置かれていて，モンキーセンターなど一部を除いて本格的な動物教育は行われていなかったといってよい．こうして自然保護と教育という，知られてはいたがほとんど未着手だった活動が始まったのである．施設としては，新たに教育活動を重視する埼玉県子ども動物自然公園や，地域の自然との結びつきをテーマとした富山市ファミリーパークが開園したのは象徴的である．また東京都で教育専門の解説員制度が設立されたのは昭和62（1987）年であった．

昭和も終わるころ東京都は，ズーストック計画を発表した．これは希少な野生動物が絶滅寸前にあることを踏まえ，動物園内で繁殖させることで，野生から希少種を導入することなしに保全しようという計画で，まず東京都の動物園が先頭になり実施しようとするものであった．こうしたズーストックという考え方は，日本動物園水族館協会の協力を得て全国に広がっていった．同協会は種の保存会議などの組織を立ち上げ，希少種の保全計画を進めていく．

一方，動物園の入園者は少子化が進むなかで減少し始め，昭和末には約6000万人であったが，平成20年代には約4000万人となっている．動物園は子どもをおもな対象としてきたこともあって，入園料金は低めに抑えられており，次第に採算性が悪化していった．民間動物園の経営は次第に苦しくなり，いくつかの民間動物園は撤退を余儀なくされていった．地域に親しまれている動物園には，閉園の動きに対して存続を望む声もあって，地元自治体が引き取るなどの園もあった．こうして閉園した動物園には，行川アイランド，阪神パーク，宝塚動植物園，高松・栗林公園動物園，日本カモシカセンターなどがあり，地元自治体が代替して引き受けたところには，北九州・到津遊園，金沢動物園（石川），宮崎フェニックス自然動物園などがある．平成（1989〜）以後，新しく開園したのはよこはま動物園ズーラシアだけであるが，自治体の動物園で閉園したものは，戦後にはない．

教育活動では，動物園ボランティア組織は多くの園で設置され，また飼育係が動物の解説をする催しなども普及して次第に動物園の中に定着していく．学校教育に総合的な学習の時間が設けられることなどを契機に，学校教育においても動物園の役割が位置づけられ定着していった．

旭山動物園は動物の行動を見せることを主眼にして展示の再構築を始め，話題を呼んで平成12（2000）年頃から入園数が増え始め，一時は300万人に届くほどのブレークをとげた．旭山の展示は動物の姿を見せるという動物園としてオーソドックスな手法であったので，全国の各園は展示に重点をおいて見直し再生計画をつくり始めた．すでに再生計画を実施していた天王寺動物園や，完成途上のよこはま動物園ズーラシア，さらには東京都の上野，多摩，井の頭などがそれぞれ独自のスタイルで動物園の展示の見直しを始めているが，これらは旭山のブレークをきっかけに自治体内で動物園への再評価が行われた結果といっても

よい．

　動物園はこうして展示の再検討，教育事業の確立，種の保全計画の推進という3つの課題をかかえて，態勢を整えつつある．なかでも種の保全計画の推進は，単独の園では実施することができないことから困難を抱えているが，日本全体を1つの地域とみなして，その中で種の保全をはかる「地域保全計画」を確立できるか否かが焦眉の課題となっている．

〔石田　戢〕

文　　献

石田　戢（2010）：日本の動物園，東京大学出版会．
上野動物園（1882）：上野動物園百年史，東京都．

ドリームナイト・アット・ザ・ズー

　ドリーム・ナイト・アット・ザ・ズーは「毎年6月の第一金曜日に，慢性疾患や障がいのある子どもたちとその家族を閉園後の動物園に招待し，気兼ねなく楽しいひとときを過ごしてもらう無料の夕べ」である．1996年にオランダのロッテルダム動物園が癌を患う子どもたち175人とその家族を招待したことから始まったドリームナイトは，2014年4月現在，世界37ヶ国256の動物園と水族館，その他関連施設が参画し，オランダのドリームナイト事務局によると，2014年までの参加者数の総計は，世界中合わせて450万人を数え，国際的な取り組みとして世界に広がり続けている．

　ドリームナイトに参画するのは至って簡単．メールを1通，オランダのドリームナイト事務局に送るだけだ．事務局からは世界共通のドリームナイトの旗が送られ，これが参画の証となる．開催の日程も，それぞれの園の事情に合わせて柔軟に設定することができる．日本では金曜日の夜に家族で出かけることが難しいため，6月第一土曜日に実施している園館が多い．南半球では季節が逆になるため，12月に実施をしている．企画内容も各園に任され，各国の文化を反映し，創意工夫をこらした「おもてなし」が企画され，世界中で多様なドリームナイトが実施されているのである．

　筆者は，2003年にオランダで開催された第1回動物園動物飼育に関する国際会議（the 1st International Congress on Zookeeping：ICZ）でドリームナイトに出会った．ドリームナイト事務局としてこの会議に参加していたハンク氏は，熱心にドリームナイトのすばらしさを語っていた．「一度体験するとやめられなくなります．こんなにやりがいのある企画はないのです！」とのハンク氏の言葉を信じて，帰国早々，私は動物園の仲間たちと実施に向けての準備を進めていった．そして，2005年10月，約750名のお客さまを迎え，よこはま動物園ズーラシアは日本で初めての開催にこぎ着けたのである．職員一丸となってプログラムを考え，おもてなしをする．園内には参加者どうしの思いやりの気持ちがあふれ，私たち職員の方が学ぶ側の立場になっていることに気がつく．子どもたちが大きな声で叫ぼうが，突然走り出そうが，誰も冷たい視線を向けない．家族全員が安心感に包まれ，いつもよりゆっくりと動物園を楽しんでいるようすに，私たち職員も自然に笑顔がこぼれていった．

　一年で一番，動物園に優しく温かい時間が流れているドリームナイトが，世界各地の動物園に

図 2.10　閉園後の動物園をゆっくりと楽しむ参加者

次々と訪れていくことを想像すると，まさにその中にいることができたことに感謝の気持ちでいっぱいとなるのである．世界中に同志がいることが実感できる企画はそうない．じつは，動物園が世界で協力して行っている来園者のための企画は，ドリームナイトだけなのである．世界中の動物園が続々とドリームナイトに参画するのは，動物園の飼育や教育担当者の連帯感にあると私は考えている．ドリームナイトは職員からのボトムアップで企画し，世界中の動物園職員のつながりの輪で広まっていっていることが特徴である．職員の強い思いが，他の動物園を動かしていくということが世界中で繰り返されているのである．

2014 年 4 月現在，日本の参加園館は 18 に増え，初開催から 9 年経過した今でも，参加を考えている動物園職員からの相談はあとを絶たない．そして私もハンク氏と同じように語るのである．「1 回目の開催をするまでは大変ですが，それ以上の価値は必ず実感できます．」今もドリームナイトの輪は広がり続けている．

〔長倉かすみ〕

2.2　動物園の文化—動物園はどこに向かう

2.2.1　日本社会のなかの動物園

日本動物園水族館協会に加盟する動物園は，2014 年 4 月現在で 87 園ある．その名称にこだわって分類すると，動物園が 43 園，動物公園が 13 園，動植物園が 4 園，その他が 27 園になる．とはいえ，たとえば豊橋総合動植物公園を動物公園にするのか動植物園にするのかで数字は変わるから（ここでは後者に含めた），うちわけはあくまでも目安にすぎない．また，同協会に 64 館が加盟する水族館にも，ホッキョクグマを飼育展示する男鹿水族館 GAO や八景島シーパラダイスのような例があり，水族館を無視して動物園を語ることはできない．さらにいうまでもないことだが，同協会の外側に非加盟園が無数にある．動物園とは，名称を問わず，野生動物を飼育し一般に公開展示する施設だととらえれば，その全貌も実態も容易に把握できない．

東京動物園協会の運営になる上野動物園，多摩動物公園，井の頭自然文化園はご覧のとおり正式名称がばらばらだが，どれも動物園で通っている．横浜市のズーラシアも富山市ファミリーパークも，到津の森公園も長崎バイオパークも，自他ともに認める動物園にほかならない．要するに，動物園は自らをどう名乗ってもよいのである．

したがって，その名乗りにはしばしば強い意思が示される．明治 15（1882）年の上野動物園開園からおよそ 60 年ぶりに動物園を開設しようとした東京市が「井の頭自然文化園」と名付けたのは（正確にいえば前身の井之頭恩賜動物園が昭和 9 年に井の頭公園に開園している．さらに正確にいえば上野動物園を設置したのは国であり，東京市はそれを大正 13 年になって譲り受けた），明らかに上野動物園とは異なるものを目指したからである．

昭和 17（1942）年の開園時に刊行された『井の頭恩賜公園自然文化園』（東京市役所）は，次のように明言している．「従来の動物園，植物園，

水族館，博物館などが各々孤立して経営されていた不便に鑑み，これらを一堂に集め渾然一体とした新しい形態を整え，自然生態観察園としての試みであって，当自然文化園の特色はここに存する」．動物を外して文化を取り入れた大胆な命名，生態への注目など，たとえそれが戦時下における国民教育施設という性格を有していたにせよ（開園式で東京府知事松村光麿は「大東亜の建設に対しては，是れが盟主として益々自然科学と人文科学に根基せる文化の推進をなさざるべからず」と祝辞を述べた），その発想はきわめて今日的というほかない．

さて，これほど多種多様な名称が存するにもかかわらず，なぜ動物園という言葉は使われ続け，それらを1つにくくるだけの効力を有しているのだろうか．それについて考えることは，動物園とは何か，その実質は何かを考えることでもある．

動物園を歩くと，「動物等取扱業」と記した掲示物をしばしば目にする．これは「動物の愛護及び管理に関する法律」（1973年）を根拠とし，家畜と実験動物を除いた動物（哺乳類，鳥類，爬虫類に限定）の「販売（その取次ぎ又は代理を含む），保管，貸出し，訓練，展示（動物との触れ合いの機会の提供を含む）その他政令で定める取扱いを業として行うこと」（第十条）を意味する．条文を読めば，「動物等取扱業者」（第十二条第四項）が動物園とペット業者をひとからげに指していることは明らかだが，この法律の中に動物園の名は登場しない．

それどころか，日本の現行の法律において（施行令や施行規則を除けば），動物園が登場するものは，わずか3件しかない．すなわち，「都市公園法」（1956年），「観光施設財団抵当法」（1968年），「感染症の予防及び感染症の患者に対する医療に関する法律」（1998年）の3法である．そして，いずれも動物園が何であるかを定義してはいない．

動物園は博物館である，とよくいわれる．しかし，博物館を律する「博物館法」（1951年）にも動物園の語を見出すことはできない．わずかに，博物館の事業をうたう第三条一項の「実物，標本，模写，模型，文献，図表，写真，フィルム，レコード等の博物館資料を豊富に収集し，保管し，及び展示すること」のうちの「実物」に，動物園の飼育展示動物が該当するにすぎない．もっとも，実物展示，すなわち本物の動物を見せることが，本来の生息地における生態をとらえた映像をいくらでも見られる今日においてなお有意義であり，それが動物園の譲れない最後の一線であることは間違いない．それなら，博物館法に依拠することにも大きな意味がある．

しかしながら，博物館法は「公立博物館は，当該博物館を設置する地方公共団体の教育委員会の所管に属すること」（第十九条）を求めているから，大半の公立動物園が公園管理部局に属する現実（たとえば東京都の動物園の所管は建設局公園緑地部）と乖離している．「博物館法」が「社会教育法」（1949年）に基づいて求める社会教育施設であるよりは，むしろ「都市公園法」が定める「公園施設」（第二条二項）なのである．

このように，日本社会のなかでの動物園の地位は法的に安定していない．法律が外形や中身を決めないのであれば，それらを決めるのは利用者であり，設置者であり，運営に携わる関係者ということになる．いうまでもなく三者の動物園像が合致するのが望ましいが，そうは簡単に問屋が卸してくれない．

2.2.2 ゾウ飼育をめぐる議論

戦後の動物園の歴史がゾウとともに始まったことはよく知られている．戦争が終わった時，日本にいたゾウは，名古屋市の東山動物園のアジアゾウ2頭だけだった．それを上野動物園に貸してほしいという古賀忠道園長と東京の子どもたちの願いはかなわなかったが，逆に子どもたちを乗せた「ゾウ列車」が名古屋に向かって走った．昭和24

年（1949）年夏のことである．秋になると，インドとタイからゾウが上野動物園にやってきた．これがインディラとはな子（来日直後はガチャ子）で，翌年インディラは東日本の17都市を巡る旅に出され（北は遠く旭川まで），はな子は5年後に井の頭自然文化園に引き取られた．

ゾウは平和の使者，平和回復の象徴であった．インディラに託したネール首相の手紙には，こんな希望が述べられている．「象というのは立派な動物で，インドでは大変に可愛がられ，しかも，賢くて辛抱強く，力が強く，しかも優しいものです．私たちも皆象のもつこれらの良い性質を身につけるようにしてゆきたいものです」．おとなたちのように喧嘩をしないでゾウに見習おうというメッセージは，今も上野動物園のゾウ舎の前で読むことができる．

インディラの旅はゾウ人気に火をつけた．いずれも昭和25（1950）年に開催された小田原こども文化博覧会，浜松こども博覧会，神戸産業博覧会の目玉はゾウだった．会場はそのまま動物園になり，ゾウは梅子（小田原の名産に因んで），浜子（浜松の一字をもらって），摩耶子（背後の摩耶山に因んで）と呼ばれて飼育された．翌年には，円山動物園（札幌市），野毛山遊園地（横浜市，のちに野毛山動物園），姫路市動物園が開園，やはりゾウの花子，はま子，姫子が人気を呼んだ．

ここにあげた動物園のすべてが市立である．このように地方公共団体は競って動物園を建設した．建設のきっかけとなった博覧会は広く子どもを対象にし，それゆえに動物展示と遊園地が不可欠だった．ゾウがいなければ動物園ではないと思われ，それぞれの園が入手に苦労した．とはいえ，金さえ出せばゾウを買うことができた時代だった．神戸市は八方手を尽くして探し出し，金沢での宗教博覧会に展示されていたゾウを購入し，博覧会に間に合わせた．さらに博覧会終了後に，大阪港に入ったデンマーク船を市職員が訪れ，動物商から1頭をぽんと100万円で購入，こちらは諏訪子（諏訪山に因んで）と名付けられた（『王子動物園開園50周年記念誌 諏訪子と歩んだ50年』神戸市立王子動物園，2001）．

昭和30（1955）年前後には，ゾウを展示の中心にすえ，その都市に因んだ名前を授け，さらに外国の珍しい動物を生息地別あるいは種別に生きた図鑑のように集めて展示し，遊園地をも併設した動物園が林立した．これが日本社会における一般的な動物園像である．

しかし，それから半世紀が過ぎると，子ゾウで来日したゾウの寿命が尽きる時期を迎えた．はま子（2003年没），花子（2007年没），諏訪子（2008年没），梅子（2009年没）と相次いで死んで，残るは井の頭自然文化園のはな子だけとなった．

そのまま動物園からゾウがいなくなるという事態が各地で生じている．円山動物園の主が不在となったゾウ舎には，「ゾウはどうしていないの？」と題した園長の説明が掲示された．利用者からは「ゾウを早く入れてほしい」という意見が寄せられているが，「ゾウは世界的にも希少動物で単に展示する目的で導入することは不可能です．繁殖や野生生物の保護を目的とする必要があります」と説いたうえで，繁殖させるためには群れで飼育しなければならないとする．その是非について市民の意見を聞きたいという．

円山動物園は群れ飼育に必要な経費を，ゾウ舎建設におよそ20億円，飼育費に年間2000万円と算定し，2012年に市民アンケートを実施した．この結果を参考にしながら，2014年度に最終判断を下すとしている．

ちょうど同じ時にゾウのいない動物園になった旭川市の旭山動物園は，「ボルネオへの恩返しプロジェクト」を立ち上げた．傷ついたゾウやオランウータンのためのレスキューセンター建設を支援している．「生物多様性保全に関するマレーシア国サバ州野生生物局と旭川市旭山動物園との合

意書」(2010年2月10日調印，同園ウェブサイトで読むことができる) には，双方の役割の1つとして「動物の交換事業，ブリーディングローン事業」をうたっている．こうした地道な支援活動が，やがて旭山動物園にゾウをもたらすことになるのだろう．

　札幌にせよ旭川にせよ，本来はゾウの生息しない雪国である．多額の税金を投じてまで，そこでゾウを飼育し展示公開する動物園とは，そのことによって何を実現させる施設なのかという問題をつきつけてくる．社会的な位置が法的に定かでないのだから，固有の法律（動物園水族館法）を制定して存在意義を明らかにしようという声も上がっている．

　ワシントン条約（正式には「絶滅のおそれのある野生動植物の種の国際取引に関する条約」）の採択（1973年，日本は1980年に締約）以来，ゾウに限らず，外国産の希少動物を生息地から輸入することはもはや困難で，絶やさないためには動物園内で繁殖させるしかない．動物園の飼育動物は動物園生まれのいわゆる動物園動物となり，戦後型の動物園は明らかに曲がり角に来ている．

　動物園がこれからもなお外国産の希少動物を展示する場であろうとすれば，地球規模での野生生物保全活動への参加が欠かせないが，それは地方公共団体の行政サービスのスケールをはるかに超えている．そうではなく，日本産動物や家畜・家禽に目を向け，人と動物の関係を積極的に考える場にしようとする動物園が現れてきた．もっと足元，地元を見直そうという発想である．

　たとえば，それ自身が里山に位置する富山市ファミリーパークは「人も森も元気になる新しい里山づくり」をテーマに掲げる．開園は昭和59 (1984) 年，先行する戦後型動物園をモデルにトラやキリンなどを飼育展示してきたが，近年，日本産動物中心の飼育展示へと明確に舵を切った．日本人が暮らしの中で育んできたニワトリを全種類展示する試みでは，ニワトリ料理にまで言及し，「日本の文化遺産　日本鶏」と説明している．井の頭自然文化園の開園時の構想のように，再び文化，すなわち動物と人間の関係の歴史が視野に入っている．一方で，在来馬，ライチョウ，ツシマヤマネコなど日本産動物の繁殖保護にも力を注ぎ，次世代型の動物園像を積極的に示している．そもそも動物園を名乗っていないところにも，その意思がうかがえる．

　動物園がもはや自明の存在ではなくなりつつある．では何か，何であるべきかというさらなる問いかけが，動物園の内側からも外側からもなされるべきだろう．
〔木下直之〕

特色のある動物園

　動物園の「特色」とは，どのような部分に表われるだろうか．たとえば，低緯度の温暖な地方であるとか，標高の高いところ，海の近く，大都市の真ん中，といった気候や立地条件によるかもしれない．富士のすそ野の広大な土地を活かして造られた富士サファリパークで，富士山を背景に動物を眺めることができるのは，立地条件による特色といえるだろう．沖縄こどもの国で一年中新鮮な青草を餌に用いる飼育方法ができるのも，南国ゆえの特色がよく表われた部分だと思う．あるいは，地域の野生動物の保全に対する高い技術，たとえば広島市安佐動物公園のオオサンショウウオの保全の取り組みも，その園の明確な特色といえるだろう．

　動物園の特色はさまざまな部分で表われそうなものだが，ここでは「どんな動物を集めているの

か」という点で特色のある動物園に注目したい．つまり「コレクション」に明確なテーマをもった動物園，ということだ．

たとえば，系統分類学に基づいた1つの分類群（綱，目，科，など）に属する種だけ，またはそれを中心に，展示動物を集めたものがある．サル類（霊長目），クマ（食肉目クマ科），鳥類（鳥綱），ヘビ（有鱗目ヘビ亜目），ワニ（ワニ目）といった具合に，コレクションを専門化しているのである．こういった園は，一般的な動物がひと通り揃った総合動物園に対し，「単科動物園」と呼ばれることもある．単科動物園が日本にどのくらいあるのか数えてみると意外と多いことに驚く．日本動物園水族館協会に加盟する動物園の一覧，さらにNPO法人市民ZOOネットワークが独自に収集した動物飼育展示関連施設のリストを調べてみると，上記のサル，クマ，鳥類，ヘビ，ワニの5分類群に専門化した施設だけで，少なくとも20園は国内に存在している（2014年3月時点）．各地に点在するリス園，鹿公園などでも，複数の種類を集めて飼育しているものがいくつかあるようだ．それらも含めるとすれば，かなりの数になるだろう．

過去には，日本カモシカセンターというカモシカ類だけに特化した世界で唯一の単科動物園も存在した．三重県の御在所岳，標高1200mの山上にあり，ロープウェイに乗ってたどり着けるような場所にあった．そのような環境ゆえカモシカの仲間の飼育には最適の地だったようで，40年あまりの歴史の中で8種類のカモシカを飼育したそうだ．飼育技術や繁殖，学術的な業績も多く残したが，2006年11月に閉園した．娯楽が多様化するなか，アクセスに難があり，見られる動物は"玄人向け"のカモシカ類という三重苦を抱え，来園者からの人気の低さは免れなかったのだろうか．閉園は非常に惜しかったが，最後まで園のテーマを貫き通しその身を終えた姿には，動物園として，ある種の美しさのようなものも感じた．閉園の年の9月に最初で最後の訪問をしたが，いつの間にか山頂から降りてきた巨大な雲の塊に園全体がすっかり飲み込まれ，霞んだ空気の中で見たシロイワヤギの姿が忘れられない（図2.11）．

そのほか，園のメインテーマとなる動物が設定されている園として，市原ぞうの国を忘れてはならない．カバ，レッサーパンダ，鳥類など総合動物園的に動物が揃っているのだが，あくまでこの園の主役はゾウである．2014年3月の時点で日本最多の11頭のゾウを飼育し，タイ人の象使いが

図 2.11 日本カモシカセンターで見たシロイワヤギ［2006年9月19日，筆者撮影］
"雲の中の動物園"という雰囲気である．

図 2.12 市原ぞうの国でのゾウの行進［2009年8月24日，筆者撮影］
来園者はゾウたちのために道を譲る．

ゾウの飼育や訓練を行うなど，本格的だ．2007年には日本初のアジアゾウの自然哺育にも成功している．ゾウのショーが開催される時間には，背中に象使いを乗せたゾウたちが園内を堂々と歩き，ゾウ舎から広場まで向かう．来園者がゾウに道を譲り脇道に避けるようすは，まさにゾウが主役という感じであり面白い（図2.12）．

単一の種や分類群にこだわらなくても，コレクションにテーマを設定することは可能だろう．横浜市立金沢動物園は，希少な大型草食動物に特化した日本で唯一の動物園である．1982年の開園以来30年間で，のべ26種類の有蹄類を飼育した歴史をもつ．残念なことに，最盛期と比べて飼育種類数は減少傾向にあり，開園当初のコンセプトからは路線変更した部分も見受けられる．それでもまだ，何種類もの希少な草食動物を地理区ごとに分けられたエリアで比較して見ることができ，保全あるいは教育的価値という観点からも特色のある動物園だといえる．

もう少し変わったテーマ設定の例として記憶にあるのが，十二支の動物を集めたものだ．阿蘇カドリー・ドミニオン（当時，阿蘇くま牧場）の園内には，三重塔を中心に12個のお堂が並ぶ日本庭園「十二支苑」（図2.13）があるのだが，かつてはその周囲で十二支の動物が飼育されていた．「子」ならネズミの仲間で，カピバラやモルモット，「申」はサルで，ニホンザルやリスザルという具合だ．「辰」には○○ドラゴンなどと名のつくトカゲの仲間を見立て，園内の爬虫類館には「辰巳館」というしゃれた名前がついていたのをおぼえている．現在トラやイノシシなどは飼育されておらず，「十二支」は園のテーマから消えてしまった．しかし，こういった社会的・文化的観点からのコレクションのテーマ設定も，来園者が動物に親しみをもつ入口として，面白いものだと思う．

コレクションを専門化した動物園は日本に限ったものではない．海外にも，カワウソやイタチ専門の動物園，バードパーク，有袋類だけの園など，いろいろな種類の動物園があるようだ．「十二支苑」と似たタイプのものとして，旧約聖書に登場する動物を集めた「聖書動物園」がイスラエルにあるのも興味深い．英国のトワイクロス動物園はゾウやライオンなどもいる総合動物園だが，園名の副題に「World Primate Centre（世界霊長類センター）」とつくとおり，サル類のコレクションに特に力を入れている（図2.14）．霊長類の飼育種類数世界一といわれる日本モンキーセンターの約70種には及ばないが，2009年の訪問時には約40種類の霊長類を見ることができた．

ところで，「特色のある動物園」は，潜在的なハンデをいくつか抱えているように思う．まず，総合

図2.13　阿蘇カドリー・ドミニオンの十二支苑［2013年1月2日，筆者撮影］

図2.14　トワイクロス動物園のアカオザル［2009年5月30日，筆者撮影］
この園では，いわゆるアパートタイプのケージも多く並ぶが，個々が広く，遊具や植栽，環境エンリッチメントの工夫も豊富であった．

動物園と違い，一度にいろいろな種類を期待する来園者の心をつかむのが難しい．カモシカセンターの例のように，専門的であるがゆえに"マニア向け動物園"とならざるを得ないジレンマもあるだろう．珍しい・他では見られない・こだわった動物種の選定により，動物交換や新規個体の導入ができず，血統の問題が生じたりコレクションの維持が困難になるという問題もある．近縁種が多く集まると，共通の感染症が流行する心配もある．収集に労力をかける一方で，それぞれの種に対し満足な飼育環境を提供できているかどうかという点も，今後の課題だろう．

しかし当然，「特色のある動物園」には魅力的な部分もたくさんある．特に，入手が容易で人気の種ばかりが集まるあまり，他と似たようなものになりがちな現代の動物園界において，コレクションのテーマを設定することは重要なように思う．テーマがはっきりしていることで，来園者に伝えるメッセージも明確なものにできるだろう．単科動物園の場合は，その分類群の多様性や環境への適応について，近縁種との比較で伝えることができる．専門化することで，飼育技術や研究のレベルが高まる期待もある．

何か明確なテーマやコンセプトをもった動物園はそれ自体が特色だといえるし，独自の価値を生み出すことになるだろう．これからの動物園には，コレクションという観点に限らず，何か「特色のある動物園」であることを期待したいと思う．　　　　　　　　　　　　　　　〔綿貫宏史朗〕

文　　　献

日本動物園水族館協会監修（1997）：最新全国動物園水族館ガイド，日本テレビ．
日本動物園水族館協会　教育指導部編（2005）：新 飼育ハンドブック―動物園編 4，日本動物園水族館協会．
横浜市立金沢動物園（2012）：金沢動物園30周年記念誌．
渡辺守雄ほか（2000）：動物園というメディア，青弓社．

3 動物園の生物学

3.1 概　　論

3.1.1 動物園生物学とは

　動物園生物学よりも少し広い分野をいう「動物園科学」について，元 上野動物園長の故 中川志郎氏は，名著『動物園学ことはじめ』の中で，「ヒトと動物の調和をめざす総合科学」と述べている．これは，人間のためだけの学問ではなく，成果は人間と動物の両方に等しく還元されるものでなければならず，自然を正しく理解し，自然に背かず文化を再構成することであると記している（中川，1975）．

　その動物園科学は，動物学（動物園学を形作る重要な基礎）を基盤に，野生動物飼育学（野生動物を飼育下に移し，その環境条件の著しい格差を縮め，いかに動物の生活を確保するかの科学）と野生動物展示学（野生動物を一般の人々に見せるという役割を具現する科学）の2本柱から構成され，それぞれを有機的に結びつけ連関された新たな学問体系である（中川，1975）．当時もそうであったが，特に近年の動物園科学は保全生物学の分野と密接な関係をもつようになってきた．したがって，現代の「動物園生物学」は，動物学と野生動物飼育学を主体に，保全生物学の分野を加えた，野生動物の基礎から応用，そして実践を含む学問分野を総称した広範な生物学であるといえよう（図3.1）．動物園生物学が対象とする具体的な研究領域として，進化学，分類学，個体群生物学，生理学，栄養学，行動学，繁殖学，遺伝学，

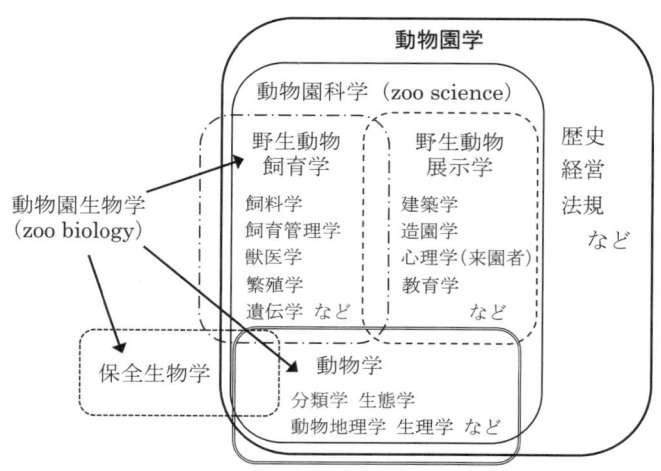

図 3.1　動物園生物学の概念
動物園生物学とは，動物園科学の中の動物学と野生動物飼育学を主体に，保全生物学の一部を含む分野を指す．動物園科学（zoo science）の概念は中川（1975）をもとに図示（中川（1975）では，厳密には zoo science に「動物園学」の語を当てている）．

動物福祉学，野生動物医学などがあり，さらに生息域内保全研究（例：フィールドでの生態研究や生息調査）が含まれる（WAZA，2005a）．

動物園での野生動物研究の最大の利点は，野外に比べて容易に動物に接近できたり，研究材料を入手できたりすることにある．野生状態ではデータを集めることが難しい動物でも，動物園動物であれば可能な場合が多い．動物園で得られた成果は，野生状態の動物の生物学にもきわめて有用な洞察を与えることにつながる（Hosey et al., 2009）．

3.1.2 動物園生物学の研究動向

動物園生物学の研究動向を示すために，『Zoo Biology』誌の掲載論文の分析結果がよく引用される．『Zoo Biology』は北米動物園水族館協会（AZA）の協力のもと，1982年から発行されている動物園生物学の学術雑誌である．刊行以来25年間（1982～2006年）の計991論文の調査から，行動や繁殖に関する研究が最も多いことがわかる（図3.2）．次に，動物の管理や飼料・栄養，解剖・生理などに関する内容が比較的多く，新たな研究分野も増えつつあり，動物園生物学は発展し続けている．保全や生態に関する研究は少ないわけではなく，それぞれの分野に特化した他の学術誌へ投稿されている（Maple & Bashaw, 2010）．動物園生物学の学術誌として，このほか，『International Zoo Yearbook』や『Journal of Wildlife Medicine』，国内では『動物園水族館雑誌』，『日本野生動物医学会誌』，『哺乳類科学』などがあり，また動物園動物や野生動物に限らない各学問分野別の学術誌にも，多くの動物園生物学の研究論文が掲載されている．

3.1.3 動物園生物学の研究体制

欧米の動物園では，巨大な研究センターを併設し専任スタッフを置いているところもある．また，ドイツの「ライプニッツ動物園野生生物研究所（Leibniz Institute for Zoo and Wildlife Research：IZW）」なども有名である．日本にはこれに比肩する国の研究所や動物園附属の研究センターはないが，園内に研究設備や専任職員を配置しているところはいくつかある．1956年の開園当初から研究部門をもつ日本モンキーセンターは代表的である．近年では，よこはま動物園ズーラシアに隣接して1999年に開所した「横浜市繁殖センター」，2006年に東京動物園協会が新設した部門『野生生物保全センター』（図3.3），2013

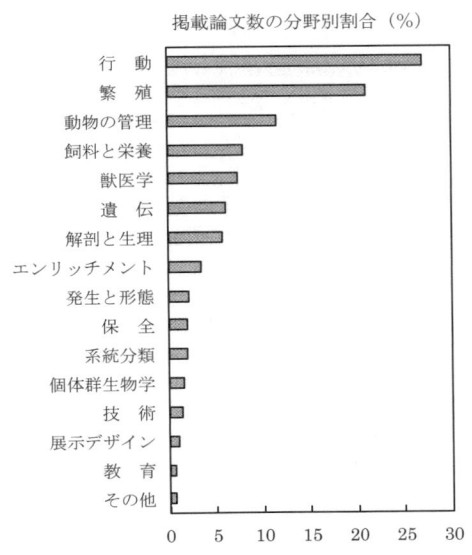

図3.2 動物園生物学の学術雑誌『Zoo Biology』に掲載された研究論文の分野別割合［Anderson et al., 2008のデータをもとに作図］

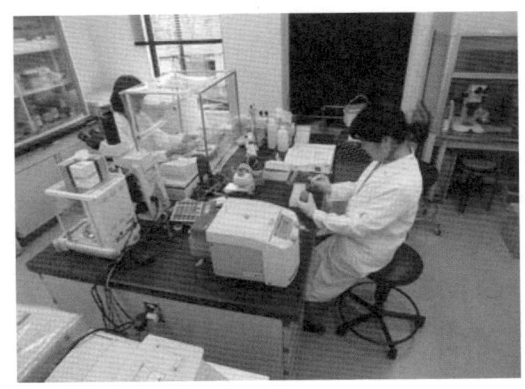

図3.3 東京動物園協会多摩動物公園内に設置された「野生生物保全センター」［写真提供：秋川貴子（多摩動物公園）］

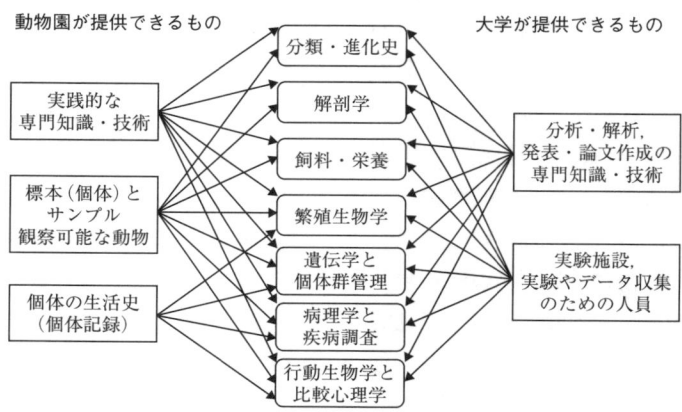

図 3.4 動物園と大学や研究機関の間の共同研究 [WAZA, 2005a を一部改変]

年に京都市動物園が新設した部門「生き物・学び・研究センター」などがある．こうした独立した機関または組織がなくても，動物病院等に実験機器や検査機器を導入し，経験ある職員が分析実験を行っているところもあるし，行動等を観察記録して収集データの解析を行っている例は多い．このように飼育係や獣医師などが日々さまざまな研究活動を行っている．

　動物園が独自に行う場合だけでなく，大学や研究機関と共同で行う場合も多い．このような共同研究は，それぞれの専門知識や技術を生かして，互いの資源を有効活用しながら協力して，1つの目標に向かって実施されるものである（図3.4）．しかし，動物園と大学の関係は，良好な場合ばかりではなく，その問題点も指摘されている．大学が研究材料だけを集めたり，動物園が分析結果だけを求めたりして，それによる成果を他方へ報告しないまま連絡が途絶えてしまう例があったようである（村田，2005；石田，2010；成島，2011；楠田，2013）．共同研究には，相互の理解と信頼関係が重要であり，動物園動物を人類の共有財産であると認識しながら，特に最近では保全への貢献にも考えを巡らせることが大切である．

3.1.4 動物園生物学の研究の倫理

　動物園内で行われる研究や野外で行われる研究など実施形態はさまざまであるが，それらの研究を侵襲的に行うか，非侵襲的に行うかを念頭に計画することも重要な視点である．このことについて，世界動物園水族館協会（WAZA）が，「動物園・水族館による動物研究の実施に関する倫理指針」を提示している（WAZA，2005b）．非侵襲的な研究としては，通常の状態での行動を観察することやホルモン分析に排泄物を利用すること，死亡個体を有効活用することなどがあげられる．侵襲的な研究とは，飼育環境や野外の環境を改変したり，対象動物に操作を加えたりする場合をいう．この指針のなかで，侵襲的な研究を否定しているわけではない．現代の動物園のもつ主要な目的は保全であるため，関連研究であればやむを得ない部分もあるが，その場合にも個体の福祉や倫理は常に考慮されるべきであることが強調されている．苦痛等を与えるような実験内容であれば，まず，無生物等の代替利用（replacement），使用動物数の削減（reduction），苦痛軽減を中心とする実験法の洗練（refinement）の「3R」の原則を必ず検討しなければならない．このことは，実験動物や家畜を用いた場合と同じで，動物実験の国際規定に従うべきである．動物園動物の場合，苦痛を伴う場合には，さらに保全上の利益が明らかでなければならない．

【容認できない不適切な研究】（WAZA，2005b）

- 身体的，心理的に，継続的な苦痛や外傷を与える研究
- 明らかな保全上の利益がないにもかかわらず，不合理な痛みを伴う研究
- 明らかな目的も利点もなく，考え方に誤りのある研究
- 人の利益のためだけに行われる研究（例：商業目的や医薬開発目的）

また，動物園生物学の研究には，特殊な事情もある．研究対象の動物が実験動物ではなく展示動物であり，あるいは希少動物である，ということだ．通常の動物実験のように，均一な個体を多数集めることは不可能で，繁殖が困難な種や大型の種であればさらに難しい．そして，動物園には来園者がいるということを忘れてはならない．動物の体に研究上の何らかの標識を行う場合や，展示場で観察等を行う場合などは，来園者に対する配慮も必要であるし（図3.5），来園者や飼育係による動物の行動等への影響も考慮しなければならない．これらの特殊な研究環境は，条件設定を難しくし，学術論文を作成した際の採否にも影響する．しかし，たとえ1頭の研究データであっても，条件設定が完全でなくとも，そのデータの重要性が説明できれば，この特殊な事情は理解されるものである．とはいえ，可能な限り緻密で隙のない計画を立てるよう心掛けることが重要である（村田，2005）.　　　　　　〔楠田哲士〕

図3.5 チンパンジーの展示場前で行動観察を行う動物園スタッフ（よこはま動物園ズーラシア）［写真提供：村田浩一］
開園時間中の行動観察は難しい．来園者の存在が観察時の障壁になるだけでなく，来園者に話しかけられることにより観察に集中できない場合がある．観察者が動物園スタッフであればなおさらである．写真は，観察に集中する環境をつくりながらも，実際の研究中のようすを来園者に展示した好例である．

文　　　献

中川志郎（1975）：動物園学ことはじめ，玉川大学出版会.

WAZA (2005a): *Building a Future for Wildlife-The World Zoo and Aquarium Conservation Strategy*, WAZA Executive Office.

Hosey, G., Melfi, V., Pankhurst, S. (2009): Research. In *Zoo Animals: Behaviour, Management, and Welfare*, p.505-530, Oxford University Press.〔村田浩一・楠田哲士監訳（2011）：動物園学，文永堂出版〕

Maple, T.L., Bashaw, M.J. (2010): Research trends in zoos. In *Wild Mammals in Captivity : Principles & Techniques for Zoo Management, 2nd Edition* (Kleiman, D.G. *et al.* eds), p.288-298, The University of Chicago Press.

村田浩一（2005）：研究. 新 飼育ハンドブック 動物園編 4（日本動物園水族館協会 教育指導部編），p.131-138, 日本動物園水族館協会.

石田　戢（2010）：教育・普及・研究. 日本の動物園，p.142-174, 東京大学出版会.

成島悦雄（2011）：動物園の過去，現在，未来．大人のための動物園ガイド，p.201-233, 養賢堂.

楠田哲士（2013）：動物園と大学の共同研究における現状の体制と課題―動物園動物の繁殖生理学研究の場合―．動物園研究，13・14：8-16.

WAZA (2005b): *Ethical Guidelines for the Conduct of Research on Animals by Zoos and Aquariums*（WAZA ウェブサイトに訳文とともに掲載されている）

3.2　各　　　　　論

3.2.1　比較解剖

動物園や水族館において，それらが担う飼育，繁殖，臨床，教育そして研究といった多くの役割

を遂行するために，飼育する動物の形態的および機能的特徴を把握することはとても重要なことである．本項の「比較解剖」では，脊椎動物（脊椎動物亜門）を中心に，その解剖学（形態学）的特徴を器官系ごとに簡単にではあるが紹介していきたい．

a. 運動器系

ヤツメウナギなど無顎類を除く脊椎動物（顎口類）には，顎が存在している．哺乳類の下顎骨は歯骨だけで構成されており，一方，硬骨魚類や哺乳類以外の四足動物（四肢動物）では，下顎骨は歯骨を含む複数の骨によって構成されている．両生類や爬虫類の顎関節は関節骨と方形骨の間に形成されるが，哺乳類では歯骨と鱗状骨（側頭骨鱗部）の間に形成される．爬虫類の方形骨と関節骨は，哺乳類への進化の過程でそれぞれキヌタ骨とツチ骨として中耳内に収まり，舌顎骨由来のアブミ骨（耳小柱）とともに耳小骨として聴覚に関与するようになる．鳥類では関節骨が可動性をもった方形骨と関節しており，下顎の運動に伴う方形骨の振り子運動が，可動性をもつ上顎を拳上させる運動機構（prokinesis）を有している．ヘビにおいても，可動性を増した方形骨の存在が大きな開口を可能にし，さらに左右の下顎骨間が靭帯によって結合することで，下顎骨の左右の独立した運動を可能にしている．

脊椎において，頸椎は四足動物で区別されるようになる．両生類になると第一頸椎のみ出現するが，爬虫類以降になると特殊化した第一頸椎（環椎）や第二頸椎（軸椎）を含む複数の頸椎が認められる．爬虫類や鳥類の頸椎の数は種によってさまざまであるが，カメは8個に固定されている．また，一般に哺乳類の頸椎は7個に固定されているが，海牛類のマナティー（6個）や異節類のミユビナマケモノ科（8〜9個）などのように例外もみられる．

四足動物では，前後の椎骨を関節させる前関節突起と後関節突起を発達させるが，ヘビの椎骨にはそれ以外にも椎弓突起と椎弓窩を有しており，アルマジロなどの異節類では関節突起以外にも尾側に突出する異節突起とその関節面を有している．仙椎は両生類になって初めて1個出現する．鳥類は，癒合胸椎や複合仙骨を有しており，これらの構造は飛翔や二足歩行に対して安定性を与えている．鳥類の胸骨には胸骨稜（竜骨突起）が発達し，飛翔筋である胸筋（浅胸筋）や烏口上筋（深胸筋）に広い付着面積をあたえている．

脊椎動物の前肢帯は，現生の両生類，爬虫類そして鳥類では肩甲骨や前烏口骨といった軟骨性骨が発達するが，膜性骨要素は鎖骨と間鎖骨だけとなり，前肢帯は頭蓋との接着を失っている．哺乳類において，単孔類では肩甲骨，前烏口骨（烏口骨：広義），後烏口骨（烏口骨：狭義），鎖骨，間鎖骨が認められ，有袋類や有胎盤類では肩甲骨と鎖骨だけになる．両生類，爬虫類，単孔類以外の哺乳類の鎖骨の有無は，動物種によって異なっている．鳥類の鎖骨は，間鎖骨を介して左右が癒合しており，癒合鎖骨と呼ばれる．肩甲骨，烏口骨（広義），そして癒合鎖骨は，お互いの関節部分で三骨間管と呼ばれる孔を形成し，この部分を烏口上筋の腱が通過して上腕骨背結節尾側面に付着することから，烏口上筋の収縮は翼を振り上げる．

四足動物の後肢帯は，両性類になって初めて脊柱と関節し，腸骨，坐骨そして恥骨（両性類では軟骨）という3つの骨（寛骨）によって構成される．単孔類や有袋類の後肢帯には，寛骨以外に恥骨の頭側に1対の前恥骨という骨が認められる．これは有袋類では袋骨などとも呼ばれている．また，鯨類では退化した痕跡的な寛骨が体内に認められる．

鳥類では，基本的に各後肢に4本の趾をもつが，エミューでは3本，ダチョウでは2本とその数を減らしているものもいる．ムササビやモモンガでは，手根部に針状軟骨（針状突起）が存在しており，滑空に用いる皮膜（飛膜）を支えている．また，ウロコオリスも肘に針状突起を有し，

これで皮膜を保持し滑空する．皮翼目のヒヨケザルや有袋類であるフクロモモンガなども皮膜を用いて滑空を行うが，ムササビのような針状軟骨はもっていない．翼手目いわゆるコウモリは，橈骨と第一指以外の指骨や中手骨を長く発達させることで皮膜を支え，哺乳類では唯一飛翔能力を獲得している．鰭脚類のアシカ科は水中での推進力を，鰭状に大きく発達した前肢によって生み出しているが，アザラシ科では推進力を腰部の柔軟な屈曲運動と鰭状の後肢によって生み出している．鯨類の前肢はフリッパー状に特殊化しており，上腕骨は短く，前腕骨格は短く扁平で，指骨は多指骨である．

b．外　皮

外皮は，動物の体表を覆う皮膚と，その表皮が角化してできた毛（被毛，触毛），羽（正羽，綿羽，糸状羽），蹄，鉤爪，角，肉球，附蝉（夜目）などの角質器，そして皮膚腺（脂腺，汗腺，変形腺：乳腺，尾腺，会陰腺，眼窩下洞腺など）によって構成される．

鳥類の翼には，飛翔に重要な役割を果たす風切羽という正羽が存在し，手根中手骨と指骨には初列風切羽，尺骨には次列風切羽，そして上腕骨には三列風切羽が付着している．正羽では，羽枝の上部には遠位小羽枝（有鉤小羽枝），下部には近位小羽枝（弓状小羽枝）小羽枝が配列し，隣接する異型の小羽枝どうしが引っかかることで空気抵抗性のある羽弁が形成される．

ヒゲクジラの上顎には，角質器に相当する板状のヒゲが多数連なっており，餌の濾過に利用されている．ウシ科動物にみられる洞骨も角質器で，洞骨は前頭骨の角突起を角鞘が覆った構造をしている．プロングホーンの角も洞骨に該当するが，角鞘が枝分かれしており，角鞘は毎年生え変わる．哺乳類の角には，その他に骨質によって形成されるシカ科の枝角（袋角と枯角），軟骨の突起が骨化しそれを皮膚が覆うキリンやオカピの骨角（オシコーン），そして骨芯のない緻密な角質線維

によって形成されるサイの表皮角などがある．

鳥類の脚，爬虫類やセンザンコウの皮膚は，硬く角化した鱗状を呈しており，角質鱗（角鱗）などと呼ばれる．一方，硬骨魚類の鱗は，真皮内に生じた皮骨性の鱗（皮鱗）である．サメやエイなどの軟骨魚類（板鰓類）の鱗は，エナメル層に覆われた棘が真皮から表皮上に突出する楯鱗を有している．シーラカンスはコズミン鱗を，ポリプテルスやガー，チョウザメは硬鱗（ガノイン鱗）を有している．一般的硬骨魚類である新鰭類の多くは，ガノイン層やコズミン層を消失し骨質だけの骨鱗を備えている．カメの甲羅は，角質器である角板によって構成される角質甲板と，その内側の肋骨が変化して形成された骨甲板によって成り立っている．哺乳類では，アルマジロに蛇腹状に配列した皮骨性の骨板が背側に存在している．

c．消化器系

消化器系は，口から肛門または総排泄口に至る消化管と，これに付属する消化腺，および歯や舌といった付属器官によって構成される．脊椎動物では，無顎類や鳥類，そしてカメに歯は認められない．通常魚類は口腔内に歯をもつが，コイ科魚類などでは口腔内に歯をもたず，咽頭歯を発達させている．またサメなど板鰓類は，順次補充される多生歯性の車輪交換歯をもっている．哺乳類では異型歯を発達させ，一般に切歯，犬歯，前臼歯，後臼歯を区別する．後臼歯は乳歯がない一代生歯である．歯の交換は通常垂直交換であるが，長鼻目のゾウや海牛類のマナティーなどの臼歯は水平交換歯である．食肉類では，上顎第四前臼歯と下顎第一後臼歯によって剪断作用をもつ裂肉歯が形成される．また，反芻動物は上顎切歯をもっておらず，下顎の犬歯は切歯状になり第三切歯に並ぶ．ゾウやイッカクの牙は上顎第二切歯が形成し，セイウチ，トラ，キバノロ，そしてバビルサなどの牙は犬歯によるものである．

魚類の消化管からすでに，食道，胃，腸が確認されるが，無胃魚では肉眼的には食道と腸の区別

は難しい．多くの硬骨魚類において，胃と腸の間には幽門垂が認められる．サメやチョウザメなどの腸には螺旋弁が認められ，腸管粘膜上皮の面積を増やしている．ワニには，小石によって機械的消化を促進する筋胃が認められる．鳥類では，食道の途中に嗉囊という袋状の構造が認められ，餌の貯留や膨軟に関与し，ハトなどではここで栄養化の高い嗉囊乳が作られ雛に与えられる．鳥類の胃には前胃（腺胃）と砂囊（筋胃）の2つの胃が存在しており，砂囊では硬い砂や小石によって餌が磨り潰される．多くの鳥類では盲腸は1対存在しているが，1つのものやオウム目のように痕跡的なものもいる．

哺乳類において，反芻動物の胃は高度に特殊化されており，第一胃（ルーメン/瘤胃），第二胃（蜂巣胃），第三胃（葉胃），第四胃（皺胃）といった複胃を形成する．また，ラクダやクジラの胃も特殊化した複雑な複胃を形成する．クジラでは前胃，主胃，連結室，幽門胃の4区画に区分することができる．リーフモンキーといわれるラングールなどは，胃に3つの区画を生じ，前胃で嫌気性細菌によるセルロースの発酵を行っている．カバは胃の無腺部に左右2つの大きな胃憩室をもち，ジュゴンは1対の十二指腸憩室をもつ．

哺乳類の腸において上行結腸は，反芻類やブタでは結腸ラセンワナ（例えば，ウシ：円盤結腸，ブタ：円錐結腸）を形成し，ウマ科動物では背腹の階層構造を呈している．哺乳類の盲腸は，たとえばコアラ，カピバラ，ウマ科動物などでは大きく発達しているが，コウモリ，一部の食肉類（アライグマ科，イタチ科，クマ科），カバ，モグラ，ほとんどのハクジラなど，盲腸がない哺乳類も多い．四足動物では，総排泄腔は両生類，爬虫類，鳥類そして単孔類に存在している．有袋類の雌では，尿生殖道と直腸が非常に浅い総排泄腔（肛門道）に開口する．鳥類の肛門道の背側には，ファブリキウス囊が認められる．

d. 循環器系および呼吸器系

哺乳類や鳥類の心臓は完全な2心房2心室を示すが，魚類の心臓は1心房1心室，両生類では2心房1心室，爬虫類では不完全な隔壁をもった2心房1心室の形態をとる．しかし，ワニの心臓は他の爬虫類とは異なり2心房2心室で，左右の大動脈弓基部がパニッツァ孔によって連絡している．脊椎動物には，分岐した動脈が限局的に立体的な配置を示す怪網を有するものがおり，たとえば，鰾のガス腺，鯨類胸部背側の怪網，反芻動物の硬膜上怪網などが知られている．また腹腔内に精巣をもつイルカでは，尾鰭で冷やされた静脈と精巣に向かう動脈との間の対交流熱交換で動脈内の温度が下げられている．このような対交流熱交換は，水禽類やペンギンなどの後肢や鯨類の前肢や尾鰭などでも認められる．

脊椎動物の呼吸様式は，魚類では鰓呼吸であるが，現生の肺魚などは呼吸機能をもった鰾（肺）でも呼吸を行う．鰾は肺が呼吸機能を失うことで，二次的に生じたと考えられている．また，ドジョウは腸呼吸も行う．両生類では，幼生時には鰓呼吸，成体では肺呼吸を行う．また，両生類は皮膚呼吸を行うことができ，冬眠中には皮膚呼吸が肺呼吸を逆転する．有羊膜類では，ガス交換は肺で行われる．鳥類の肺は伸縮性がなく，気囊（頸気囊，鎖骨気囊，前胸気囊，後胸気囊，腹気囊）が空気の流れに大きくかかわっている．ツルやハクチョウなどの気管は胸骨内に屈曲して収納されている．鳥類では気管分岐部に発声器官の鳴管を有している．また偶蹄類や鯨類では，気管分岐部の前に気管の気管支を分岐する．鯨類では，外鼻孔（噴気孔）が頭頂部に移動することから，喉頭は背側に伸長している．イルカでは，鼻道の空気の流れによって脂肪囊で構成された音唇によって生じた振動が，前頭部にある脂肪組織であるメロンで収束され水中へと伝えられる．

e. 泌尿生殖器系

哺乳類の腎臓は，腎錐体（腎乳頭）の癒合度に

より多錐体性腎と単錐体性腎に大別でき，多錐体性腎には腎葉が完全に分離したもの（葉状腎：鯨類，鰭脚類，ゾウ，ホッキョクグマ，カワウソ，胎子など）や部分的に癒合したもの（ヒト，ブタ，ウシなど）があり，腎杯に覆われた腎乳頭が複数認められる．ウシは外観が葉状腎に見えるので外観的葉状腎などと呼ばれる．単錐体性腎は腎錐体が完全に癒合した総腎乳頭を形成し，それは直接腎盤（腎盂）に突出する．多くの食肉類や小型反芻動物，ウマなどがこの型の腎臓をもつ．

四足動物では，膀胱は両生類から出現するが，ある種のトカゲ，ヘビ，ワニ，そして鳥類には膀胱は認められない．あるカメには対の粘液嚢（副膀胱）が認められるが，これは水中の溶存酸素の吸収に関与している．

魚類や両生類は一般に体外受精を行うが，軟骨魚類では腹鰭が変化した交尾器（鰭脚）によって体内受精を行う．ヘビやトカゲでは，半陰茎（ヘミペニス）と呼ばれる交尾器をもつ．鳥類ではリンパの充満で勃起する陰茎（ファーラス）をもっており，非突出陰茎と突出陰茎がある．哺乳類の雄の交尾器である陰茎（ペニス）は，海綿体の発達した筋海綿体型（食肉類，霊長類，ウマなど）と発達が悪い線維弾性型（鯨類，反芻類，ブタなど）がある．多くの有袋類では，陰茎の先端は，雌の二又に分かれた重複膣に適合させるために分岐している．ジャコウネコ科以外の食肉類，ヒト以外の多くの霊長類，コウモリ，齧歯類などは陰茎内に陰茎骨をもっている．ネコ科では亀頭に亀頭棘という棘構造をもっている．雄の生殖腺である精巣は，哺乳類以外では腹腔内に存在するが，哺乳類でも鯨類，海牛類，単孔類，ゾウ，ハイラックスなどでは陰嚢内でなく腹腔内に存在する．

哺乳類の子宮の形態には，左右の子宮が別々に膣に開く重複子宮（齧歯類，ウサギ，ハイラックス，管歯類，有袋類など），左右の子宮が1つに合わさった単一子宮（高等霊長類，一部の翼手目，異節類など），1対の子宮角が1つの子宮体に合流した双角子宮（奇蹄類，偶蹄類，食肉類，一部の霊長類，多くの翼手目，無盲腸類，長鼻類，鯨類，海牛類など）が知られている．双角子宮のうち，子宮帆という中隔（ウシやカバでは長い）が発達するものを両分子宮として区別する場合がある．鳥類では，子宮はなく卵管が総排泄腔に開口する．通常鳥類では右の卵巣と卵管が退化するが，タカ目の多くは左右ともに発達させる．

現生哺乳類では，単孔類は卵生で胎盤を形成しないが哺乳は行う．有袋類は絨毛膜卵黄嚢胎盤を形成し，育子嚢の中で未熟な新生子に乳を与える．有胎盤類は絨毛膜卵黄嚢胎盤を退縮させ，代わりに絨毛膜尿膜胎盤を形成する．胎盤は，絨毛膜絨毛の分布の違いから，汎毛胎盤（奇蹄類，マメジカ，マメジカ以外の反芻動物を除くその他偶蹄類，キツネザル，センザンコウ，鯨類など），叢毛胎盤（マメジカを除く反芻類），帯状胎盤（食肉類），盤状胎盤（ヒトを含む多くの霊長類，齧歯類，翼手目，ウサギなど）に分類される．

f. 感覚器系

魚類や両生類には，水圧など物理的刺激を認識する側線器という感覚器が存在し，軟骨魚類や硬骨魚類では，側線管内に感覚受容器である感丘（神経丘）を認める．魚類では鼓膜を欠いており，頭蓋自身が振動を内耳に伝えている．またある種の硬骨魚類では，振動は鰾と連絡するウェーバー小骨（ウェーバー器官）という一連の小さな骨を介して伝達される．両生類になると，一部の無尾両生類に鼓膜が出現し，外耳小柱や耳小柱さらに卵円蓋が鼓膜の振動を内耳に伝達し，内耳には両生類特有の両生類乳頭が認められる．爬虫類や鳥類では，通常短い外耳の奥の鼓膜が振動し，振動は外耳小柱，耳小柱を介して内耳に伝達される．しかし，ヘビには外耳孔や中耳，鼓膜が存在しない．哺乳類には耳介があり，鼓膜の振動は，ツチ骨，キヌタ骨，アブミ骨（耳小柱）といった3つの耳小骨を介して増幅され，内耳に伝えられる．

嗅覚は普通魚類で発達している．ほとんどの魚

類は口腔に開く内鼻孔をもっておらず，臭いは皮膚に開く前外鼻孔と後外鼻孔の間の鼻嚢の嗅上皮で感じ取られる．サメでは1つの外鼻孔を皮膚のヒダが2つに仕切る．四足動物では，鼻嚢が外鼻孔によって外界と，内鼻孔によって口腔に連絡することで，嗅覚を伴う肺呼吸経路を確立した．また，両生類で初めて鋤鼻糸が認められ，爬虫類以上で鋤鼻器（ヤコブソン器官）という嗅覚器が出現し，トカゲやヘビといった有鱗類でそれは発達している．しかし，ほとんどのカメ，そしてワニ，鳥類，ヒトを含む高等霊長類，ある種のコウモリ，そして水棲哺乳類などでは鋤鼻器が消失している．特殊な感覚器として，ある種のヘビでは，赤外線を感じ取るピット器官を有しており，獲物の体温を感じ取っている．

光受容器である眼において，ヘビを除く有羊膜類では視覚調節のため水晶体の形を変化させるが，魚類や両生類そしてヘビでは球形をした水晶体の位置を移動させて調節する．鳥類や爬虫類では，眼球は強膜骨に支持されるが，ヘビには認められない．鳥類と一部の爬虫類には，網膜から硝子体へと突出するそれぞれ眼球櫛と乳頭状円錐といった特殊構造が認められる．また，食肉類，曲鼻猿類，鯨類，多くの有蹄類哺乳類の脈絡膜内には輝板が存在する．第三眼瞼（瞬膜）は，サメ，無尾両生類，爬虫類，鳥類で発達しており，ヒトでは認められない．ヘビは眼瞼や瞬膜をもたず瞬きをしないが，眼瞼が変化したと考えられる透明な膜組織が常に角膜を覆っている．ある種のトカゲやムカシトカゲといった爬虫類の頭頂器は，頭頂部に開いた頭頂孔に眼球様の構造をもった明瞭な頭頂眼を形成している．　　〔佐々木基樹〕

3.2.2 動物の学習に関する基礎知識

a. 動物の学習

本章で扱う学習とは，いわゆる心理学用語の学習（learning）である．定義するとすれば，経験による比較的永続的な行動の変容を指す．たとえば，スマートホンを使いこなせるようになることや，自動車を運転できるようになることは学習である．しかし，疲れて動けなくなくなるといった一時的な行動の変容は学習には含めない．すべての動物は学習する能力をもっている．種によっては，どこに行って何を食べるべきか，何を避けるのか，どこで寝るのかを学習しなくてはならない．学習は動物がこの世界で生きていくために必要不可欠な能力だ．動物の学習については，何冊も良質な教科書が出ているので（メイザー，2008；実森・中島，2000など），本書を読んで，動物の学習に興味をもった方はあらためて教科書を読んでほしい．本節では以下の3つの基本的な学習のタイプ：(1) 馴化，(2) 古典的条件付け，(3) オペラント条件付け，を紹介する．

b. 学習のタイプ

(1) 馴化（habituation）

刺激を繰り返し提示すると，その刺激に応じて起こっていた動物の側の反応が，徐々に弱まることをいう．たとえば，来園者が突然大きな声を出せば，反射的に動物は声のした方向を振り向く反応をするが，何度も繰り返せば，次第に反応しなくなる．ただし，反応しなくなるのは繰り返されたその刺激に対してであり，種類の違う音（ホイッスルを吹く，等）には，反射的に振り向く反応をみせるだろう．動物はエネルギーの節約のために，常に環境内のすべての刺激に注意を向けているわけにはいかない．重要な刺激とそうでない刺激を識別する必要がある．馴化によって，どうでもよい刺激を無視して，より重要な刺激に対する反応にエネルギーをとっておくことができる．

(2) 古典的（レスポンデント）条件付け
　　（classical / respondent conditioning）

「パブロフの犬」と聞けば知っている人も多いだろう．イヌにメトロノームの音を聞かせ，続けて肉片を与える手続きを繰り返すと，メトロノームの音を聞くだけで，イヌは唾液を分泌するようになる．イヌはもともと，肉片（無条件刺激 unconditioned stimulus：US) を与えられると，唾液を分泌する（無条件反応 unconditioned response：UR). この例のように，もともとは唾液分泌という反応を引き起こすことのなかった中性刺激（メトロノームの音）を，肉片と対にして提示することで，中性刺激だけで唾液が分泌されるようになる．これを条件性反応（conditioned response：CR) といい，このときメトロノームの音は条件刺激（conditioned stimulus：CS) と呼ばれる．古典的条件付けは，無条件刺激と中性刺激（条件刺激）の対提示だけで起こる学習である．動物園の環境で，無条件刺激である餌が運搬車によって運ばれてくるとすると，このとき，運搬車を条件刺激として古典的条件付けが起こり，動物はその車を見るだけで，餌に対する反応をみせるかもしれない．

(3) 道具的（オペラント）条件付け（instrumental / operant conditioning)

古典的条件付けと違い，オペラント条件付けは，動物の自発的な反応に環境の変化が付随することで起こる学習である．このときの反応をオペラント反応（operant response) と呼ぶ．後続刺激が提示されたことで，オペラント反応の生起確率が高まるとき，反応が強化されたといい，逆に反応の生起確率が低くなった場合は，反応は罰（punishment) されたという．反応を強化する強化刺激を正の強化子（positive reinforcer) といい，罰する刺激を罰子（punisher) または嫌悪刺激（aversive stimulus) と呼ぶ．

ある環境刺激の下でだけ，オペラント反応に対する強化や罰が起こるとき，その刺激を弁別刺激（discriminative stimulus) と呼ぶ．オペラント反応をしたとき，嫌悪刺激が取り除かれるか，その出現が取り消されると，反応は強化される．これを負の強化（negative reinforcement) と呼ぶ．逆に，正の強化子が取り除かれたら，反応は弱められる．これを負の罰（negative punishment) と呼ぶ．難しく感じるかもしれないが，要するに，私たち人間が日常的に使っているアメとムチの原理のことだと思えばよい．ポイントは動物からのはたらきかけ（反応）がなければ生じないこと，そして，反応の結果（強化または罰）が重要なことである．結果次第で，反応が強められたり弱められたりする．

c. 学習の生物学的制約

上記の3タイプの学習は，種や年齢などを問わず，一般的に成立するもののはずである．しかし，1960年代以降，例外的な事例が報告されるようになった．これらは学習の生物学的制約（biological constraints on learning) と呼ばれる．以下はその例である．

(1) 食物嫌悪学習（food aversion learning／味覚嫌悪条件付け taste aversion conditioning)

ある食べ物を食べた後で不快な症状を経験すると，その食べ物の味を嫌うようになる．この学習は，原理的には，食べ物を条件刺激，不快な症状を起こさせる原因（細菌または個体の体調）を無条件刺激，不快な症状を条件性反応とする古典的条件付けととらえられる．しかし，この学習がユニークなのは，条件刺激と無条件刺激の提示間隔がある程度空いても，もしくは1回だけでも学習が成立することである．しかも，この学習はごく一般的に起こる．私たちの偏食やいわゆる「食わず嫌い」のもとにもなるし，動物園の動物でも容易に成立する学習である．発見者の名をとって，ガルシア効果とも呼ばれる．

(2) 選択的連合（selective association)

食物嫌悪の研究においては，もう1つの発見もあった．それは，同じような嫌悪的な無条件刺激でも，条件付け学習が起こりやすい刺激とそうでない刺激があるということだ．オペラント条件付けでも，弁別刺激と反応に後続する事象（強化刺激または罰）の種類によって，条件付け学習のしやすさが異なることがわかっている．また反応と強化刺激の組合せによっても類似した現象がみら

れている．これらの現象の説明として一般に受け入れられているのは，準備性（preparedness）という考え方である．この考え方によれば，ある特定の遺伝的な性質によって，動物は何らかの学習をするように準備ができていたり，学習がしにくいように準備ができていなかったりする．動物は一般的に，種に典型的な行動を含む課題を学習する準備ができている．つまり，その課題は生物学的に適切だということだ．反対に，学習する行動が，その動物の準備性に反する場合，学習の獲得は難しくなる．その種の自然史に反することだからである．

(3) 本能による漂流（instinctive drift）

ブリーランド夫妻は，オペラント条件付けを動物ショーのためのトレーニングに用いていた（ベイリー，2009 を参照）．彼らはニワトリが野球ゲームをするようにトレーニングし，アライグマがコインを貯金箱に入れることをトレーニングした．はじめ動物たちはトレーニングした通りの行動をしていたが，次第にニワトリはバットでボールを打つ代わりに嘴でつつくようになり，アライグマはコインを貯金箱に入れる代わりにコインどうしをこすり合わせるようになった．これらの動作は，その動物たちが食物に対してとる生得的行動である．トレーニングを始める前にはボールやコインは食物とは無関係な物だが，訓練が進めば，食物と関連づけられた信号としての機能をもつようになる．その結果，食物に対する行動がボールやバットに対して現れるようになる．ブリーランド夫妻は，この現象を「本能による漂流」と呼んだ．この動物たちは，自然界で典型的にみせるような行動をとっていたからだ．

このように，動物をトレーニングするとき，種によっては，ある行動を学習するのに前もって適応しているが，別の行動を学習するのに困難を伴う場合がある．その原因の一部は，それぞれの種に特有の形態，感覚，その他の適応を含む自然史によるものだ．したがって，動物をトレーニングしようとするときには，その動物の自然史や野生環境での行動について理解しておく必要がある．

d. ハズバンダリートレーニング

ハズバンダリートレーニング（husbandry training）という言葉は，一般にはなじみの薄い言葉かもしれないが，動物園業界では一般的な用語になりつつある．トレーニングといっても，動物園における日常的な飼育管理のために必要な作業を，飼育動物にとっても動物園スタッフにとってもストレスなく，安全に行うために必要な手続きである．具体的には，屋内施設と屋外放飼場との間の移動，体重測定のためにはかりに乗る，治療のための投薬や採材，ときには施設間の輸送のためにケージに入ること，新しい施設での採餌のためのトレーニングなども含まれる．

これらの作業は，飼育係や獣医師の職人技のようにみえるかもしれないが，実際にはこれまで説明してきたような，古典的条件付けやオペラント条件付けといった，学習の基本的なテクニックを用いて成立しているものである．つまり，ハズバンダリートレーニングは，適切な手続きをとれば，その動物を扱った経験年数によらずに可能である．むしろ，動物の学習に関する知識があれば，トレーニングのためのスキルの習得に役立つはずだ．

すでに述べた3つの学習のタイプのうち，おもにオペラント条件付けのテクニックが用いられる．そのなかでも正の強化（positive reinforcement）の手続きを用いるのが一般的である．つまり，動物が望ましい行動をしたときに強化子（報酬）を与えることで，その行動が生起する確率を高めることである．単純な行動であれば，動物がその行動をするのを待って，行動が起こった直後に報酬を与えることを繰り返し，やがて特定の弁別刺激（手で合図をする，等）があったときに，その行動をすれば報酬を与えるといったステップを踏むことでトレーニングが進む．複雑な行動を強化したい場合には，行動を単純な要素に分

解して，できるだけ動物が踏むべきステップを小さくすることが重要になる．このように，行動を小さな単位に分けて教えていき，望ましい行動が完成されるまで続けることで行動を作りあげることを逐次接近法（successive approximation method）と呼ぶ．その一連のステップが中間のゴールになる．

実際のトレーニングにあたっては，学習の生物学制約で述べたような種差に加えて，個々の動物の個体差も考慮する必要がある．また，トレーニングについては，人間と本来は野生動物である動物園動物との関係のあり方が議論の的にもなっており，トレーニングを実施するにあたっては，その目的を明確に自覚したうえで実施する必要がある．

〔田中正之〕

文　献

B. ベイリー（2009）：*Patient Like The Chipmunks*（シマリスのように忍耐強く），D.I.N.G.O.（DVD, 50分）

J.E. メイザー著，磯　博行・坂上貴之・川合伸幸訳（2008）：メイザーの学習と行動（第3版），二瓶社．

実森正子・中島定彦（2000）：学習の心理―行動のメカニズムを探る―，サイエンス社．

ハズバンダリートレーニング

動物園におけるハズバンダリートレーニングは，動物の健康管理を目的とした受診動作訓練が中心となる．しかしそれは，動物を従わせるという概念ではなく，オペラント条件付け等を用いた正の強化トレーニングにより，動物の自発的な行動を引き出し，受診や検査行為に協力してもらうための訓練である．国内では，1980年代後半から水族館の海棲哺乳類において実施されていた．動物園では，1994年からアフリカゾウにおいて導入され，体のケアや採血等を安全に実施できるようになった．当時は拘束が難しい体の大きな草食動物や，猛獣等の間接飼育動物に対するトレーニングと位置づけられていたが，現在ではプレーリードッグやマーモセット等の小型動物でも体重測定等を目的として導入されている．また，キリンにおいて体温測定や削蹄，さらには定期採血が可能となるなど，種を問わずその有効性が証明されている．

ハズバンダリートレーニングは動物に協力してもらうことが何より重要であるため，人と動物の関係性を良好にすることから始まる．人が近づいただけで攻撃的になる個体は，まずその攻撃性を抑えなければならない．逆に，人が近づくと離れてしまう個体では，人への警戒心を取り除かなければならない．そのためには，日常の飼育管理において動物に与えている威圧とストレス要因を可能な限り排除することが求められる．具体的な手法の1つとしては，放飼や収容作業時における追い出しや追い込みをやめ，それらの代わりに放飼する目的，収容する目的を動物に与える必要がある．多くの場合，その目的として高い効果が期待できるのは餌であるが，これはオペラント条件付けにおける強化子であり，「外へ出る（寝室に入る）と何かいいことが起こる」ことを学習すると，やがてそれぞれの場面で動物が自発的にこちらが望む行動を見せるようになる．また，人よりも小さい動物の場合，たとえ無意識であっても威圧的に対応してしまいがちだが，動物の大小にかかわらず同様の目的を与えることが求められる．いずれにせよ，良好な関係性なくしてハズバンダリー

トレーニングを実施することは困難であり，日々の飼育作業の抜本的な改善が必要な場合もある．

人と動物の関係性が良好となれば，いよいよオペラント条件付けを用いた正の強化トレーニングを開始することができるが，強化の原理やシェイピング（最終的な目的に至るまでの行動を細分化し，1段階ずつ強化していく手法）の手法などを理解せずに実施すると，結果的に目的達成まで時間も手間も必要以上にかかり「効率的ではない」という誤った結論に導かれる場合がある．そのため，実施する前に情報収集ならびにある程度の知識や技術習得は必須である．また，動物が混乱しないよう一貫した姿勢で取り組むことが求められるため，担当者が複数人いる場合でも，新たな動物の行動を引き出す際は1人で行うことが望ましい．基本的に動物がいったん習得した行動は，指示手法が統一されていれば誰が行っても同様に再現することが可能である．秋田市大森山動物園のキリンにおいては，飼育実習のまとめとしてひととおりの内容を学生に実施してもらっている．飼育員と動物の個の信頼関係で作り上げる馴化トレーニングとの違いは「誰がやっても実施できる」という点であり，1対1ではなく複数人がかかわることもその可能性を広げるために重要な要素となっている．また，獣医師もしくは獣医師役の職員が加わることにより，医療行為をもたらす獣医師への過剰な拒否反応など，個人に対する特別な反応を抑えられることがわかってきた．

ハズバンダリートレーニングの普及により，飼育係レベルにおける動物の健康管理能力が飛躍的に高まることは間違いない．日常の健康管理や診療行為のなかには，このトレーニングを導入することで麻酔や保定の必要がなくなり，1人で実施可能な項目が多数あるはずだ．それを追求することも1つの飼育管理であると思う．

〔柴田典弘〕

3.2.3　動物園における行動学，生態学
―有蹄類を中心に

動物園または飼育下ではこれまでにも多くの行動学や生態学に関する観察や研究が行われ，多数の成果が生まれてきたし，今後もこの種のアプローチは，D. クライマン（Kleiman, 1992）の指摘を待つまでもなく，ますます有効である．こうした条件下での観察や研究の利点は，何よりも，人慣れした飼育個体を適当な距離から観察することが可能であること，また場合によってはビデオなどの機材等を持ち込んで，大量のデータを記録することができることである．同時に，飼育個体に対し，必要に応じてさまざまな実験的な操作も可能である．特に，自然条件では特殊な運動様式や日周期活動（海洋遊泳性，夜行性など）を示したり，あるいは希少性が強いために野外での観察が困難な動物では，動物園や飼育下での研究が不可欠であるといえよう．とはいえ，一方ではいくつかの難点や欠点も指摘されてきた．

一般的にいえば，①閉鎖系であること，②人間に強く馴化していること，③安定的な給餌条件にあること，④種々のストレスが存在していることなど（Carlstead, 1996 など）で，自然条件とは著しく異なる．特に，コミュニケーション，社会行動，配偶システムなどの研究では，同種（または異種の場合もある）の他個体の存在や刺激なしには正常な行動が発現されないために，複数個体（ここでは「飼育グループ」と呼ぶ）であることが前提となるうえに，飼育グループの個体数や組成（性と年齢）によっても発現は可変的である．したがってこうした制約を十分に考慮したうえで，観察や研究は展開される必要がある．この章では，特に有蹄類を中心に，動物園や飼育施設で行われてきた，行動学や生態学の視点からの研究（筆者のささやかな研究を含め）を簡単に紹介することにする．

a. コミュニケーションおよび社会行動に関する研究

この分野の研究は，ロールズら（Ralls *et al.*, 1975）のマメジカ（自然条件では陰蔽的，夜行性）やシャラー・ハマー（Schaller & Hamer, 1978）のシフゾウ（自然条件では絶滅種）などを嚆矢に，古くから行われてきた．また特に親子（メスと子ども）の授乳行動や保育行動，あるいは子供の発育過程などに関する研究も多い．これらの行動は自然選択による進化的な産物であり，動物の社会システムを成立させる基本要素だからである．それは，両性を含む複数個体から構成される飼育グループを対象に，視覚，聴覚，嗅覚，接触などのシグナルやディスプレイ，または各種の行動パターンを記載し，野外集団における社会的な文脈や機能，他種との比較を目的としている．同時に，これらの行動の発現状況は，飼育管理側からみれば，動物の健全性や福祉レベルを測る飼育条件の適切な指標でもある（Koontz & Roush, 1996）．これらの研究は，聴覚では音声分析（ソナグラム）や機能，嗅覚では分泌腺の組織学や化学物質の組成など，新たな研究へのステップとなる．最も重要なのは，飼育条件を活かした詳細な行動レパートリーが野外集団で実際にどのように機能しているのかを推測することにある．

筆者はかつてチベット高原の高山草原に生息する希少種クチジロジカの配偶システムを研究したことがある．野外条件では生息密度がきわめて低く，集団は移動性が高く，3ヶ年合計100日間以上の調査期間で，わずか30回程度の観察しかできなかった．しかも警戒心が強く，すべての記録は500m以上の距離からのフィールドスコープによる観察であった（Miura *et al.*, 1993）．特に音声は口をあけ発声していることは確認できるものの，ほとんど聞き取ることはできなかった．そこで，生息域分布内のチベット人によって飼育されていた飼育群（オス3頭，メス6頭，子供2頭，ケージの面積約8.8 ha）を対象に，行動の記載と音声の収集を行った（Miura *et al.*, 1988）．その結果，繁殖期のオスの攻撃行動8種類，音声3種類，メスへのコートシップ行動5種類を記録することができた．これらのほとんどはニホンジカ，アカシカなどに共通するものであったが，音声を含む4種類の行動はきわめて種特異的であり，その発現の社会的な文脈も把握することができた．この飼育下での記録と野外での観察から，繁殖期のクチジロジカは群れサイズ40～120頭の混群を形成し，そのなかに1～8頭程度の優位オスがハレムを形成しながら，離合集散と移動を繰り返す「乱婚的な繁殖システム」をもつものと考えられた．

b. 社会構造や繁殖システムの研究

飼育条件下では社会構造や繁殖システムそのものが観察できることがある．こうした研究は，個体間の空間的な構造性に着目するために，飼育グループの個体数や組成だけではなく，一定の個体間関係が成立する適当な飼育スペースであることが必要条件となる．たとえば，攻撃的な相互作用の観察では，種々の攻撃行動が発現されても，受け手側が十分に回避できる空間が確保されていなければ，構造性は認識できない．一般に，社会構造を規定する生息密度，捕食の危険，餌の分布と量などの要因が野外条件とは異なるので，観察された社会構造や繁殖システムは何らかの変容を受けていると理解されるべきである．こうした制約にもかかわらずこれまでに多くの研究が行われてきた（Dubost *et al.*, 2011など）．一方，野外で観察された社会構造や繁殖システムの知見は，動物園での飼育スペースや飼育管理に重要な指針を提供しているといえよう．

筆者はかつて井の頭自然文化園でキョンの社会構造の調査を行ったことがある．公園中央部につくられた旧クジャク園（4800 m^2）に飼育されたキョンの飼育グループ（オス15頭，メス36頭）を対象に合計44日間（約250時間）にわたって

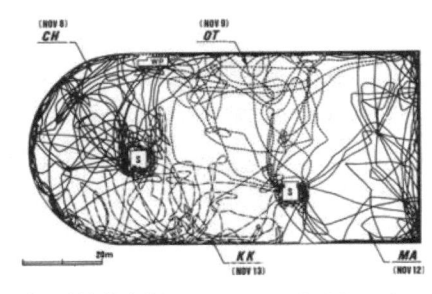

図 3.6 井の頭自然文化園でのキョンの行動軌跡（オス 4 頭）
[Miura, 1984]
これらのオスは優位個体．飼育柵内を，重複を互いに避け分割するように活動していることがわかる．S は餌場．WP は水場．

観察した．オスのすべてとメスの一部を体や角の特徴から個体識別し，飼育柵内での行動を記録した．相互行動（social interaction）は合計 994 回観察され，75% はオス間で起こった．オス間には順位が形成され，相互行動の約 50% は優位個体と劣位個体の間の「接近―逃避」行動であり，優位個体どうしの角を使って激しく押し合う接触行動はきわめて少なく，わずか 1.6% にすぎなかった（合計 60 回）．しかも，驚くべきことに，メスは柵全体をまんべんなく利用していたのとは対照的に，4 頭の優位オスは飼育柵内をほぼ 4 つに分割して住み分けていたことであった（図 3.6）．特にその境界周辺では眼下腺のこすり付け行動（マーキング行動）が繰り返し行われた（合計 1144 回）．明らかに優位オスは柵内になわばりを確立していたと解釈できた（Miura, 1984）．危険な武器である角や牙を使った攻撃行動はなわばり防衛のときにのみ展開された．これらの観察からキョンは，オスはなわばりを周年的に維持し，メスは小さな群れを形成する社会システムをもつことが示唆された．飼育下でみられたこの基本的な構造は，その後野外においてラジオトラッキングを用いた詳細な研究で追認されている（Chapman et al., 1993；野外でのなわばりのサイズははるかに大きい）．井の頭のキョンは，環境条件によって可塑的であると考えられる社会構造の一端を示していたといえよう．

c. 生態学的研究

生態学にはさまざまな対象や視点，分野があり，動物園の利用には研究上の親疎性がある．一般的にいえば，安定した飼育条件のために，個体群生態学の繁殖率，生存率などの人口学的パラメーターを把握するには適切ではない（ただし飼育期間は種の生理的寿命の指標となる）．採食行動の研究分野では，給餌条件をコントロールする，たとえば，特定の食物に対する嗜好性や忌避性のテストには有効である．斉藤ら（Saito et al., 2008）はツキノワグマが野外では強い嗜好性を示すトウモロコシに対し，動物園では見向きもされなかったと報告している．それはトウモロコシの農業被害が生息地での餌不足による代替の餌を求める行動であることを示唆している．また，行動観察と並行して行う生理・生態学的な研究も有効である．特に繁殖周期や性ホルモンの季節的な変動など，近接条件を活かした詳細な追跡がふさわしい（本書 3.2.4 参照）．生理・生態学の分野から最近の興味深い研究例の 1 つを紹介する．

北半球の中・大型偶蹄類は大きな季節的変化のなかに年周期活動を展開している．餌条件は春・夏期には良好で，この時期に出産・授乳を集中させ，同時に体内に脂肪としてエネルギーを蓄積する．逆に冬期には餌食物が不足するために，蓄積した脂肪を消費して越冬する．しかしすべての種は秋期に繁殖期をもち，しかも一夫多妻性であるために，特にオスはメスをめぐって相互に激しく争い，大量のエネルギーを消費してしまう．アカシカやニホンジカはその典型である．これらの種の脂肪蓄積（腎脂肪）を追跡すると，その量は両性ともに初夏の大量の餌によって増加するが，メスでは初冬に最大値を示し，その後徐々に消費していき晩春に最小値になるというパターンを示すのに対して，オスでは晩夏にピークとなるが，秋期には繁殖活動のために一挙に激減してしまう．脂肪蓄積のないオスは越冬のためにどのような生理的な適応を行っているのだろうか．

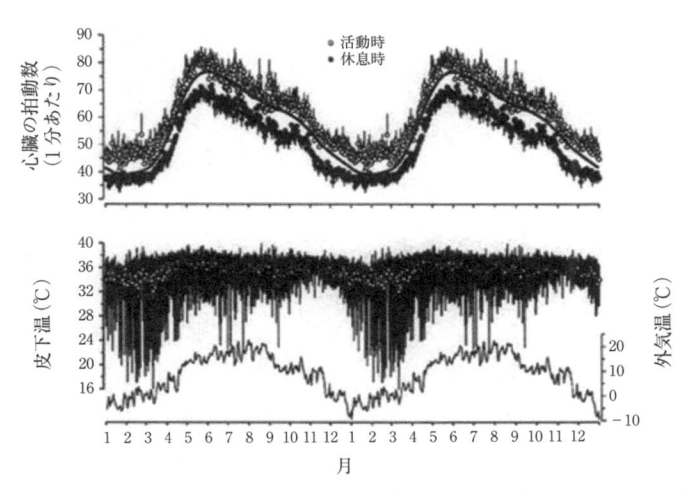

図3.7 飼育柵内のアカシカの心臓の拍動,皮下温と外気温［Arnold et al., 2004］
バイオテレメトリーによる長期モニタリング.心臓の拍動は冬期に減少し,皮下温は冬期に低下,大幅に低下する個体がいることが変動幅からわかる.

アーノルドら（Arnold et al., 2004）は,35 haの飼育柵のアカシカにバイオテレメトリーを皮下に埋め込んで,長期間の活動量,採食量,体重,体温の変化を詳細に追跡した.こうした実験環境は飼育下ならではのものである.2年間の追跡の結果,代謝量,心拍数,体温には大きな季節的な変化があることが認められた.前二者では,初夏に増加し,冬期に減少するというパターンを示した（冬期の心拍数はピーク時の60％減）.また体温の上限値は1年を通して大きな変化はないが,その変動幅でみると,冬期には激しく変動し,最低値は20℃程度にもなった（図3.7）.1日の体温変化をオスでみると,低体温は夜間に記録された.アカシカのオスは,夜間になると代謝低下,心拍数の低下,低体温となり,エネルギーロスを回避し,越冬するという生理機構を獲得している.同様の現象は,装置を工夫して野外のアイベックスでも確認されている（Signer et al., 2011）.

〔三浦慎悟〕

文　献

Arnold, W. et al. (2004)：Nocturnal hypometabolism as an overwintering strategy of red deer (*Cervus elaphus*). *American Journal of Physiology, Regulatory, Integrative and Comparative Physiology*, **286**：174-181.

Carlstead, K. (1996)：Effects of captivity on the behavior of wild mammals. In *Wild Mammals in Captivity* (Kleiman, D.G. et al. eds), p.317-333, Univ. Chicago Press.

Chapman, N. et al. (1997)：Reproductive Strategies and the influence of date of birth on growth and sexual development of an aseasonally-breeding ungulate：Reeves' muntjac (*Muntiacus reevesi*). *Journal of Zoology*, **241**：51-570.

Dubost, G. et al. (2011)：Social organization in the Chinese water deer, *Hydropotes inermis*. *Acta Theriologica*, **56**：189-198.

Kleiman, D.G. (1992)：Behaviour research in zoos：past, present and future. *Zoo Biology*, **11**：301-312.

Koontz, F.W., Roush, R.S. (1996)：Communication and social behavior. In *Wild Mammals in Captivity* (Kleiman, D.G. et al. eds), p.334-343, Univ. Chicago Press.

Miura, S. et al. (1988)：A preliminary study of behavior and acoustic repertoire of captive white-lipped deer, *Cervus albirostris*, in China. *Journal of Mammalogical Society of Japan*, **13**：

105-118.

Miura, S.(1984)：Dominance hierarchy and space use pattern in male captive muntjacs, *Muntiacus reevesi*. *Journal of Ethology*, **2**：69-75.

Miura, S. *et al.*(1993)：Social organization and mating behavior of white-lipped deer in the Qinghai-Xizang Plateau, China. In *Deer of China, Biology and Management*(Ohataishi, N., Sheng, H.I. eds), p.220-234, Elsevier.

Ralls, K. *et al.*(1975)：Behavior of captive mouse deer *Tragulus napu*. *Zeitshrift für Tierpsychologie*, 37：356-378.

Saito, M. *et al.*(2008)：Individual identification of Asiatic black bears using extracted DNA from damaged crops. *Ursus*, **19**：162-167.

Schaller, G.B., Hamer, A.(1978)：Rutting behavior of Pére David's deer, *Elaphurus davidianus*. *Der Zoologische Garten*, 48：1-15.

Signer, C. *et al.*(2011)：Hypometabolism and basking：the strategies of Alpine ibex to endure harsh over-wintering conditions. *Functional Ecology*, 25：537-547.

3.2.4　繁殖生理・内分泌

繁殖生理（生殖生理）とは，春機発動，性成熟，繁殖の季節性，精子形成，卵子形成，卵胞発育，発情，排卵，受精，着床，妊娠，出産，繁殖障害等の生殖機能や生殖活動にかかわる生理をいう．動物の繁殖生理にはいくつかのパターンがある．たとえば季節性からみると，1年中繁殖可能な周年繁殖動物と，ある特定の時期のみ繁殖可能な季節繁殖動物とに分けられる．後者は光環境により長日繁殖と短日繁殖のパターンがある．また動物の排卵様式については，自然排卵型と，排卵に交尾等の刺激が必要な誘起排卵型がある．季節性と排卵様式だけでも，これらの幾通りもの組合せがあり，野生動物はそれぞれの生態に適応して，多様な生殖周期を示す（表3.1）．

a.　動物園動物の繁殖生理を調べる意義

動物園動物において，個々の生理状態を正しく理解することは，飼育や繁殖計画を効果的に進めるうえでの参考情報になる（Hosey *et al*, 2011）．

①繁殖の可能性を高めたい場合（例：正確な雌雄同居のタイミング，攻撃性の高い個体との同居を短期間に済ませる）や繁殖しない理由を考えたい場合

②繁殖計画を実行する際に特定の個体を繁殖させたい場合

③施設や飼育管理方法を変える必要がある場合（例：妊娠中・授乳中の飼料増加，出産前の巣材準備）

④採食量や行動等の変化の意味を解釈したい場合

⑤健康状態等にも起因する事象を繁殖生理状態に伴う変化と区別したい場合（例：月経出血か発情出血か外傷性出血か，乳汁分泌が妊娠出産に伴うものか内分泌異常か）

自然繁殖だけでなく，人工授精等の生殖補助技術を取り入れる場合や，適正な繁殖には必須となる繁殖制限（隔離や避妊など）を実施する場合にも，繁殖生理の基礎知識や対象個体の個別データは有用である．動物園動物の繁殖生理に関する知見は限られているため，おもに実験動物や家畜の知見や技術が応用されている．しかし，それだけでは限界がある．たとえば，雌動物では発情周期の卵胞期中に，黄体形成ホルモン（LH）のサージ状分泌が1回起こり，それが排卵を引き起こす．しかし，ゾウでは，卵胞期に2回のLHサージが起こる特殊な卵巣動態を示すが（図3.8），この特性が解明されて以降，ゾウの人工授精の成功例が飛躍的に増加した．

b.　繁殖生理のモニタリング法

動物への負担が少なく，より接触を伴わない低侵襲的で安全な方法が望ましいが，それぞれに長所と短所がある（表3.2）．間接的な方法としては，血中のホルモン検査が正確で有用な方法である．しかし，通常，単一の検体から得られる情報は少なく，繰り返しの採血と長期的なモニタリングが必要となる．採血の際は毎回捕獲や麻酔が必

表 3.1 動物園動物の繁殖生理

目名	動物種名	性成熟	繁殖季節	排卵様式	排卵周期（発情周期）	発情日数	妊娠期間	同腹子数
長鼻目	アフリカゾウ/アジアゾウ	7〜8年(雌)	周年	自然排卵	13〜17週	数時間から数日	659(612〜699)日	1頭
奇蹄目	クロサイ	5(3〜10)年	周年	自然排卵	21〜28日	ピーク24〜48時間	438〜480日	1頭
	インドサイ	5〜7年	周年	自然排卵	30〜35日、60〜70日	ピーク24時間(許容8〜12時間)	485〜518日	1頭
	シロサイ	4年	周年	自然排卵	48(39〜64)日	ピーク24〜48時間(許容12〜19時間)	462〜489日	1頭
	マレーバク	3〜5年	周年	自然排卵	43.6(21〜84)日	2(1〜4)日	390〜395日	1頭
	グレビーシマウマ	3〜4年(雌雄)	周年	自然排卵	28〜35日	3〜6日	390〜406(387〜428)日	1頭
	モウコノウマ	2年(雌雄)	春〜秋	自然排卵	24.1日	6.5(2〜10)日	330〜340日	1頭
鯨偶蹄目	キリン	3〜4年(雌)、4〜6年(雄)	周年	自然排卵	14.7 8〜20)日	24時間	420〜468日	1頭
	オカピ	2.5〜3年(雌)、2〜4年(雄)	周年	自然排卵	15.5〜16.5日		414〜491日	1頭
	トナカイ	18ヶ月	10〜12月	自然排卵	24(18〜29)日	50時間	198〜240日	1頭
	マメジカ	3〜5ヶ月	周年	自然排卵	14.5日	48〜60時間	140〜145日	1頭
	アラビアオリックス	1歳半	周年(冬〜春に無排卵期あり)	自然排卵	23.7(21〜26)日	2〜3日	260日	1頭
	シロオリックス	2歳半(雌)	周年(春に無排卵期あり:北米)	自然排卵	23.8日		210〜220日	1頭
	ニホンカモシカ	2.5〜3年(雌雄)	9〜1月	自然排卵	17.7(16〜19)日		231.9日	1頭
	カバ	3〜4年	周年(出産ピークは夏)	自然排卵	35.3(29〜40)日			1頭
食肉目	チーター	2〜3年	周年	交尾(稀に自然排卵)	7〜21日	2〜6日	90〜95日	3〜7頭
	トラ	36〜48ヶ月(雌)、46〜60ヶ月(雄)	2〜6月(個体差あり)	交尾(稀に自然排卵)	25.3日	5.3(5〜7)日	105〜110日	2.4(1〜4)頭
	ライオン(アフリカライオン)	24〜48ヶ月(雌)、42〜48ヶ月(雄)	周年	交尾(稀に自然排卵)	3〜8週	5日	100〜120日	1〜5頭
	ユキヒョウ	2年	12〜4月	交尾(稀に自然排卵)	54〜70日	5〜7日	98〜103日	1〜5頭
	サーバル	18〜24ヶ月	周年	交尾(稀に自然排卵)		4日	66〜79日	1〜5頭
	ツシマヤマネコ	2年(雌)	1〜3月	自然排卵		2日	61〜66日	2〜4頭
	タイリクオオカミ	22ヶ月(雌雄)	晩秋/初冬	自然排卵		5〜15日	62〜63日	6(1〜11)頭
	ヤマネコ	10ヶ月	ほぼ周年(10〜12月に発情なし:北米)	自然排卵	不定(15〜96日)	3〜4(1〜14)日	67(62〜70)日	3.8(1〜10)頭
	フェネック	11ヶ月	春	自然排卵	不定	1〜4日	50.3(49〜51)日	2〜5頭
	ホッキョクグマ	3〜5年	春	自然排卵		3日	195〜265ヶ月(着床遅延含む)	1〜2頭
	マレーグマ	3.5年	周年	自然排卵		1〜2日	95〜97日	1〜2頭
	ジャイアントパンダ	5.5〜7.0年	3〜5月	自然排卵	なし(季節的単発情)	12〜25日(許容1〜5日)	135〜140日(着床遅延)	1〜2(1〜3)頭
	レッサーパンダ	18ヶ月(雌雄)	1〜3月	交尾排卵(?)		許容18〜24時間	90〜145日	1〜2(稀に3〜4)頭
	コツメカワウソ	1年以内	周年	自然排卵(?)	24〜30日	3日	68〜74日	1〜6頭
霊長目	ユーラシアカワウソ	2〜3年	冬〜春	自然排卵	4〜6週間	2週間	61〜63日	2〜4頭
	チンパンジー	7〜9年	周年	自然排卵	35(28〜53)日	6日	196〜266日	1(〜2)頭
	ニシゴリラ	7〜8年(雌)、9〜10年(雄)	周年	自然排卵	23〜48日	1(1〜4)日	236〜296日	1(〜2)頭
	オランウータン	8〜10年	周年	自然排卵	30.4日		233〜277日	1(〜2)頭
	シロテテナガザル	8〜10年	周年	自然排卵	21〜43日	2.8(1〜4)日	179〜215日	1(〜2)頭
有毛目	ユーラシアガゼル	1.5〜2.0年	冬〜春	自然排卵	51.4日		180〜190日	1頭
	ミナミコアリクイ	2年(雌)	周年	自然排卵	44.3日		130〜150(160〜190日	1頭
	コアラ	13〜36ヶ月(雌)、2年(雄)	周年(交尾ピークは3〜6月:日本)	交尾排卵	32.9日	10.3日	34.8(+育子嚢240〜270)日	1頭
双前歯目	アカカンガルー	14〜20ヶ月(雌)、20〜36ヶ月(雄)	周年	自然排卵	34〜35日	2日以内	33〜38(+育子嚢235〜250)	1頭

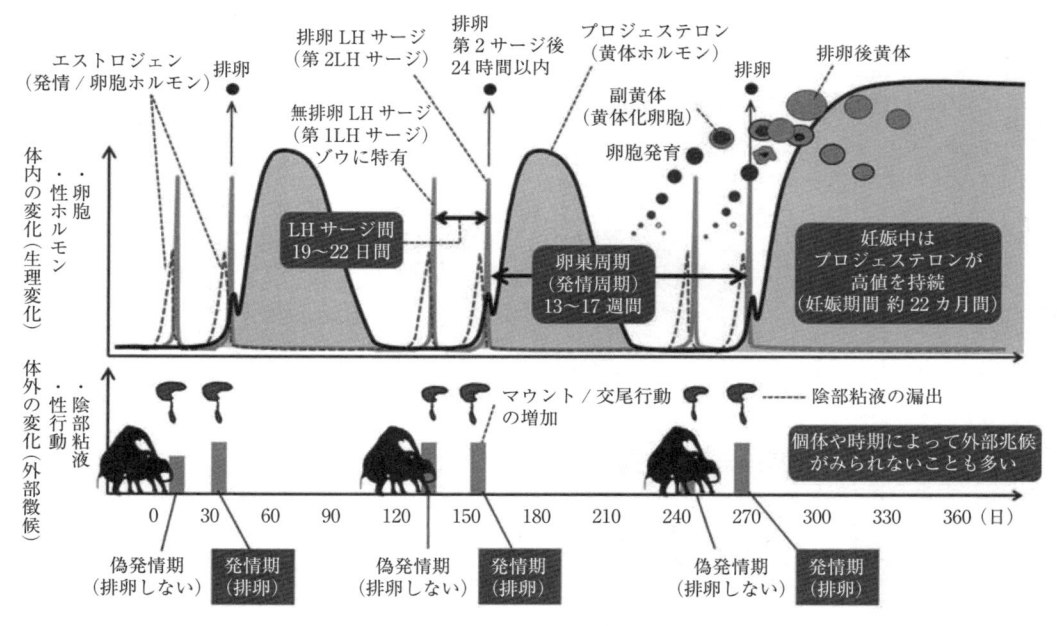

図3.8 ゾウの卵巣周期と外部兆候の関係の模式図［楠田ら，2013］

ゾウの卵巣周期（発情周期）は3～4ヶ月間と非常に長い．これは長い黄体期によるもので，ゾウに特有の2回のLHサージがそれを支えている．排卵を誘起しない第1LHサージから約3週間後に，排卵を誘起する第2LHサージが起こる．2つのサージにはそれぞれエストロジェン分泌が伴うため，発情にも2度のピークがある．1回目は偽発情，その約3週間後に本発情が起こる．個体にもよるが，偽発情期にも性行動等の変化がみられることがある．

表3.2 動物園動物の繁殖生理を調べるためのさまざまな方法とその長所・短所（一般論）［楠田ら，2014］

方法	侵襲的方法 捕獲・麻酔が必要	低侵襲的方法 保定or接触が必要	非侵襲的方法 接触なしorわずか
方法	開腹観察（生殖腺） 腹腔鏡検査（生殖腺）	超音波検査（生殖腺） 膣スメア観察 基礎体温測定	糞中ホルモン測定 行動・陰部等の観察
	血中ホルモン測定 陰嚢（精巣）サイズ測定 精液性状検査		尿中ホルモン測定 唾液中ホルモン測定 乳汁中ホルモン測定

長所 短所			
(大) >>>>>	動物へのストレス	>>>>> (小)
(大) >>>>>	人と動物への危険性	>>>>> (小)
(小) <<<<<	材料やデータの入手のしやすさ	<<<<< (大)
(小) <<<<<	分析のコスト（費用，期間，労力）	<<<<< (大)
(大) >>>>>	データの解釈のしやすさ・信頼性	>>>>> (小)

要となり，採血以外のさまざまなストレスを強いることになる．そのため，動物園動物の多くは，日常的に血中ホルモン検査を行うことが難しい．しかし，馴致やハズバンダリートレーニングにより，保定や麻酔なしで比較的安全に採血でき，超音波検査や膣スメア検査なども可能になるため，この方法でゾウやバク，ジャイアントパンダなどの繁殖生理状態が調べられている．

動物園動物では，排泄物（特に糞）の採取による非侵襲的な内分泌モニタリング法が，広く使われている．一般に，排泄物中のホルモン測定は，サンプル採取が容易であるため汎用性が高い．しかし，血中での検査に比べて分析過程が煩雑であることや，基礎データが不十分で，得られた結果の解釈が難しいなどの欠点もある．

排泄物から検出できる生殖関連ホルモンは，基本的にはステロイドホルモンと呼ばれるものである．代表的なものとして，プロジェステロン

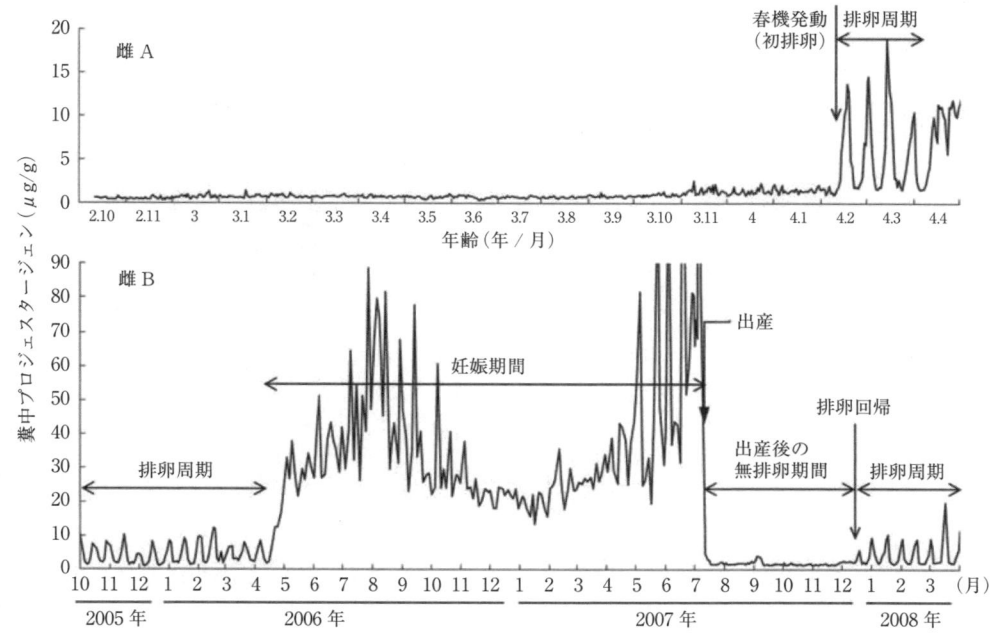

図3.9 糞中プロジェスタージェンの動態からみたキリンの春機発動，排卵周期，妊娠・出産および出産後の排卵回帰［楠田ら，2014］

(P_4，黄体ホルモン：排卵の指標，妊娠維持に関与）やエストラジオール-17β（E_2，卵胞ホルモン：卵胞発育に関係，二次性徴や発情行動に関与），テストステロン（T，精巣ホルモン：二次性徴や精子形成，攻撃性や性行動に関与）などがあげられる．これらは肝臓で代謝され，胆汁を介して糞中へ，腎臓経由で尿中へ排泄される．

通常，動物園動物では尿よりも糞のほうが採取しやすいため，糞中のホルモン分析が好まれる．しかし，ホルモンの主要な排泄先は，動物やホルモンの種類によってさまざまである．たとえば，雌アフリカゾウのP_4は55%が糞へ，E_2は95%が尿へ排泄されるが，イエネコでは両ホルモンとも96%以上が糞へ排泄されることが報告されている．調べたいホルモンによって適した分析材料を選択する必要がある．ステロイドホルモン以外は，たいてい糞からは検出できない．妊娠期に多量に分泌される絨毛性性腺刺激ホルモン（CG）や排卵誘起に関与するLHは尿であれば検出可能な場合もある．しかし，CGやLHといった蛋白ホルモンには種差があるため，動物種ごとに測定系を確立する必要があり，測定は容易ではない．

排泄物中のホルモンは，構造の似た複数の代謝物として排泄されるため，たとえばP_4抗体を用いた場合の測定値であっても，「プロジェスタージェン（progestagens）」や「プロジェステロン代謝物（progesterone metabolites）」と表記するのが適切である．これまでに，ウシ科，シカ科，キリン科（図3.9），ウマ科，ネコ科，イヌ科，クマ科，霊長類など多くの種で糞中プロジェスタージェンの動態が報告されている（Schwarzenberger, 2007）．

動物園動物の飼育や繁殖の実践では，最終的にはホルモンを測定しなくても，肉眼的な指標（発情期に特有の行動や鳴き声，性皮や陰部の腫脹，腟粘液の排出など）から生理状態を推定できなければならない．ホルモン測定はこのような指標作りのための裏付けとして利用されるものと考えたほうがよい．

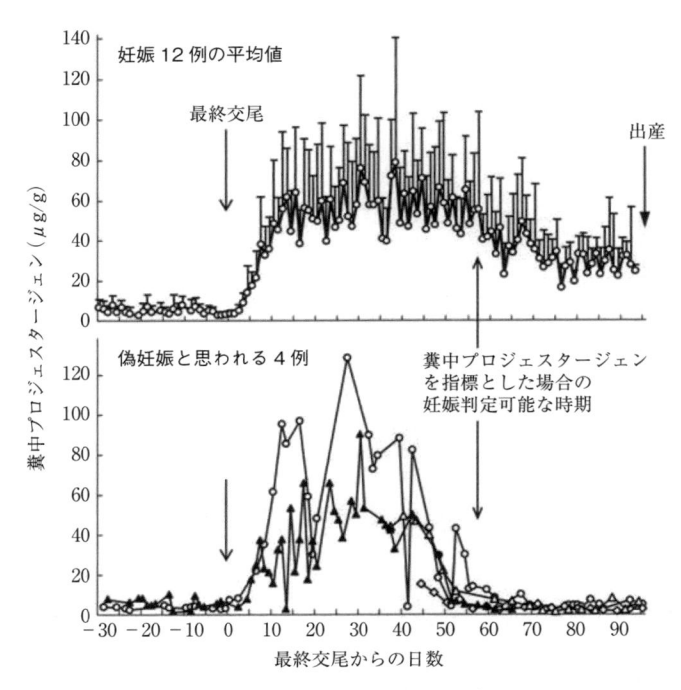

図3.10 チーターの妊娠個体および偽妊娠個体の糞中プロジェステロジェン動態と妊娠判定可能な時期［楠田ら，2012］

c. 生化学的妊娠判定法

飼育下繁殖を成功させるためには，より確実で早期の妊娠判定技術が求められる．通常は，発情兆候がみられなくなるという指標に加えて，排泄物中のプロジェステロジェンを測定する方法が併用される．さらに超音波検査ができれば，なお確実である．ゾウ（約22ヶ月），サイ（約16～17ヶ月），キリン（約15ヶ月間）といった妊娠期間の長い大型草食動物では，理論的には排卵周期（ゾウ：3～4ヶ月間，サイ：1～2ヶ月間，キリン：2週間）1回から数回分の日数経過以降に，プロジェステロジェンが高値を持続しているかどうかで判断する（図3.9参照）．

トラやチーターなどのネコ科動物の多くは，交尾排卵動物であるため，交尾後プロジェステロジェンの上昇がみられなければ，排卵していないことを意味し，妊娠している可能性はない．ネコ科を含む食肉目動物のほとんどは，P_4分泌を伴う生理的な偽妊娠現象が通常にみられるため，妊娠判定が難しい．大型ネコ科動物の場合，偽妊娠期間は，妊娠期間の半分から3分の2の日数であるため，それ以降の時期に妊娠の判定が可能となる（図3.10）．イヌ科とクマ科の多くの種やレッサーパンダは，出産の有無にかかわらず，同様のP_4分泌パターンがみられるため，これだけでは妊娠を判定できない．

近年では，食肉目の動物の妊娠と偽妊娠を正確に区別できるよう，いくつかの研究が行われている．イヌとネコのリラキシン（子宮環境の保持や骨盤靭帯弛緩の働きをもつホルモン）は，胎盤由来であり妊娠特異的な指標とされているため，ヒョウやスペインオオヤマネコの尿中リラキシン測定が検討され，妊娠判定が可能であることが報告されている．また多くのネコ科動物では，糞中に排泄されたプロスタグランジン$F_{2\alpha}$（黄体退行や子宮筋収縮に関与）の代謝物が，そしてジャイアントパンダでは尿中に排泄されたセルロプラスミンが，それぞれ妊娠判定の指標に利用できることが報告されている．

なお，本項は楠田ほか（2014）から多くを抜粋

している．あわせて参照されたい．〔楠田哲士〕

文　献

Hosey, G., Pankhurst, S., Melfi, V. 著，村田浩一・楠田哲士監訳（2011）：動物園学，文永堂出版．

楠田哲士ほか（2012）：ツシマヤマネコを含むネコ科動物の繁殖生理に関する研究．JVM 獣医畜産新報，**65**(3)：199-203．

楠田哲士ほか（2013）：ゾウの飼育下繁殖の現状と課題．JVM 獣医畜産新報，**66**(11)：812-817．

楠田哲士ほか（2014）：動物園動物の繁殖生理の非侵襲的モニタリング法．JVM 獣医畜産新報 **67**(1)：28-32．

Schwarzenberger, F.（2007）：The many uses of non-invasive faecal steroid monitoring in zoo and wildlife species. *Intternational Zoo Yearbook*, 41：52-74．

4

動物園の保全生物学

4.1　概　　　論

4.1.1　野生生物の現状

　動物園はキリスト教を背景としたヨーロッパでの自然科学の発展のなかで誕生した．生物分類学の方法を確立したスウェーデンの博物学者リンネは『自然の体系（第 10 版）』（1758）の序文で「大地の創造の目的は，ヒトのみによる自然の作品からの神の栄光への賛美である」と述べている．当時の科学の使命は万物の創造主である神の創造を証明することであり，神が創られた動植物を調べてリスト化することは，信仰の証と考えられた．ヨーロッパ以外の"未開の地"で，さまざまな動植物を採集して本国に送り，分類整理することで博物学が発展し，世界各地から集めた生きた動物を展示し，研究することが当初の動物園の役割となった．そのことは「動物学」を冠した動物園の英名「zoological garden」に端的に表れている．

　動物園の研究対象である野生動物の収集に規制をかけることが必要だと人々が認識するようになったのは，それほど古いことではない．半世紀前，"暗黒の大陸"と呼ばれたアフリカでは，資金さえ調達できれば動物園もさまざまな野生動物を収集することができた．1961 年に制作された米国映画『ハタリ！』では，タンザニアの動物商がスイスとアメリカの動物園から注文を受けた動物を生け捕りにする場面がスリリングに展開するが，当時の野生動物が置かれた状況が反映されていて興味深い．

　しかし，野生動物の捕獲が英雄譚として語られる時代は長続きしなかった．人口の増加と大量生産，大量消費による人類の経済活動が地球環境に大きな負荷をもたらしていることに，人々が危機感を抱くようになったからである．種の絶滅速度は，恐竜が繁栄していた時代は 1000 年間に 1 種類のペースだったと考えられているが，西暦 1600〜1900 年代は 4 年で 1 種，1900〜1975 年は 1 年で 1 種，1975 年は 1 年間で 1000 種，現在では 1 年間に 4 万種以上の生物が絶滅していると推定されている．20 世紀後半になると絶滅速度が驚異的な加速度をもって増加していることがわかる．

　このような状況を改善するために，国際間でさまざまな規制が実施されるようになった．1975 年 7 月に国際間の商取引を規制することで野生動物を守るワシントン条約（絶滅のおそれのある野生動植物の種の国際取引に関する条約）が発効し，1993 年 12 月に生物の多様性の保全，生物多様性の構成要素の持続可能な利用，遺伝資源の利用から生ずる利益の公正で公平な配分，の 3 項目を内容とする生物多様性条約が発効した．日本においても 1993 年 5 月に「種の保存法」（絶滅のおそれのある野生動植物の種の保存に関する法律）が施行された．同法に基づき，特に個体の繁殖の促進や生息地の整備等の事業を推進する必要があると認められる種について，絶滅を回避するために保護増殖事業が実施されている．動物園も展示動物を確保するための野生動物の消費者の立場か

ら，動物園の経験と技術を活かして野生動物の保全に貢献する施設として積極的に活動するようになった．

野生生物の生息状況はレッドリストで知ることができる．世界規模のレッドリストは国家，政府機関，非政府機関から構成される国際的な自然保護機関である国際自然保護連合（International Union for Conservation of Nature：IUCN）が作成している．日本産動物については日本の環境省が作成している．IUCN のレッドリスト（2012）によると，調査された哺乳類の 21%，鳥類の 13%，爬虫類の 21%，両生類の 30%，魚類の 19% が，また環境省のレッドリスト（2012）では，日本の哺乳類の 21%，鳥類の 14%，爬虫類の 37%，両生類の 33% が絶滅のおそれのある種に位置づけられている．

4.1.2 飼育個体群をつくる意味

絶滅のおそれのある種が年々増えている危機的な状況に対し，野生動物を守るために動物園ができることとは何であろうか．飼育技術，繁殖技術，動物学的知見，獣医学的知見など，野生動物を長年飼育することで動物園が培ってきた技術や得られた知見を，野生動物を守るために直接活用することが考えられる．さらに，目的意識をもって来園者に保全の必要性を働きかけることができる．世界に 1300 以上ある動物園・水族館に年間 7 億人以上の来園者が訪れる．この数字は世界の人口の 1 割にあたる．日本では日本動物園水族館協会（JAZA）に加盟する動物園・水族館 157 園館だけでも年間 6700 万人（2010 年）の来園者がある．動物園は動物に興味をもって来園する多数の人々に野生動物の現状を知ってもらい，野生動物と共存するために一人ひとりがどう行動すればよいか考えるきっかけを作る施設として大きな潜在能力をもっている．

a．避難場所の提供

絶滅のおそれのある種を緊急避難的に動物園に収容し，安全な寝場所と食事を提供するとともに，疾病に対しては獣医学的ケアを施すなど健康管理を行うことで，その種の生存力を高めることが可能となる．

長崎県対馬に生息するツシマヤマネコを例として考えてみよう．ツシマヤマネコの野生生息数は推定 80〜110 頭と非常に少なく，環境省のレッドリストでは「もっとも絶滅のおそれのある種」に分類されている．生息数減少の要因として，①道路や河川改修による生息地の分断や，管理されない森林の増加に伴う餌動物であるネズミ類の減少，②車による交通事故，③イエネコ由来と考えられるネコの感染症感染，④トラバサミによる誤捕獲，⑤放し飼いされたイヌによる咬傷事故，の 5 つがあげられている．ツシマヤマネコを飼育下に置くことで，これらの減少要因を小さくすることができる．飼育下では安全な寝場所や適切な餌を与えることができ，獣医師による健康管理を受けることで野生下に比べ寿命が延び，生存率と繁殖率を増加させることが可能となる．

ツシマヤマネコにみられるように，ひとたび個体数が少なくなった個体群は，そのまま放置すると絶滅に向かって渦巻状に突き進む傾向にある（図 4.1）．生息地の消失，汚染，過度の狩猟，外来種との競争等により野生動物の個体群が小さく分断され，分断されたそれぞれの個体群は孤立する．個体群どうしの行き来ができなくなることから配偶相手の選択性が狭まり，近親交配が増加して遺伝的多様性が減少する．遺伝的多様性の減少

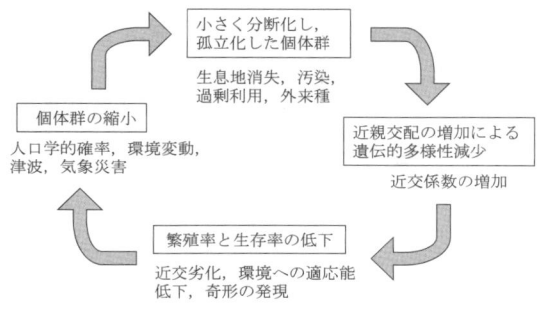

図 4.1 絶滅の渦巻（Seal, 1990）

は，繁殖率，生存率，環境に対する適応能力の低下を引き起こす．その結果，個体群は拡大再生産する機会を失い，縮小していくことになる．小さな個体群では生まれる子どもの性別が雄か雌の片方に偏り，その後の配偶者選択の自由度を制限する．さらに，個体群の規模が小さいほど地震，台風，山火事等の環境変動の影響を大きく受けやすいことも絶滅への道を加速させる要因となる．

飼育個体群は野生個体に比べて数が少ないデメリットがあるが，適切な管理を行うことで個体群が縮小する危険を減少でき，絶滅が差し迫っている種にとっては，緊急避難的に野生から個体を導入して飼育個体群をつくることが種保全のための有効な選択肢となる．

b．野生復帰個体の提供

飼育下におかれた個体群を繁殖させて個体数を増やすことで，将来の野生復帰に使う個体の供給源となる．日本のトキは2003年10月に絶滅したが，中国から提供された個体を飼育繁殖させて個体数を十分確保した結果，2008年から野生復帰の試みが行われる段階に到った．2012年には放鳥個体のペアから雛が巣立っている．飼育個体群が野生復帰に貢献した成功例といえよう．

c．生物学的知見の集積・研究

野生動物を飼育下におくことで，その種の生物学的情報が得やすくなる．たとえば血液，尿，糞などの検体を採取することで，成長や繁殖に伴うホルモン動態を，獣医学的には薬剤の投与量と効果などを把握できる．飼育下という制約はあるが，間近に観察できるメリットを活かした調査を行うことで，行動学的な情報を得ることも可能である．これらの調査研究は動物園単独で行うほか，研究機関と共同で行うこともある．研究機関と共同する場合は，動物園と研究機関の双方にメリットがあるウィンウィンの体制を構築するように心がけたい．

このようにして得られた知見を野生個体の保全のためにフィードバックすることが大切である．

飼育下で雌ゴリラの糞中性ホルモンの動態を知ることができれば，その知見をもとに，野生下の雌ゴリラの糞を検査することで，その雌の発情周期や妊娠の有無を把握できる．野生個体の捕獲が必要な場合，飼育下での麻酔薬の選定や投与量の知見をもとに，より安全な捕獲が可能となる．

d．市民への教育普及活動

動物園に来園する多数の観客に対して，展示動物の解説をとおしてその動物の生息状況や個体数の減少要因を知らせることができる．保全をテーマとした講演会や特設展示も市民の関心を喚起することに役立つ．絶滅のおそれのある動物の生息地に暮らす人々と連携することも，保全活動を大きく前進させる．保全に資金が必要な場合は，募金活動も行われる．日本動物園水族館協会加盟の動物園水族館には，ジャイアントパンダやオウサマペンギンの募金箱が置いてあることが多い．ジャイアントパンダは世界自然保護基金ジャパン（WWFジャパン），オウサマペンギンは日本動物園水族館協会の募金箱で，ともに浄財は野生生物の保全活動に使われる．

4.1.3 飼育個体群の管理

飼育個体群を創設する基準，つまり，野生個体がどのくらい減少したら飼育個体群を作るべきかは，動物の種により異なるため一概にいうことはできない．一般論としてIUCNは野生個体数が1000頭を切ったら飼育下での繁殖を検討すべきと推奨している．その際，20〜30頭が飼育繁殖の基礎集団となる．繁殖に際しては今後100年間，遺伝的多様性を90%維持するように管理することが目安とされている．

域内保全は究極的に野生復帰を目指すためであり，飼育個体群の管理には細心の注意を払う必要がある．野生動物を飼育下におくと，飼育環境に適応した個体が繁殖しやすくなる．遺伝的多様性を維持するうえからも，飼育環境への適応を最小限にとどめる必要がある．

野生復帰では，遺伝学，生態学，分類学など，多様な生物系専門家のほか，社会科学の専門家，行政，地域住民，研究者，飼育施設など多様な関係者の連携が必要となる．野生復帰の基準についてはIUCNや日本動物園水族館協会からガイドラインが出されている．

4.1.4 生息域内保全を補完する生息域外保全

野生動物の保全は，もとより生息地での保全である生息域内保全（域内保全）が優先されるべきである．いろいろな手立てを講じても生息地での保全が困難な場合に，動物園等の生息地以外の場所で保全を行うこととなる．これを生息域外保全（域外保全）と呼ぶ．域外保全の場所は，動物園ばかりではない．環境省は新潟県に佐渡トキ保護センターを，沖縄県にヤンバルクイナ飼育繁殖施設をつくり，トキやヤンバルクイナの飼育繁殖に取り組んでいる．

域内保全と域外保全は，いわば車の両輪の関係にある．図4.2を見ていただきたい．野生下では餌の供給は不安定である．たとえば植物食の動物では，気候に恵まれれば餌となる植物が豊作となるが，干ばつや長雨で餌植物が不作の場合もある．餌が豊富にあれば繁殖成功率が増加し，個体数が増える．反対に餌が少なくなれば個体数は減る．山火事や気象災害が発生することも個体数減少の要因となる．このように野生下では飼育下に比べ個体数の変動幅が大きくなる傾向にある．

餌やねぐらが人の管理下にある飼育環境は野生に比べて安定している．飼育個体群を確立するためには，野生個体を捕獲し，飼育下に導入する必要がある．一般に飼育個体群は野生下に比べ個体数が少ないため，飼育繁殖を続けると飼育個体群の遺伝的多様性が減少する．このため，飼育個体群の遺伝的多様性を維持するために新たに野生個体を導入することが必要となる．野生からの導入は個体に限らない．精子や卵子といった生殖細胞でもよい．生殖細胞の導入なら野生の個体数に与える影響を最小限にすることができる．

域外保全に示す大きな丸は大規模動物園，小さな丸は小規模動物園を現している．大規模動物園は一般に敷地が広く，財政規模も大きく，職員数も多いため，潜在的に保全に取り組む力をもっていると考えられる．そこで大規模動物園が希少種の飼育繁殖に取り組み，小規模動物園は，増えすぎた個体の受け皿になるといった役割分担を行うことで，動物園全体で保全活動に貢献することが可能となる．

域外保全の取り組みは，地域で行われることが多い．地域とは，日本，東南アジア，アフリカ，

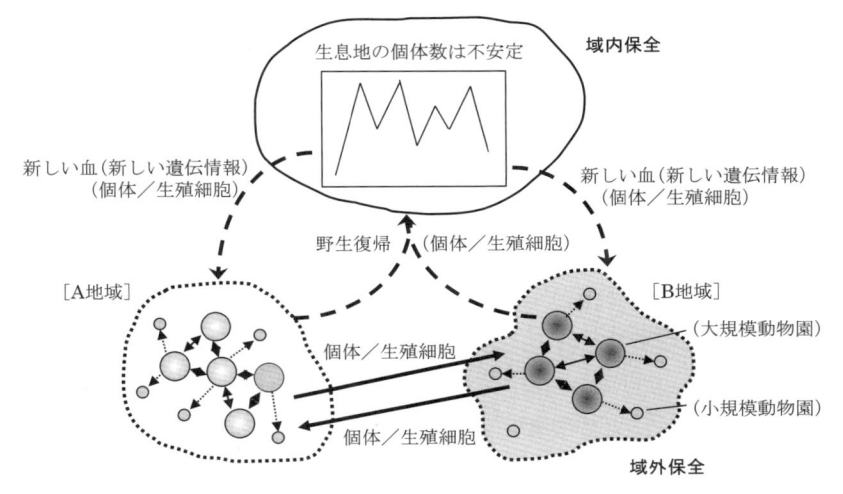

図4.2 域内保全と域外保全の関係（世界動物園水族館保全戦略2005）

ヨーロッパ，北アメリカといったレベルを指す．図ではA地域，B地域とした．日本動物園水族館協会の種保存計画（SSC-J），アメリカ動物園水族館協会の種保存計画（SSP），ヨーロッパ動物園水族館協会のヨーロッパ絶滅危惧種計画（EEP）といったように，現状では同じ言語圏や文化圏にある地域の動物園水族館が連携して保全活動を行うのが主流となっており，時に地域間での動物の交流が行われている．地域間の交流を盛んにし，地球規模で希少種の域外保全に取り組むことが今後の課題といえる． 〔成島悦雄〕

文　献

羽山伸一・土居利光・成島悦雄編（2012）：野生との共存，地人書館．
本間　慎監修（1992）：データガイド地球環境，青木書店．
国際自然保護連合（IUCN）（2002）：野生生物保全のための生息域外個体群管理におけるテクニカル・ガイドライン
成島悦雄編著（2011）：大人のための動物園ガイド，養賢堂．
日本動物園水族館協会　教育指導部編（1997）：新 飼育ハンドブック 動物園編 2―収集・輸送・保存，日本動物園水族館協会．
日本動物園水族館協会（2007）：日本動物園水族館協会野生復帰指針．
日本動物園水族館協会（2012）：動物園水族館年度別総入園館者数．
世界動物園機構（IUDZG-WZO）・IUCN/SSC/CBSG（1993）：世界動物園保全戦略．（日本語版；日本動物園水族館協会（1996））
世界動物園水族館協会（WAZA）（2005）：野生生物のための未来構築―世界動物園水族館保全戦略2005．
島崎三郎訳（1982）：リンネ 自然の体系（鳥類編），山階鳥類研究所．
The IUCN Red List of Threatened Species：http://www.iucnredlist.org/technical-documents/categories-and-criteria
第三次生物多様性国家戦略：http://kinkiagri.or.jp/sangakukan/pdf/biodiversity.pdf
環境省（2009）：絶滅のおそれのある野生動植物種の生息域外保全に関する基本方針．http://www.env.go.jp/press/file_view.php?serial=12843&hou_id=10655
環境省レッドリスト：http://www.biodic.go.jp/rdb/rdb_f.html
生物の多様性に関する条約：http://www.biodic.go.jp/biolaw/jo_hon.html

国際間交流

　動物園における国際間交流には，友好都市関係に基づく動物交換，ISIS等のデータベースや国際血統登録などの国際的な情報共有，それらに基づく海外動物園間の「種の保存」のための動物移動などがあげられると思うが，ここでは，近年横浜市の動物園が取組み，成果を上げている，技術協力を通じた新たな国際間交流について紹介する．

　横浜市の動物園（よこはま動物園ズーラシア・野毛山動物園・金沢動物園）では，独立行政法人国際協力機構（JICA）の「草の根技術協力事業」の採択を受け，よこはま動物園に併設されている横浜市繁殖センターが，2003年から「カンムリシロムク保護事業」を，また3つの横浜市立動物園が2008年から「ウガンダ野生生物保全事業」を行っている．両事業とも，研修員受入れや専門家派遣を通じて，これまで動物園で培ってきた技術を紹介・提供することで，相手国の環境保全

に協力するものである．

「カンムリシロムク保護事業」は，2003年に横浜市とインドネシア共和国政府の間で，バリ島固有の希少鳥類カンムリシロムクの野生復帰のために，飼育下繁殖した本種100羽を，横浜市から現地へ，7年かけて送致する覚書を取り交わしたことを契機として開始された．研修員は，現地の国立公園・所管省の職員や鳥類研究者で，繁殖センターで本種の飼育管理・獣医学・遺伝的解析等の技術を学び，日本の野生希少鳥類保護施設の視察等も行い，放鳥技術や地元との協働についての理解を深めた．横浜市からは，繁殖センターや造園職の職員および鳥類研究者を専門家として派遣した．現地では，技術指導や保全活動等に対する助言，本事業が設立および活動を支援したカンムリシロムク保護協会と国内関係機関等との調整を行った．送致個体は，現地の施設でさらに飼育下繁殖に供され，そこで繁殖した個体の一部が生息地へ放野されている．

「ウガンダ野生生物保全事業」は，2008年に横浜市で開催された「第4回アフリカ開発会議（TICAD IV）」を契機として始まった．ウガンダ共和国で唯一の動物園であるウガンダ野生生物教育センター（UWEC）の活動を通じて，ウガンダ国民が野生生物の保全に対する理解を深め，自ら活動していくことを目指している．UWEC職員は，横浜市立動物園で飼育管理・獣医学・教育普及の3つの分野での研修を行い（図4.3），横浜市立動物園職員が専門家としてUWECに赴き，現地での指導にあたっている．本事業では，多くの職員間の交流があることから，研修プログラム上の個々の技術習得だけでなく，教育担当者と飼育担当者や獣医師が，係間の壁なく互いに協力しながら教育プログラムを作り上げていく過程や，身近な材料やアイデアを凝らした手作りサインの製作などを体験することで，チームワークの大切さや創意工夫の精神を学ぶなど，意識改革の点でも成果がみられている．研修後，さっそく乾草糞のサンプルや骨格標本作りや，看板製作を実践するなど，UWECの活動推進の一助となっている．〔原　久美子〕

図4.3　鳥類の人工孵卵技術を学ぶ研修員

4.2　各　　　論

4.2.1　域外保全と域内保全
a．オオサンショウウオの域外保全と域内保全

オオサンショウウオ（*Andrias japonicus*）の保全は，日本動物園水族館協会がかかわる最も早い取り組みの1つである．1971年から安佐動物公園，姫路市立水族館，須磨水族館，宮島水族館らが参加し，オオサンショウウオの繁殖を目指す調査活動を行い，1978年に「稀少動物の保護増殖に関する調査研究報告書　オオサンショウウオに関する調査資料」を刊行した．

広島市安佐動物公園は，その後も広島県北広島町志路原で調査を継続し，繁殖生態の解明に取り組んだ．産卵巣穴は繁殖期だけに使われる特殊な巣穴で，川岸の水面下にあり，入口が1つで細いトンネルが続き奥に広間があって，わずかに湧水を伴っていた．また，産卵巣穴には「ヌシ」と呼ぶ大きな雄が住み着き巣穴を占有しているが，8

図4.4 安佐動物公園のオオサンショウウオ保護増殖施設

図4.5 飼育水槽の産卵巣穴で卵塊を守るヌシ（占有雄）

月下旬には十数頭が集合し，ヌシと雌とその他の雄が群れで産卵することがわかった．

安佐動物公園は野外での知見をもとにして，産卵巣穴をもつ「四連繁殖水槽」を作り，広島市内で保護した7頭のオオサンショウウオを同居させて，飼育下繁殖に取り組んだ．ドジョウを水槽に放して自然採食させ，水温と日長に自然の周年変化をもたせた．1979年9月28日，ついに「四連繁殖水槽」で2頭の雌が産卵した．日本で初めてのオオサンショウウオの飼育下繁殖である．その後今日まで，安佐動物公園では繁殖が継続している（図4.4，図4.5）．

飼育下繁殖の経験をもとに行政に助言して，1985年に志路原の松蔵川に日本で初めてのオオサンショウウオの人工巣穴を設置した．その人工巣穴は，直径60 cmのコンクリートの円筒を川土手に埋設したもので，直径15 cm，長さ70 cmの塩化ビニル管で川に開口し，巣穴の奥からわずかに水が湧き出るようにした．この人工巣穴では，設置の年から産卵がみられ，2005年に設置したもう1つの人工巣穴とともに，今日まで繁殖が継続している．

2002年からは地域住民が人工巣穴の維持管理に参加し，2004年には地域住民による保全組織「三ちゃんす村」が設立され，安佐動物公園と連携して活発な普及イベントを開催している．また，日本動物園水族館協会の種保存委員会オオサンショウウオ繁殖検討委員会が発案して2004年に設立した「日本オオサンショウウオの会」は，全国へと拡がり，生息地を抱えるすべての府県からの参加者を集める保全団体へと成長している．

b. トキの域外保全

*Nipponia nippon*の学名をもつトキは日本を代表する美しい鳥である．かつては，日本各地にいたこの鳥が，日本の山野から姿を消したのは1981年のことである．1952年に，トキは国の特別天然記念物に指定され，保全活動が具体化した．1953年に負傷した1羽のトキを保護し，東京都上野動物園にて飼育したことが，日本の動物園がトキの保全にかかわった最初の出来事である．その後，トキの保全は生息地の佐渡において進められ，1967年には佐渡の新穂村清水平にトキ保護センターが開設されて3羽のトキが飼育された．一方，日本動物園水族館協会の中にトキ保護実行委員会が発足し，上野，多摩，井の頭の東京都立の動物園が中心となり，トキの死亡要因の1つとなっている寄生虫の駆除法の研究や人工飼料の開発に取り組んだ．この事業は，文化庁の委託事業となり，さらに1971年には，東京都と新潟県との間にトキの飼育に関する技術協力契約が結ばれた．この契約は今日まで更新継続しており，獣医学的な協力やトキ類の飼育繁殖のデータの提供など，新潟県のトキの保全事業を支える動物園の域外保全事業のモデルとなっている．

佐渡では，1993年に新たに新穂村長畝に佐渡トキ保護センターを開設し，中国政府の協力を得

て中国で保全繁殖に成功したトキを導入し，1999年に初めてのトキの繁殖に成功した．以降，増羽に努めた結果，2006年には96羽のトキを飼育するに至り，2008年に10羽のトキが放たれ，佐渡の空にトキが舞った．日本で初めてのトキの野生復帰を，日本国民が笑顔で見守った瞬間であった．2007年には，危険分散のために，2つがいのトキを多摩動物公園に移動し，繁殖を図った．トキは多摩でも順調に繁殖し，2009年には多摩で生まれた4羽のトキが一緒に放鳥された．2012年には3つがいの放鳥トキから8羽の雛が巣立ち，野生復帰個体による次世代の繁殖が期待されている．

c. ニホンコウノトリの域外保全

ニホンコウノトリ（*Ciconia boyciana*）の野生復帰で知られる兵庫県豊岡市の県立コウノトリの郷公園での事例は，自然保護による地域再生のすばらしい成功例である．この地は古くからのコウノトリの郷であり，1955年にはコウノトリ保護協賛会が発足して，人工巣塔を設置するなどして保護にあたってきたが，1971年に最後の3羽を捕獲するに及んで，日本のコウノトリは野生絶滅に至った．国，県，豊岡市は連携して飼育下のコウノトリの増殖に取り組み，1985年にロシアから寄贈されたペアが1989年に初繁殖したことをきっかけに，毎年，繁殖を重ねて，2002年には飼育下の個体が100羽に達した．この間，兵庫県は，1999年に保護増殖の中心施設として県立コウノトリの郷公園を建設し，2003年に「コウノトリ野生復帰推進計画」を策定して野生復帰へと歩を進めた．2005年に満を持して5羽を放鳥し，豊岡の空にコウノトリが舞った．その後も放鳥を重ね，2007年以降は放鳥個体による自然繁殖が始まり，2012年現在，豊岡市とその周辺地域には，60羽が生息している．

しかし，この事業の成功の裏に動物園の種の保存事業が絡み合っていることを知る人は少ない．日本の動物園で最初にニホンコウノトリの繁殖に成功したのは東京都多摩動物公園で，1988年のことである．コウノトリの繁殖の難しさはつがい形成にある．コウノトリは雌雄に相性があり，気に入った相手でないとつがいにならない．兵庫県はつがい形成のために動物園に協力を求め，1974年から2003年までの間に，東京都多摩動物公園や大阪市天王寺動物園などから18羽のコウノトリを借り受けている．その結果，多摩動物公園産の個体との間に第二のペアができ，多くの雛を育成して野生復帰事業に貢献した．動物園における飼育繁殖技術の蓄積と種の保存の取り組みが，域内保全を補完した一例である．

図4.6 多摩動物公園で飼育されているコウノトリ（写真提供：成島悦雄）

日本動物園水族館協会では，現在15園館で182羽のニホンコウノトリを飼育している．そのうち5つの動物園が繁殖の実績をもっているが，その中でも多摩動物公園は2012年現在において47羽を保有しており，同年11月に東京都は，千葉県野田市が進めるニホンコウノトリの保全事業に協力して2羽のコウノトリを提供すると発表した．現在，野田市では多摩動物公園の協力のもとに増殖飼育が始まっており，遠くない将来，房総に第二のコウノトリの里が出現し，関東平野にニホンコウノトリがよみがえる日が来るであろう．

d. シジュウカラガンの域外・域内保全

シジュウカラガン（*Branta Canadensis leucopareia*）はカナダガンの亜種で，千島列島で繁殖し日本で越冬するものと，アリューシャン列島で

繁殖してアメリカ西海岸で越冬するものがある．かつては東北地方に普通にみられたガンであるが，1960年代にはきわめて稀な鳥になってしまった．仙台市八木山動物園は「日本雁を保護する会」と協力して，1980年にシジュウカラガン羽数回復事業に着手した．そのモデルとなったのは，アメリカ合衆国政府が行った保護施策である．絶滅したと思われていたシジュウカラガンの小群が，1963年にアリューシャン列島のバルディール島で発見され，合衆国政府は飼育下繁殖と繁殖地放鳥を繰り返して，アメリカ西海岸に渡るシジュウカラガンの群れの復元に成功していた．

八木山動物園は，1982年に園内に飼育繁殖施設「ガン生態園」を設置し，合衆国政府から9羽のシジュウカラガンを借り受けて増殖計画を進め，1985年の初繁殖の後，1991年までの6年間に仙台平野などで37羽の越冬地放鳥を実施した．しかし，2羽の北帰を確認したのみで，放鳥個体の飛来はみられなかった．

1992年に，日・ロ・米間で極東の渡り回復事業に合意し，日米が親鳥を提供，ロシアがカムチャッカに繁殖施設を設置して増殖を図り，繁殖地放鳥を実施することとなった．1995年に，カムチャッカの飼育施設と八木山動物園で繁殖させたシジュウカラガンを千島列島のエカルマ島から放鳥した．放鳥は2000年にかけて毎年行われ，119羽を放鳥した．この間，八木山動物園は46羽を提供している．1997年には4羽の放鳥個体が飛来し，1999年には1羽の放鳥個体を含む18羽が飛来，繁殖地放鳥による試験放鳥の成果が見え始めた．

渡りの復元には，2歳未満の若鳥を大きな群れで放鳥することが有効であることがわかり，2002年から2005年に本格的な放鳥が始まった．カムチャッカで繁殖した307羽をエカルマ島から放鳥し，日本は渡りの確認調査を担当した．その結果，2005年から飛来数が増え始め，2009年には89羽，2010年105羽，2011年238羽，2012年には359羽となり，複数の放鳥個体が子を伴って飛来するなど，極東のシジュウカラガンの自然繁殖と渡りの復元は成功をおさめた．アメリカ西海岸へと渡るシジュウカラガンは30000羽に達しており，日本へと渡る極東の系群が1000羽に達する日も近いであろう．国際協力のもとに夢を実現した仙台市八木山動物園のシジュウカラガンの域外・域内保全は，日本の動物園の誇らしい実績である．

e. ツシマヤマネコの域外保全

環境省が進めるツシマヤマネコ（*Prionailurus bengalensis euptilura*）の保全は，動物園の飼育繁殖技術を活用した好例である．ツシマヤマネコはユーラシア大陸にすむアムールヤマネコの亜種で，対馬が朝鮮半島とつながっていた頃の氷河期の遺存種である．かつては2000～3000頭が生息していたといわれるが，1960年代には200～250頭，現在は上島に80～110頭が生息しているとされる．

環境省は，1994年に種の保存法を制定し，同法に基づく「ツシマヤマネコ保護増殖事業」を策定して，福岡市動物園に増殖の協力を依頼した．1995年に福岡市動物園内にツシマヤマネコ舎を完成させ，ファウンダー（創始個体）の捕獲により，1996年から飼育を開始した．2000年に初繁殖に成功し，以後今日までに25頭を成育して，本事業の根幹である域外保全によるツシマヤマネコの保護増殖に貢献した．

2004年に環境省は，「ツシマヤマネコ再導入基本構想」を発表し，さらなる個体数の増加と危険回避，保全事業の啓発のために全国の施設で分散飼育の方針を打ち出し，日本動物園水族館協会に協力を求めた．2013年現在，福岡市動物園，東京都井の頭自然文化園，よこはま動物園ズーラシア，富山市ファミリーパーク，佐世保市九十九島動植物園，沖縄こどもの国，京都市動物園，名古屋市東山動物園，盛岡市動物園と環境省対馬野生生物保護センターの10施設で31頭のツシマヤマ

ネコが飼育されている.

調査研究,普及啓発,地域連携など域内保全のコア施設として1997年に建設された対馬野生生物保護センターは,2012年に開設15周年を迎えた.2013年には再導入のための馴化施設が設置される.4頭のファウンダーから出発した飼育下繁殖群と100頭前後の野生個体群は,遺伝的多様性の少なさ,交通事故死の頻発,生息環境の整備やヤマネコと共存できる地域づくりの推進など多くの課題を抱えているが,日本で初めての哺乳類の再導入事業に,展示啓発と飼育下繁殖による増殖など,動物園が担う域外保全の役割は大きい.

〔桑原一司〕

4.2.2 希少種の保全

a. 希少種とは

希少種の定義にはいくつかあるが,一般的には,IUCNや環境省のレッドリストで,VU (Vulneable；絶滅危惧II類)以上が希少種とい

表4.1 レッドリストカテゴリ

IUCNの分類	環境省の分類	略称
Extinct	絶滅	EX
Extinct in the Wild	野生絶滅	EW
Threatened	絶滅危惧	
Critically Endangered	絶滅危惧IA類	CR
Endangered	絶滅危惧IB類	EN
Vulnerable	絶滅危惧II類	VU
Near Threatened	準絶滅危惧種	NT
Least Concern	—	LC
Data Deficient	情報不足	DD
—	絶滅のおそれのある地域個体群	LP

表4.2 IUCNレッドリストの分類群ごとの種数の変化(2000～2012年)(IUCN Red List version 2012.2より)

Critically Endangered (CR):絶滅危惧IA類

	2000	2002	2003	2004	2006	2007	2008	2009	2010	2011	2012
哺乳類	180	181	184	162	162	163	188	188	188	194	196
鳥類	182	182	182	179	181	189	190	192	190	189	197
爬虫類	56	55	57	64	73	79	86	93	106	137	144
両生類	25	30	30	413	442	441	475	484	486	498	509
魚類	156	157	162	171	253	254	289	306	376	414	415
昆虫類	45	46	46	47	68	69	70	89	89	91	119
軟体動物	222	222	250	265	265	268	268	291	373	487	549
(動物計)	866	873	911	1301	1444	1463	1566	1643	1808	2010	2129
(植物計)	1014	1046	1276	1490	1541	1569	1575	1577	1619	1731	1821

Endangered (EN):絶滅危惧IB類

	2000	2002	2003	2004	2006	2007	2008	2009	2010	2011	2012
哺乳類	340	339	337	352	348	349	448	449	450	447	446
鳥類	321	326	331	345	351	356	361	362	372	382	389
爬虫類	74	79	78	79	101	139	134	150	200	284	296
両生類	38	37	37	729	738	737	755	754	758	764	767
魚類	144	143	144	160	237	254	269	298	400	477	494
昆虫類	118	118	118	120	129	129	132	151	166	169	207
軟体動物	237	236	243	221	222	224	224	245	328	417	480
(動物計)	1272	1278	1288	2006	2126	2188	2323	2409	2674	2940	3079
(植物計)	1266	1291	1634	2239	2258	2278	2280	2316	2397	2564	2655

Vulneable (VU):絶滅危惧II類

	2000	2002	2003	2004	2006	2007	2008	2009	2010	2011	2012
哺乳類	610	617	609	587	583	582	505	505	493	497	497
鳥類	680	684	681	688	674	672	671	669	678	682	727
爬虫類	161	159	158	161	167	204	203	226	288	351	367
両生類	83	90	90	628	631	630	675	657	654	655	657
魚類	452	442	444	470	681	693	717	810	1075	1137	1149
昆虫類	392	393	389	392	426	425	424	471	478	481	503
軟体動物	479	481	474	488	488	486	486	500	587	769	828
(動物計)	2857	2866	2845	3414	3650	3692	3681	3838	4253	4572	4728
(植物計)	3331	3377	3864	4592	4591	4600	4602	4607	4708	4861	4914

える（表4.1）．ほかにも，「種の保存法」（絶滅のおそれのある野生動植物の種の保存に関する法律）で，国内・国際希少野生動植物種とされている種や，文化財保護法により天然記念物に指定されている種，ワシントン条約（絶滅のおそれのある野生動植物の種の国際取引に関する条約）の附属書の記載種があげられる．

b. 希少種の現状

IUCN は，世界の生物種の生息状況をまとめ，絶滅の危険性によりカテゴリーを分けたレッドリストを 1966 年から公表している．VU 以上の種は，年々増え続けている（表4.2）．

c. 希少種の保全で何を目指すのか

動物や植物は，1つの種のみで生きていくことはできない．多くの種が互いに関係を持つことで，生態系として，生物が生存できる環境を作り上げている．希少種を保全するためには，生態系を守らなければならない．希少種の保全のためには，多くの種が生きていくことのできる環境，すなわち生物多様性を保全しなければならない．

d. 生物多様性の3類型

生物多様性は以下の3つの要素で構成され，動物園もこれらの保全の一翼を担っている．動物園では，計画的な繁殖により，「遺伝子の多様性」を確保するよう努めている．また，多くの種を飼育展示することで，「種の多様性」を，教育普及する役割を担っている．

① 遺伝子（個体）の多様性：ある種の中での遺伝子の多様性．個体間での遺伝的差異と個体群間での遺伝的差異がある．

② 種の多様性：多くの種が存在すること．

③ 生態系の多様性：多種多様な生息環境があり，その中で，さまざまな種が，相互依存的に存在していること．多くの生態系がそれぞれで成り立ちながら，さらに高次の生態系を形成していること．

e. 希少種の保全のための活動

希少種の保全活動は，大まかに次のように分類できる．これらの活動を連携させることで，より効果的な保全活動の推進が可能となる．以下，この分類に従って，おもに動物園の立場から述べる（表4.3）．

(1) 生息域内での保全

生息域内での保全は，個人から国家的事業まで，さまざまな規模で取り組まれている．

環境省は，種の保存法による国内希少野生動植物種の指定種のうち，2012 年 11 月現在で，49 種について，保護増殖事業計画を策定し，繁殖の促進，生息地等の整備等の事業の推進を行っている．兵庫県は，特別天然記念物のコウノトリの保全に，1963 年から県独自に取り組み，いったん国内の野生下では絶滅したものの，飼育下での個体数が増えた 2005 年からは，試験放鳥事業を開始している．地域が中心となり保全に取り組んでいたツシマヤマネコやヤンバルクイナは，保護増殖事業計画が策定され，動物園とも連携しながら，事業が行われている．今後，動物園が生息域内の保全にかかわる機会は，ますます増えてくると考えられる．

(2) 生息域外での保全

自然環境の破壊が進むなか，生息域内だけで希少種を保全するのは不可能に近い．動物園は，これまでの飼育繁殖技術を活かすことで保全活動の

表4.3 保全活動の類型
I. 直接的な保全活動
　I-1 生息域内での保全
　I-2 生息域外での保全
II. 教育普及活動
III. 研究活動
IV. 支援・基盤活動
V. 法規制活動

表4.4 国内・国際血統登録種数（亜種を含む）

	国内登録	国際登録
哺乳類	61	110
鳥類	46	25
両生爬虫類	15	4
魚類	21	0
カタツムリ	0	1

一翼を担っている．しかし，単独では，施設規模，人員や技術にも限界があり，充分な成果をあげるのは難しい．そこで，公益社団法人 日本動物園水族館協会（以下，「JAZA」という）では，さまざまな施策を行なっている．

・JAZA 種保存委員会から生物多様性委員会へ：

JAZA では，1988 年に種保存委員会を設置し，種保存会議の開催や種別調整者による血統登録簿・繁殖計画の作成，移動の調整等を行い，遺伝的多様性を確保しながら希少種の保全を図っている（2012 年末現在，対象 143 種・亜種）．140 種・亜種が対象の国際血統登録にも参加しており，日本は，コウノトリ，タンチョウ，ニホンカモシカ，マナヅル，ナベヅルを担当している．JAZA はさらに 2012 年，種保存事業を強化し，生息域内保全への寄与も視野に入れて，事業の位置づけを明確にするため，同委員会を改組し，保全戦略部・種保存事業部・国際保全事業部をもつ生物多様性委員会を設置した．

・地域収集計画（regional collection plan）： 遺伝的多様性を保ちつつ，飼育下繁殖を続けていくために必要な個体数はかなりの数にのぼる．しかし，動物園の飼育施設は限られている．そのため，動物園が連携し，どこでどれだけの動物を飼育するのかを考える必要がある．その計画が，地域収集計画である．野生の状況，飼育施設，教育的価値，技術的課題，他地域の計画などを検討し，飼育の優先順位をつけることで，効率的な保全を行うことができる．JAZA では，生物多様性委員会を中心に，検討を進めている．

(3) 教育普及活動

希少種をはじめ，多くの野生動物は，その姿を実際に目にすることは難しい．しかし，動物園では，実際の大きさや動き，声，臭いなどを体感できる．文字や映像では伝えられないこれらの情報を用いて，より効果的な教育普及活動が行える．また，博物館等の多くの標本をもつ施設と連携することで，よりいっそう効果をあげられる．

たとえば，恩賜上野動物園では，同じ上野公園内に数多くの標本をもつ国立科学博物館がある．2 園館が連携してイベント等を行うことで，動物園展示と博物学の連携を図っている．

(4) 研究活動

かつては，研究活動は大学等の研究機関に任せることが多かった動物園だが，最近では，専門部署を設置する施設が出てきた．横浜市は，1999 年に，よこはま動物園ズーラシア内に，横浜市繁殖センターを設けた．公益財団法人 東京動物園協会は，2006 年に都立動物園・水族園の 4 園で連携した活動を行うため，多摩動物公園内に野生生物保全センターを設けた．これらは，希少種の飼育や，バイオテクノロジー技術の実践，国内外の各種機関との連携といった活動を行っている．

また，研究課題ごとの個別提携が多かった大学等との共同研究でも，京都大学と京都市動物園や名古屋市東山動植物園との間で包括協定等が締結されたように，互いのもつ専門性を活用する形で，幅広い研究活動を行う事例も出てきた．

(5) 支援・基盤活動

各種活動を財政面で支援するために，JAZA では「野生動物保護基金」を設けており，東京動物園協会でも「野生生物保全基金」を設け，各種団体に助成を行っている．国や地方自治体の委託事業や補助金や，企業が社会貢献活動の一環としての助成金を支出する例もある．

また，希少種の保全のために，さまざまな組織が活動している．下記に掲げた組織は，動物園と関係が深く，情報の交換・共有などを行っている．

・世界動物園水族館協会（World Association of Zoos and Aquariums：WAZA）
・国際種情報システム機構（International Species Information System：ISIS）
・国際自然保護連合（International Union for Conservation of Nature and Natural Resources：IUCN）

(6) 法規制活動

希少種や生物多様性を守るための規制には，多くの国際条約や国内法等がある．以下に一部を掲げる．監視機関も，民間団体も含め存在する．動物園は，直接的な規制活動を行ってはいないが，これらの規制を遵守し，執行に協力することで，希少種の保全を担っている．

【国際条約】

絶滅のおそれのある野生動植物の種の国際取引に関する条約（ワシントン条約）

生物の多様性に関する条約（生物多様性条約）

特に水鳥の生息地として国際的に重要な湿地に関する条約（ラムサール条約）

移動性野生動物の種の保全に関する条約（ボン条約）※日本未締結

世界の文化遺産及び自然遺産の保護に関する条約（世界遺産条約）

【国内法等】

生物多様性基本法

文化財保護法

鳥獣の保護及び狩猟の適正化に関する法律（鳥獣保護法）

絶滅のおそれのある野生動植物の種の保存に関する法律（種の保存法）

特定外来生物による生態系等に係る被害の防止に関する法律（外来生物法）

アジア・太平洋地域渡り性水鳥保全戦略

生物多様性国家戦略

f. 具体的方法

動物園として，希少種の保全のため，飼育をするうえで検討しなければならない課題には次のようなものがある．

(1) 希少種を飼育する前の検討課題

・野生下での状況・生態に関するデータの収集：希少種に関する，収集できる限りのデータを集め，分析することで，保護の必要性や飼育方法などを判断する材料とすることができる．しかし，調査だけにとらわれると，かえって保全の時期を逸してしまうこともあるため，注意が必要である．

・飼育の必要性の検討：数が少ない希少種を，野生から捕獲し，動物園で飼育することの是非について，科学的知見も交えて検討する．第三者を含めた検討を行うことで，公正さが担保できる．

・飼育方法の確立：多くの希少種は，飼育法も不明なことが多く，死なせてしまうリスクが高い．そこで，普通種の近縁種で飼育法の検討を行うことが多い．たとえば，トキ（*Nipponia nippon*）では，クロトキ（*Threskiornis melanocephalus*）やショウジョウトキ（*Eudocimus ruber*）の飼育により，一定の知見を収集でき，飼育職員の技術習得にもつながった．

・施設や環境の整備：生態に関するデータをもとに，適切な飼育環境を作り出さなければならない．一般的に，放飼場と夜間収容する寝室をもつ場合が多いが，それぞれに，その動物の特性に応じた構造とする必要がある．また，遺伝的多様性を確保するためには，多くの個体数が必要となる．そのため，展示施設だけでなく，多くの部屋をもった飼育・繁殖施設の設置が非常に重要になる．そうしなければ，繁殖を制限しなくてはならなくなる．ただし，動物園が連携することで，ある程度解決することができる．

・地域の理解：希少種を動物園にもってくることは，野生下個体群にダメージを与えることは否定できない．飼育に失敗した場合，大きな非難を受ける可能性もある．地元自治体や住民，研究者などと十分に協議し，理解を得て創始個体を確保する必要がある．

(2) 導入後の検討課題

・血統管理：再導入も視野に入れ，遺伝的管理を確実に行わなければならない．

・創始個体の補強：順調に繁殖しても，創始個体が同じであれば，遺伝的多様性は確実に低下する．それを防ぐため，新たな創始個体を導入する必要がある．そのためには，生息域内保全にも動

物園はかかわっていかなければならない．

・国際連携： 各種国際機関や国際血統登録者と連絡を密にとり，情報の収集を図り，遺伝的多様性の確保と危険分散のため，国際的な動物交換を行う必要がある．

・再導入： 生息域外保全の最終目的が，野生への再導入である．そのためには，遺伝的多様性を確保し，個体数を増やしていかなければならない．また，再導入する環境がなくなっては元も子もない．生息域内の保全にも積極的にかかわっていくことが必要となる．そして，最終的には，希少種が普通種となり，生息域外での保全の必要がなくなることこそ，究極の目標ということになるであろう． 〔大橋直哉〕

文　　献

野生生物保全論研究会編（2008）：野生生物保全事典―野生生物保全の基礎理論と項目，p.16-17，緑風出版．

4.2.3 遺伝子資源の保存

遺伝子資源（あるいは遺伝資源，genetic resource）とは，さまざまな生物に由来する有用性の高い原材料全般をさす．野生動物の保全分野における遺伝子資源とは，野生動物の細胞を指す場合が多いため，本項では生殖細胞（精子，卵子およびそれらのもとになる細胞）と体細胞（組織や臓器を構成している細胞で生殖細胞以外の細胞）を，野生動物の遺伝子資源として扱うことにする．保全生物学的には遺伝子資源の保存を生息域外保全（ex situ conservation）に分類することができる．生息域外保全の一環で遺伝子資源の保存を行う場合，最も重要なのは本来の状態・機能を長期間維持して保存することである．そのため，遺伝子資源は，必要であれば適切な保護材とともに，液体窒素を使用して超低温で凍結保存するのが理想的である．遺伝子資源を液体窒素等で凍結保存する施設は遺伝子資源バンク（遺伝資源バンク，genetic resource bank）といわれる．

生殖細胞の保存と体細胞の保存の役割は異なっている．生殖細胞の保存は，その細胞を個体増殖に利用でき種としての存続を可能とすることから，野生動物を種レベルで保存しているといえる．一方，体細胞は次世代の個体増殖に直接は利用できないため，その保存は野生動物を遺伝子レ

図4.7 液体窒素タンク［独立行政法人 国立環境研究所］遺伝子資源を保存する設備として理想的である．

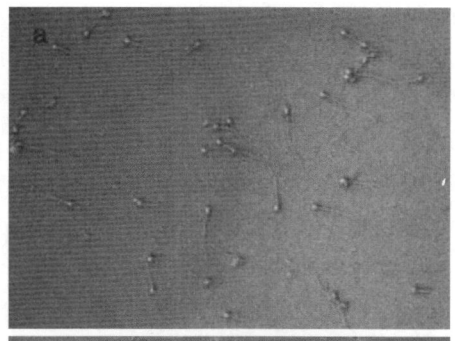

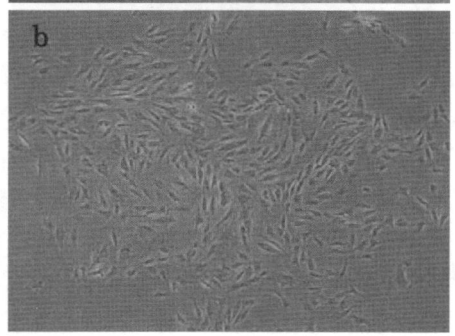

図4.8 野生哺乳類における代表的な遺伝子資源［提供：岡野　司］
a：精子（ツキノワグマ），b：培養細胞（ツキノワグマの皮膚組織より増殖した繊維芽細胞）．

ベルおよび個体レベルで保存しているといえる．しかし，新たな技術，iPS細胞（Takahashi & Yamanaka, 2006）により，体細胞も生殖細胞へ分化させられる道が開かれた（Hayashi et al., 2011；Hayashi et al., 2012）．倫理面も含め克服しなければならない問題点はあるものの，これにより，体細胞の保存は遺伝子，個体レベルのみならず種レベルでの保存も意味していることになった．動物園がかかわっている遺伝子資源バンクの具体的な例として，サンディエゴ動物園の活動がよく知られている．それは別名「冷凍動物園（Frozen Zoo）」と呼ばれている．つまり，液体窒素タンクが動物園とほぼ同等の機能を担っていることになるのである（図4.7）．

　遺伝子資源を保存する場合，凍結保存することが理想であるとはいえ，細胞の種類によっては凍結保存できるものとできないものがある．たとえば鳥類の卵は大量の卵黄をもつ巨大な細胞であるため，これまでに機能を維持した状態で凍結保存に成功した例はない．以下で遺伝子資源を保存する場合におもな対象となってきた野生哺乳類と野生鳥類について，遺伝子資源の凍結保存について概要を述べる．

　野生哺乳類では精子および体細胞が遺伝子資源として凍結保存されてきた実績がある（図4.8）．このほかに卵子（例：ゴリラ（*Gorilla gorilla*）(Lanzendorf et al., 1992)），卵巣組織（例：マーモセット（Candy et al., 1995)），受精卵（例：カニクイザル（*Macaca fascicularis*）(Balmaceda et al., 1986)）を凍結保存した例が報告されている．しかし，精子や体細胞の凍結保存ほど一般化してはいない．精子の取り扱いに関しては，家畜，愛玩動物および実験動物を対象にした先行研究があるため，野生哺乳類の精子を取り扱う場合にはそれらの先行研究の結果を参考にすることができる．体細胞については組織・臓器の状態で保存する場合と，細胞培養を実施後に増殖した細胞を保存する場合がある．新鮮な状態で凍結できな

い場合が多いことや，さまざまな野生哺乳類の組織・臓器を凍結障害から保護する適切な化学物質に関して情報が少ないため，野生動物の組織・臓器を生きた状態（機能した状態）で凍結保存するのは困難である．しかし，機能が失われていたとしても，その組織・臓器から核酸（DNA, RNA）やタンパク質を抽出・精製し遺伝学的研究や生理学的研究等に用いることができる．したがって，野生動物の組織・臓器も重要な遺伝子資源である．生きている状態を維持できている点で，培養した細胞は遺伝子資源としての価値は高い．特に皮膚組織等から増殖させることができる繊維芽細胞は遺伝子資源の凍結保存に適している．すでに哺乳類の繊維芽細胞については培養技術および凍結保存技術が確立しており，その技術は野生哺乳類にも応用可能なためである．体細胞の具体的な利用例としてまず，クローン動物作製への応用がある．体細胞は直接個体増殖に利用で

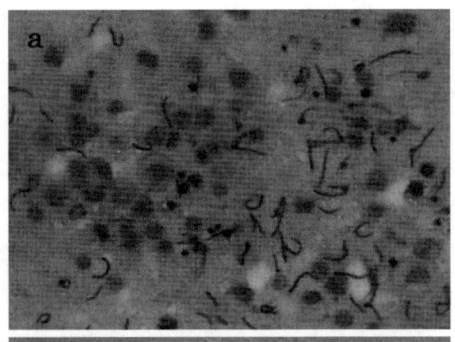

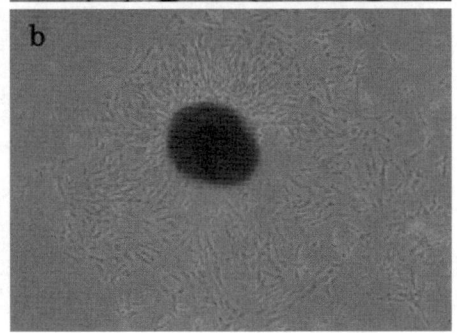

図4.9　野生鳥類における代表的な遺伝子資源［提供：国立環境研究所］
a：精子（ヤンバルクイナ；精巣スタンプ標本のギムザ染色）．
b：培養細胞（ヤンバルクイナの皮膚組織より増殖した繊維芽細胞）．

きない.しかし,その核は核移植に利用することができる.これまでに野生哺乳類ではこれまでにガウル(*Bos gaurus*),ムフロン(*Ovis aries*),リビアヤマネコ(*Felis silvestris lybica*)などでクローン動物が誕生している.また,体細胞はiPS細胞を作製する際のもとの細胞として利用できる.キタシロサイ(*Ceratotherium simum cottoni*),ドリル(*Mandrillus leucophaeus*)およびユキヒョウ(*Panthera uncia*)において,体細胞からiPS細胞が作られている(Ben-Nun et al., 2011;Verma et al., 2012).実験用マウスではiPS細胞から精子および卵子を分化させることが可能となっていることを考慮すると,今後は個体増殖を視野に入れた,野生哺乳類の体細胞保存が重要になってくる可能性がある.

野生鳥類でも精子および体細胞が一般的な凍結保存用の遺伝子資源である(図4.9).これまでに,家禽も含め鳥類の卵および受精卵について機能を維持した状態で凍結保存した例は報告されていない.鳥類の精子の採取方法(たとえば腹部のマッサージ)や凍結保存技術(凍結保護材の選択)については,家禽を対象にした研究の蓄積がある.そのため,野生鳥類の精子を取り扱う場合には,家禽で応用されている手法を参考にすることができる.野生哺乳類の場合と同様に,野生鳥類の体細胞については組織・臓器の状態で保存する場合と細胞培養を実施し増殖した細胞を保存する場合がある.独立行政法人 国立環境研究所(以下,国立環境研究所)では野生鳥類の皮膚組織および筋組織を使用して細胞培養を行い,増殖してきた細胞(おもに繊維芽細胞)を凍結保存している.ウズラにおいてiPS細胞の作製が成功していることから(Lu et al., 2012),将来,培養して凍結保存した野生鳥類の繊維芽細胞をiPS細胞化して生殖細胞へ分化させることが可能になるかもしれない.鳥類では卵の凍結保存が不可能であると考えられるため,野生鳥類の体細胞は遺伝子資源としての重要性が増すであろう.このほかに発生の初期に出現する精子や卵へ将来分化する生殖幹細胞,始原生殖細胞も,家禽では重要な遺伝子資源となっている(Tajima, 2013).野生鳥類において始原生殖細胞を遺伝子資源化している例は報告がない.しかし,家禽で開発された始原生殖細胞に関連する技術は野生鳥類にも応用できる可能性が高いため(桑名, 2006),今後,野生鳥類においても始原生殖細胞を積極的に遺伝子資源として凍結保存するべきである.始原生殖細胞を遺伝子資源化することは飼育下において繁殖制限を実施している野生鳥類種の余剰卵を有効に利用できることにもつながる.

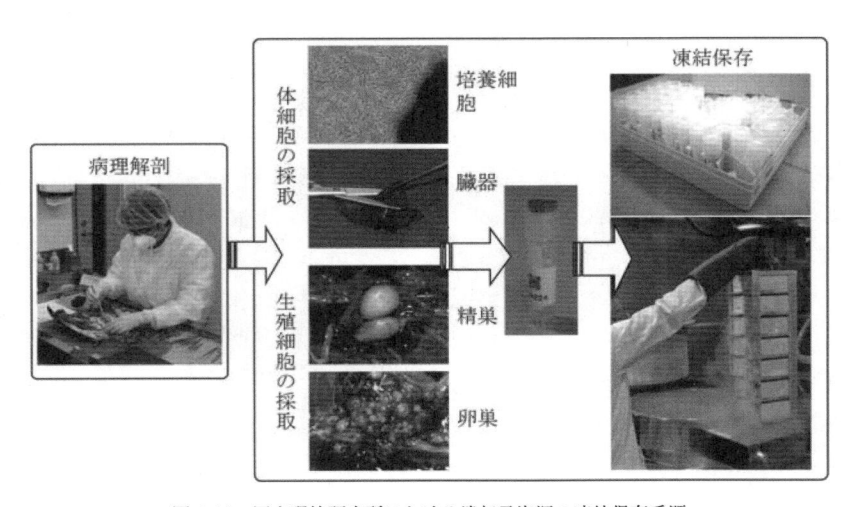

図 4.10 国立環境研究所における遺伝子資源の凍結保存手順

最後に実際の野生動物の遺伝子資源保存バンクの活動例を紹介する．国立環境研究所では，環境省・レッドリスト（日本の絶滅のおそれのある野生生物の種のリスト）に記載されている絶滅危惧野生動物を対象に遺伝子資源の長期凍結保存を2002年より実施している．この凍結保存を実施する拠点が，所内に建設された環境試料タイムカプセル棟である．試料収集には国内のいくつかの動物園の協力も得ている．凍結保存までの手順を紹介すると，最初に受けいれた試料を対象に病理解剖や病原体の遺伝子検査を行う（図4.9）．この作業によって，遺伝子資源の安全性を確保するとともに遺伝子資源保存にかかわるスタッフの安全も確保できる．次に，皮膚組織あるいは筋組織を利用して細胞培養を行う（約1週間後に繊維芽細胞が増殖してくる）．哺乳類の細胞培養の培地にはDMEMを使用し，培養温度は37℃に設定している．また，鳥類の細胞培養の培地にはKAv-1（Kuwana et al., 1966）を使用し，培養温度は38℃である．増殖した細胞は凍結保護剤DMSOを10%添加したウシ胎仔血清（10% DMSO/FBS）と混合して凍結保存する．臓器は約5 mm角に細切し凍結保存する．腐敗が進んでいない精巣と卵巣についても約5 mm角に細切し，10% DMSO/FBSと混合して凍結保存する．これまでに鳥類では絶滅した日本産トキ（*Nipponia nippon*）をはじめ，タンチョウ（*Grus japonensis*），シマフクロウ（*Ketupa blakistoni*），ヤンバルクイナ（*Gallirallus okinawae*）など，哺乳類ではゼニガタアザラシ（*Phoca vitulina*），ツシマヤマネコ（*Prionailurus bengalensis euptilurus*），ケナガネズミ（*Diplothrix legata*）などについて遺伝資源の凍結保存を実施した．平成23（2011）年12月までに1799個体（鳥類1117個体，哺乳類164個体，魚類517個体，爬虫類1個体）から凍結保存用チューブ33619本の遺伝子資源を採取・凍結した．このような遺伝子資源の凍結保存と並行して，国立環境研究所では収集・凍結保存中の遺伝子資源を活用した細胞生物学，遺伝学，繁殖学そして感染症に関連する研究を実施している． 〔大沼　学〕

文　献

Balmaceda, J.P. *et al.* (1986)：Embryo cryopreservation in cynomolgus monkeys. *Fertil. Steril.*, **45**：403-406.

Ben-Nun, I.F. *et al.* (2011)：Induced pluripotent stem cells from highly endangered species. *Nat. Methods.*, **8**：829-831.

Candy, C.J., Wood, M., Whittingham, D.G. (1995)：Follicular development in cryopreserved marmoset ovarian tissue after cryopreservation. *Human Reproduction*, **10**：2334-2338.

Hayashi, K. *et al.* (2011)：Reconstitution of the mouse germ cell specification pathway in culture by pluripotent stem cells. *Cell*, **146**：519-532.

Hayashi, K. *et al.* (2012)：Offspring from oocytes derived from in vitro primordial germ cell-like cells in mice. *Science*, **338**：971-975.

Kuwana, K. *et al.* (1966)：Long-term culture of avian embryonic cells in vitro. International *Journal of Developmental Biology*, **40**：1061-1064.

桑名　貴（2006）：野生動物の遺伝子保存技術と発生工学．日本畜産学会報，**77**：189-194.

Lanzendorf, S.E. *et al.* (1992)：In vitro fertilization and gamete micromanipulation in the lowland gorilla. *J. Assisted Reprod. Genet.*, **9**：358-364.

Lu, Y. *et al.* (2012)：Avian-induced pluripotent stem cells derived using human reprogramming factors. *Stem Cells Dev.*, **21**：394-403.

Tajima, A. (2013)：Conservation of Avian Genetic Resources (Review). J. Poult. Sci., **50**：1-8.

Takahashi, K., Yamanaka, S. (2006)：Induction of pluripotent stem cells from mouse embryonic and adult fibroblast cultures by defined factors. *Cell*, **126**：663-676.

Verma, R. *et al.* (2012)：Inducing pluripotency in somatic cells from the snow leopard (*Panthera uncia*), an endangered felid. *Theriogenology*, **77**：220-228.

友好動物

　公立の動物園では国際親善や国際交流事業として動物を寄贈することが行われている．このような動物は友好の印としての親善大使であり，友好動物とも呼ばれる．1972年に日中国交回復を記念して中国から日本に贈られたジャイアントパンダはあれだけ話題になったのだから，友好動物としての成果は十分だったと思われる．パンダは国レベルの友好動物だったが，地方自治体でも姉妹都市や友好都市との間で動物の贈与や交換などを行っていて，以外に多く実施されてきている．

　贈呈される動物はその国の固有種が多く，日本産動物としてはタンチョウ，ニホンカモシカ，ニホンザル，タヌキなどの例がある．そして，中国からはレッサーパンダ，フランソワルトン，ヨウスコウワニなど，オーストラリアからはカンガルー類，コアラ，ウォンバット，ワライカワセミなどをもらっている．稀な種ではパプアニューギニアからアカカザリフウチョウ，朝鮮民主主義人民共和国からキバノロなどがある．しかし，最近は受け入れ動物園の希望により，特に固有種にはこだわらず動物園にとって必要な種を贈られることが多くなっているようである．

　名古屋市東山動植物園の例を紹介すると，名古屋市がロサンゼルス市，シドニー市，メキシコ市，南京市と姉妹友好都市となっているので，これらの都市の動物園と動物交流を行ってきた．特にシドニー市郊外にあるタロンガ動物園とは，1984年にコアラが初めてこの動物園から来園したのが縁で，1996年に姉妹動物園提携を行い，動物交流や職員交流を現在も続けている．タロンガ動物園からはコアラ14頭のほかにウォンバット，ニシローランドゴリラなどが贈られ，東山動植物園からはオーストラリアで初めての飼育となったインドサイ，フランソワルトンを贈っている．

　コアラやゴリラは商業ルートでは手に入らない動物であり，友好関係ならではの寄贈動物といえる．そして贈られた雄のゴリラと当園の雌との間に子供が生まれている．また贈ったインドサイには繁殖相手をアメリカ合衆国の動物園から導入して，繁殖を図っている．このように友好動物が種の保存活動に役立っている例もある．

　また2012年には今までも時々動物交流のあったメキシコ市のチャプルテペック動物園と姉妹動物園提携を結んで今後も動物交流等を実施していく覚書を交わし，2013年にメキシコウサギを贈られて，かわりにタヌキとアカカンガルーを贈った．

　動物贈呈を行う機会としては姉妹都市提携の周年記念事業として行われることが多く，両市関係者，ときには市長が動物交流を行うための調印式に出席することで，友好関係を緊密にしている．

　友好動物はどちらかといえば政治的な政策で贈呈されることから，予算においては動物園単独の事業ではなくその自治体の国際交流事業となり，比較的予算がつきやすい面がある．さらに希少動物の入手については今後さらに商業ルートでの導入が難しくなるため，種の保存計画を遂行するうえでの血液更新を考慮した動物導入方法の1つとして有効で，動物種の選定について動物園側の意向を十分に反映して行うことが望ましい．

　これからの動物園運営で動物の確保は重要な課題であり，特に海外からの導入については難しくなるため，海外の動物園との直接交渉や動物園ネットワークの利用などのほかに，友好動物を大いに活用していくことも重要である．

〔橋川　央〕

5

動物園の飼育管理学

5.1 概　　論

5.1.1 博物館としての動物園

日本では法制度上，動物園は「博物館」の一種ということになっている．実際，博物館法第二十九条の規定に基づいて，その所在する都道府県の教育委員会から，「博物館に相当する施設（博物館相当施設）」の指定を受けている動物園は少なくない．

博物館法第二条によると，博物館の目的は「歴史，芸術，民俗，産業，自然科学等に関する資料を収集し，保管（育成を含む．以下同じ）し，展示して教育的配慮の下に一般公衆の利用に供し，その教養，調査研究，レクリエーション等に資するために必要な事業を行い，あわせてこれらの資料に関する調査研究をすること」である．そして，条文にある「収集」，「保管」，「展示」，「調査研究」の4つは「博物館の四大機能」と称される．このうちの「保管」に「整理」を加え「整理及び保管」という場合もあるが，収集したものを保管するには，それらを分類して体系的に整理しておかないと，保管するうえでも，利用するうえでも不便だからである．また，「展示」に替えて「利用」または「教育普及」という場合もあるが，これは条文中の「利用」，「教育的配慮」を重視する考え方に基づくものであろう．

条文に「保管（育成を含む）」とあるのは，動物園や水族館，植物園のように，収集，展示，調査研究の対象となる資料が生きている動植物（生体）である場合を想定してのことであろう．

この文脈に照らせば，動物園の動物は博物館の「資料」であり，動物の飼育管理とは，その「資料の保管」である，ということができる．

5.1.2 資料の保管

博物館法の定義によれば，美術館も博物館の一種であり，「収集」，「保管」，「展示」，「調査研究」の対象となる「資料」は，おもに絵画や彫刻などの美術品である．レオナルド・ダ・ビンチの作である『モナ・リザ』という絵画を知らない人は少ないだろう．ダ・ビンチが『モナ・リザ』を描いたのは14世紀初頭，およそ500年前といわれている．これがパリのルーブル美術館に所蔵されることとなったのは，フランス革命（1789年）の後だそうだ．その後，一時は盗難にあったり，戦争中に他の安全な場所に避難させたり，他の美術館に貸し出されたこともあったようだが，現在もルーブル美術館に保管され，展示されている．つまり，ルーブル美術館に200年以上もの間，保管されてきたわけである．

さて，動物園の話に戻ろう．先に博物館としての動物園にとっての「資料」は動物であり，動物の飼育管理とは，「資料の保管」である，と述べた．しかし，一般に生きている動物の「個体」は『モナ・リザ』のように200年以上もの間，生存することはできない．一方，『モナ・リザ』は世界で唯一のもので，これが破損したら取り返しがつかない．その複製をつくって展示することはできても，オリジナルな資料としての価値を失う．

ところが資料が動物である場合は，それが生きているものであっても，死んでいるものであっても，「代わりがきく」のである．

ある博物館でアゲハの標本を展示しているうち，褪色し劣化が著しくなって，展示に不適な状態になったとしても，野外でアゲハを採集してきて，それを標本にして取り替えれば，アゲハという「種」の標本を継続的に保持できるのである．同様に，ある動物園で飼育していた最後の1頭のオオカミが死んでしまっても，自然の生息地で代わりの個体を捕獲し，搬入すればよい．それができなくても，そうなる前に繁殖させることができれば，オオカミという「種」を動物園で継続的に保持したことになる．

動物園で実体として扱うのは動物の「個体」であり，現に飼育している「個体」の健康を保持し，その長命を保つということが重要であることはいうまでもない．それができなければ，繁殖は望めないからである．このように考えてみると，実体として扱うことのできる「個体」を「至近資料」，「種」を「究極資料」ということができる．動物園にとって動物は「資料」であり，「飼育管理」はその「保管」にあたると考えるならば，「至近資料」たる個体を健全に保つとともに，それらを数世代にわたって繁殖させ，「究極資料」たる種の維持継続を図ることが重要である．

5.1.3 種の同一性の保持

現在，一般に広く支持されている進化の自然選択説によると，ある環境により適応した個体が，より多くの生存の機会を得て，より多くの子孫を残すと予測され，現存する種は，それぞれの種が生息する環境に最もよく適応した個体の子孫であるとされる．そうだとすれば，動物園に野外で捕獲した数頭のオオカミを搬入し，生息環境とはまったく異なる人工的な飼育環境で，それをもとに長期にわたる累代飼育を行うと，自然選択と類似の作用により，その環境により適応した個体が生存して子孫を残し，結果として動物園の「オオカミ」は，野生のオオカミとは似て非なる動物になってしまう可能性があると考えられる．

現実には，動物園でオオカミを長期にわたって累代飼育していたら，いつの間にかイヌになっていた，という話は聞いたことがない．少なくとも外観上の同一性は保持されているようだ．しかし，詳しく比較してみれば，動物園で柔らかい肉を飽食する環境で数世代を経るうちに，顎の骨が退化して小さくなっているかもしれないし，硬い骨をかみ砕く能力や，飢餓に耐える生理機能を失っているかもしれない．行動のパターンが変わっているかもしれない．それでも，野生のオオカミと動物園の「オオカミ」を見比べてみて，その外観がほとんど変わらず，来園者に区別がつかなければ，問題はないのだろうか？　そうではあるまい．

現代の動物園は，野生動物の種の生息域外保全の場として機能することが求められており，動物園飼育下の個体群は，種の絶滅を回避するための保険である，といわれている．そのためには，累代飼育の過程で起こる非意図的人為選択によって，飼育下個体群が野生のそれと異質なものに変貌してしまっては，保険としての意味がない．将来，それを本来の生息環境に再導入する必要が生じても，その個体群はすでにその環境に最も適応したものではなくなってしまい，自然環境下では生存できなくなっているかもしれないからである．

それでも，生息域外保全のために飼育される種と，そうでない種があるだろう．後者に関しては，少なくとも外観上の同一性が保持されていれば，問題はあるまい．それに外観がすっかり変わってしまうほどになるには，非常に長い年数がかかるはずで，そんなに先のことまで心配することはない，という反論もあるかもしれない．

だが，外観が似ているが質の異なるものを見せておいて，その事実を伏せておくというのは，ま

さに羊頭を掲げて狗肉を売るに等しく，それは人として社会に対する誠意を欠く行為ではないだろうか？　それならばオオカミの剥製を展示すればよい．そのほうが低コスト，省スペースで済み，保管も容易である．また，野生動物の種の一つひとつが，人類共通のかけがえのない自然遺産であるという立場からは，そんな先のことまで心配する必要はない，というのは無責任というものであろう．

動物園の飼育管理とは，非意図的人為選択を避け，種の同一性を可能な限り保持するよう配慮しながら，累代飼育を行うよう努めるということなのである．

5.1.4　生息環境の再現

人工的な飼育環境への適応を避けるには，完璧を期すことは不可能であるにせよ，飼育下で自然の生息環境を可能な限り再現するよう努めることが有効であろう．自然の生息環境には，気候，日長時間，同所的に生息する他の種や植生など，その種の生存に影響を及ぼし得るさまざまな環境要因が含まれる．重要なことは，単に自然の生息環境の「景観」を再現するばかりではなく，そのような環境要因が種の生存にどのような影響を与えているかを考慮し，その「機能」を再現することである．

動物園における飼育管理を「飼育下で自然の生息環境を可能な限り再現するよう努め，種の同一性を可能な限り保持しつつ累代飼育を実現する試み」と定義するならば，家畜の生産性と畜産物の品質の確保向上を主目的とする伝統的な畜産学，獣医学の知識をそのまま適用することはできない．

家畜の生産性と畜産物の品質の確保向上のために開発された家畜用の飼料は，自然環境下に存在し得る動物の食物と比べると，あまりにも栄養価が高く，消化吸収が良すぎる．家畜の育種は，種を遺伝的に変質させ，もとの種とは似て非なる動物を人為的に創り出すことである．家畜の飼育環境の安全衛生管理は，感染や負傷を防ぐために，自然環境下に存在する生物の多様性や非生物的リスクを排除するということである．

したがって，伝統的な畜産学，獣医学の知識を動物園における飼育管理に適用するには「逆転の発想」が必要であり，自然の生息環境を可能な限り再現すべきという要請と，飼育下でそれを行おうとするときに不可避的に生じる畜産学的矛盾や獣医学的リスクとの妥協点を探ることが重要となる．

5.1.5　飼育管理の手法としての安楽殺

動物を繁殖させるということは，当たり前のことだが個体数が増えるということを意味する．動物園の飼育スペースは有限なので，繁殖させたくとも繁殖させた個体を飼育する場所がない，という事態は容易に起こり得る．この問題を解決するために，実際によく行われるのは，いささか無責任と思われるかもしれないが，他の動物園などに引き取ってもらうという方法であり，引き取り手が見つからなければ，繁殖を制限してしまうという方法である．その結果，手元に残ったのは繁殖できなくなった老齢個体だけとなり，その個体が死滅すると，その代わりに同じ種，または異なる種をどこからか調達するということが，動物園の歴史のなかでは繰り返されてきた．しかし，陸生の多くの野生動物 ≒ 絶滅危惧種といっても過言ではない現在，そうした補充収集はほとんどの場合は不可能といってよい．これが現在の動物園の大きな悩みの種なのである．

自然の生息環境では，ある一定の年齢に達した個体の死亡率は高くなる．死亡率と出生率がほぼ均衡していれば，個体数は大きな変動がないままに，世代を重ねていくであろう．出生率が死亡率より高ければ，個体数は世代を重ねるごとに増加していくことが予測されるが，自然の生息環境であっても，そこに生息できる動物の個体数には限

度があり，たとえば食物の不足により若齢個体の死亡率が高くなるなどして，個体数が減っていくであろう．自然の生息環境には，こうした個体数の調節機能がある．

　先に述べたように，動物園における飼育管理を「飼育下で自然の生息環境を可能な限り再現するよう努め，種の同一性を可能な限り保持しつつ累代飼育を実現する試み」と定義するならば，理論的には，この個体数調節機能をも再現する必要がある．具体的には，累代飼育を行うために余剰な個体を安楽殺処分するということである．

　動物園でそんなことをするのは許されるべきでない，と考えるのが社会通念上の常識であろう．それゆえ，飼育管理の手法としての安楽殺の是非は，社会的な反発の強さを恐れて，そもそも議論の俎上に載せることすらタブー視されてきた感がある．しかし，動物園以外で，動物を商業的に繁殖させる場合，我々の目にふれることがないだけで，不必要な個体を安楽殺するということは日常的に行われているはずである．少なくとも動物園の業務に従事する関係者の間では，そろそろ，この問題と真剣に向き合うときに来ているのではないかと思われる．

5.1.6　持続可能な利用と生息域内保全

　もし，博物館としての動物園にとって，動物の補充収集が容易であれば，飼育管理は個体の健康を保持し，長命を保つというだけで十分であったはずだ．動物園と並び称されることの多い水族館では，水槽内での累代飼育は，技術的，経済的に困難ということもあって，ほとんど考慮されず，海産魚のほとんどは補充収集によって種を維持している．水族館における資料の収集というのは，つまりは漁業に近い．展示のために採るのか，食用のために採るのか，その違いだけである．だが，収集の対象となる種を乱獲によって絶滅させてしまっては元も子もない．「昔はトロや蒲焼といううまい食い物があったんじゃが，そのもとになるマグロもウナギも絶滅してしまって，もうお前には食わせてやれんのう」…そんな思い出話を孫に聞かせるような破目になりたくなければ，クロマグロやニホンウナギを絶滅させてしまうわけにはいかない．絶滅のおそれのない範囲で，少しずつ採り続ければ，半永久的に利用可能なはずだからである．これを持続可能な利用という．

　「種」が，動物園の扱う「究極資料」であると考えるならば，その「保管」は動物園の内部で完結するものではない．それは収集の対象となる種の持続可能な利用を図るということであり，論理的必然として，野生動物の生息域内保全に積極的に貢献するということは，もともと動物園の重要な機能だったのである．だが，動物園はそれに気づくのが遅すぎたのかもしれないし，予想以上に自然環境の破壊が急速に進みすぎたのかもしれない．種の絶滅のおそれのない範囲で，展示用の個体を継続的に採集・捕獲するということができる状況ではなくなってしまった．

　だが，今からでもできることはあるはずだ．自然の生息環境に存続している野生個体群と，動物園で飼育されている個体群とを，1つの一体的な種個体群として捉え，包括的な管理を行い，野生個体群と飼育下個体群との間に個体の交流を図ることができれば，少なくとも動物園での累代飼育を実現するうえでの余剰個体の処理に係る倫理的問題を回避できる可能性がある．いまや，動物園における「飼育管理」は，動物園内にとどまるものでなく，地球規模での包括的な種の生存を図るということなのである．　　　　〔堀　秀正〕

5.2　各　　論

5.2.1　動物の栄養

a．動物栄養学の目的と基礎

　動物栄養学の目的は，特定の動物の生存活動に必要な栄養素の要求量を求め，それらを充足するために何をどれだけ飼料として与えるかを決める

ことである.しかし動物の種類によって栄養素の要求量は異なる.ウシやブタなどの生産家畜では,より効率的な増体や産乳などの生産性を達成することを目的として,それに見合った要求量が求められる.しかし人や伴侶動物では,多くの場合,健康で長命につながり,かつ食事として楽しめる栄養を目指すことになる.動物園動物では,エンリッチメントを豊かにして野生に近い状態を目指すとしても,栄養条件を飢餓状態や捕食動物への脅威ストレスまでも含めて再現することはありえない.むしろ動物を人に慣れさせることや展示の効果等を考慮して,伴侶動物に近い考え方で臨む場合が多いと考えられるが,それも注意を怠ると過肥や種々の代謝性障害につながる.ところで動物園動物,あるいは野生動物の栄養学における最大の問題点は,その圧倒的な動物種の多さに由来する栄養学的多様性と各動物の希少性や飼育困難性に由来する基礎的なデータの欠如にある.そうはいっても細胞レベルでの栄養素の代謝・利用に関しては動物種に関係なく同一であることから,栄養学的に共通な面と,特異的な面とを分けて議論を進めていくのが妥当といえよう.本章では最初にすべての動物に共通な栄養学の基礎を簡単に解説し,次に動物間の消化システムの違いを,特に多様性が著しい草食哺乳動物を中心にその特徴を概説し,最後に生産家畜の栄養学を参考にしながら動物園動物の栄養管理において今後進んで行くべき方向を示唆する.

動物の栄養素利用は,ウサギの筋肉組織やユーカリの葉といった多様で特異的な食物を,グルコースやグルタミン酸といった少数の非特異的な栄養素に分解して細胞内に取り込み,それをさらにライオンの前肢筋のアクチン・ミオシン間スライドやコアラの爪ケラチンタンパク質といった特異的な運動や物質に変換する過程である.この中間の非特異的物質代謝はすべての動物細胞で共通であり,代表的なものとして以下のものがあげられる.①吸収されたグルコースは,細胞質内の解糖系でピルビン酸まで酸化された後,ミトコンドリア内のTCA回路および電子伝達系により二酸化炭素と水に分解され,その過程でグルコース1molあたり理論上36molのATPを合成する.②酸化されない過剰な糖類は,TCA回路でクエン酸に合成されたのち細胞質内でアセチル-CoAとオキサロ酢酸に解裂し,アセチル-CoAはNADPHの還元力を利用して脂肪酸に合成され,中性脂肪として脂肪組織等に貯蔵される.③トランスファーRNAにアミノ酸が特異的に結合した複合体(アミノアシルt-RNA)は,粗面小胞体上のリボソームにおいて移動してきたメッセンジャーRNAのコドン配列に従って配置されたのち,隣接するアミノ酸が分離・重合してタンパク質を合成する.これらの反応はすべての動物に共通であるが,組織や細胞内での代謝でも動物種によって特異的なものがある.たとえばタンパク質の分解(脱アミノ反応)によって産生されたアンモニアの排泄は,魚類等では皮膚から直接アンモニアとして水中に分泌される.陸生動物では有害性の低い尿素や尿酸に変換して排泄されるが,特に卵生動物は卵内で濃度が高まらないように溶解度の低い尿酸として排泄するものが主流となる.

ところで草食動物には他の動物ではみられないきわめて特徴的なエネルギー利用様式があげられる.草食動物では植物飼料中の繊維成分は消化管内に共生する微生物の働きによって嫌気的に分解されるが,産生されるのはグルコースなどの糖類ではなく,酢酸,プロピオン酸および酪酸を中心とする揮発性脂肪酸(volatile fatty acids:VFA)や有機酸である.消化管壁から直接吸収されたこれらの酸のうち,酢酸と酪酸(β-ヒドロキシ酪酸)はアセチル-CoAとしてTCA回路で酸化利用されるが,プロピオン酸はサクシニル-CoAとしてTCA回路に入った後,一部は酸化されることなく解糖系を遡ってグルコースの産生へとつながる(糖新生).VFAは動物にとって重要なエネルギー源であるが,グルコースも脳神経で利用

されるなど相当量が必要となるため，糖新生は草食動物にとってはきわめて重要な反応経路となる．これらの特徴は，草食動物に特異的というより，草食動物に対して著しく強化・多用されるシステムと考えられる．

b. 草食哺乳動物における消化管システムの多様性

草食動物は上述するように，本来は消化できない植物中繊維成分（セルロースやヘミセルロース）を，消化管内微生物と共生することで利用している．しかし繊維成分の消化には相対的に時間がかかるため，消化に要する滞留時間をいかに確保するかがポイントとなる．その方法としては，①消化管を長くする，②消化管内に襞（ひだ）などの障壁を設けて移動速度を遅くする，③消化管内容物を一時的に留置するための盲嚢を設ける，などが考えられる．動物が進化の過程でどの方法を採用したかは，採食する植物の存在様式や体のサイズ，および競合相手の存在等が影響要因として考えられる．

草食動物の消化管システムは，採食した食物を貯留し，消化管内微生物による分解が活発に行われる発酵槽がどこにあるかによって大きく2つに分けることができる．宿主動物自身が消化・吸収を行っている腺胃や小腸より前に発酵槽をもつグループを前胃発酵動物，後にもつグループを後腸発酵動物という．

前胃発酵動物である反芻動物は最も草食に適応したグループである．彼らの胃は高度に発達し，4つに隔室化されている．第一胃（ルーメン）と第二胃はまとめて反芻胃ともいい（狭義；4つの胃からなるシステムそのものを「反芻胃」と称することもある），繊維消化の中心となる発酵槽にあたる．第四胃は単胃動物の胃と同じ機能を有し，ペプシンや塩酸を分泌する腺胃である．反芻動物は採食した食物をまず反芻胃に貯留し，時間をかけて反芻と微生物分解によって飼料片を微細化する．第三胃には篩（ふるい）の役割があると考えられており，微細化された飼料片のみが下部消化管へ流れていく．この仕組みにより反芻動物は滞留時間の確保に成功し，その結果，繊維成分の消化率も高くなるが，一方，反芻胃から飼料片が流出しにくいために採食量は制限されるというデメリットももつ．

ウマは代表的な大型の後腸発酵動物で，盲結腸発酵動物である．主たる発酵槽は大きく発達した結腸であり，活発に繊維分解を行う．構造上，飼料片は微細化されなくても通過できるため，滞留時間および繊維消化性は反芻動物には及ばないが，採食量は制限されない．一方，ウサギに代表される小型の後腸発酵動物は，結腸において易消化性の成分や微生物などを選択的に分離し，盲腸に送り込み，そこで微生物発酵を行う．難分解性の成分はあまり留置されることなく排泄されるため，繊維消化率は低くなる．

いずれの種においても消化管内微生物による植物繊維の分解利用は，酸素不在化の嫌気発酵が条件となる．酸素呼吸ではエネルギー基質はすべて二酸化炭素となってしまうが，嫌気発酵では基質の8～9割がVFAとして宿主動物のエネルギー源として残される．また嫌気発酵では酸化還元のバランスをとるために電子受容反応との共役が必要となるが，嫌気度の高い反芻胃ではメタン産生反応が主流となる．メタンは温室効果ガスとして近年削減が求められているものの，反芻胃内の正常な発酵維持のためには必要な反応である．また嫌気度の比較的低い後腸では硫酸還元や硝酸還元反応などが行われている．なお反芻動物など前胃発酵を行う動物では，そこで増殖した微生物は，下部消化管に流出して動物宿主に対する良質なタンパク質源となる．しかし後腸発酵動物では糞中に出てしまうため，食糞習性をもたない限り，消化管内微生物のタンパク質源としての利用は不可能である．

c. 動物園動物の栄養管理

動物の栄養管理には，どの栄養素がどれだけ必

要か（栄養素要求量）を推定し，そのためにはどういった飼料をどれだけ給与するか（栄養素供給量）を求めることが最重要課題となる．動物に必要な栄養素として，主要なものから微量なものまでいくつかあげられるが，通常はエネルギー成分，タンパク質，アミノ酸，主要ミネラル，微量ミネラルおよびビタミンといった量的に大きなものから考慮するのが一般的である．また近年，健康の維持に有用な抗酸化成分や共役リノール酸・ω-3系脂肪酸，あるいはプレ・プロバイオティクス成分といった機能性成分の重要性も明らかになりつつある．しかしどんなに栄養価が高くても採食されなくては飼料価値は低い．飼料の採食性には，短期的に嗜好性が良いもの（食いつきが良い）と長期的に一定量を継続して摂取するもの（食い込みが良い）の二面があるが，動物の飼料としては後者がより重要となる．

　動物の栄養素の要求量を，生産家畜の推定方法に準じて行うとすれば，まず維持と生産に分けて考える．何も生産していない状態（乳，肉，卵，皮毛などのほか，妊娠や使役に要するものも生産として考える）で，体重が維持されている状態を維持と考える．ところで動物が生きていくのに最低限必要なエネルギー要求量を基礎代謝量（BMR）または維持の正味エネルギー量（NEm）といい，通常は絶食時の発熱量で推定する．動物の基礎代謝量はネズミからゾウまで動物のサイズに関係なく，代謝体重（体重の4分の3乗）1 kgあたり約70 kcalという共通の値を示すが，コアラやナマケモノなど，基礎代謝量を低下させることを生存競争の戦略として採用しているものも一部存在する．基礎代謝量は絶食時謝量であるため，この量のエネルギー供給では確実に体重が低下する．絶食時から飼料を増給していって日常の活動範囲内で体重が増減しない状態を維持とし，舎飼い家畜などの運動量の低い動物では通常，基礎代謝量の4～6割増し程度であるが，放牧動物や野生動物などでは基礎代謝量の2倍超となる場合もある．放牧牛では1日あたりの水平および垂直の移動距離から運動量を含んだ維持要求量を推定する式が利用可能であるが，その他の動物では同様に利用できるデータの蓄積が少ない．また生産に対する要求量も，たとえば乳量がうまく測定できないこと（子に飲まれてしまっている）や増体成分の測定が困難なこと（脂肪含量が増えれば単位増体量あたりのエネルギー要求量は増える）など，生産家畜以外では正確な推定が困難な場合が多い．中型～大型動物の発熱量を正確に測定するには，専用施設内で酸素と二酸化炭素の出納を求める呼吸試験を実施する必要があるが，動物園動物に適用するのは予算や馴致の面からも困難である．そこで動物園動物では，日常的に体重を測定することで維持状態を把握することが基本となる．ただしストレスをかけずに体重を測定するには，日常の行動経路内（たとえば給飼場もしくはそこへの通路等）に体重計を設置するなどの工夫が必要となろう．

　ところで動物は摂取したものがすべて消化・吸収されて動物体内で代謝されるわけではない．エネルギーに関していえば，糞や尿中に排泄されるものは利用されなかったエネルギーである．また草食動物では消化管内で発生するメタン等の発酵ガスも無視できない量となる．これら利用できない飼料中栄養素のなかでも最も大きく変動するのが糞中への排出量である．摂取した飼料量（もしくは摂取成分量）から糞量（もしくは糞中成分量）を引いて摂取飼料量（もしくは摂取成分量）で割った値を飼料消化率（もしくは成分消化率）という．特に草食動物では飼料消化率が植物の種類や生育ステージによって大きく変わるため，給与した飼料の消化率は大まかにでも押さえておく必要がある．上述した栄養素の要求量は通常，動物体内で吸収された量として表現されるため，飼料からの栄養素供給量を求めるためには，要求量をその栄養素消化率で割る必要がある．飼料の消化率を測定するには一定期間の排泄糞を全量採

取・測定する方法と，摂取飼料および糞中の不消化成分をマーカーとして用いる方法があるが，どちらも摂取飼料の把握が条件となる．摂取飼料は給与飼料から残飼を差し引いたものであり，かつ水分は除外して表すこと（すなわち乾物）を理解すべきである．

　動物園動物の栄養管理を生産家畜と同等レベルに引き上げるには幾多の困難があるものの，少なくとも上述した体重管理の徹底と飼料消化率の把握により，栄養素の要求量と供給量の概念を頭に入れることが第一歩となろう．

〔梶川　博・浅野早苗〕

5.2.2　動物園動物の個体管理

a.　「動物園動物の個体管理」とは

　「個体管理」という言葉は，一般には誤解を招きやすい言葉かもしれない．動物園で扱う動物の基礎単位は「個体」であり，それを「管理」するということは，要するに「飼育管理」ということではないか，それとどう違うのか，と疑問をもつのが普通であろう．しかし，ここでいう「個体管理」というのは，動物園で飼育されている動物を，種ごとに，1頭ずつ個体識別し，個体ごとに個体情報を記録し，その個体情報を保存，管理して，飼育管理や展示のための利用に供することをいう．

　概論において，博物館の四大機能の1つが資料の「保管」であり，動物園にあってそれは「飼育管理」に当たり，「保管」のためには，それらを分類して体系的に整理しておかないと，保管するうえでも，利用するうえでも不便である，と述べられているが，「動物園動物の個体管理」とは，すなわち「資料の整理」にあたるものと考えることができる．

b.　種の同定

　博物館において，展示している資料がいったい何なのか，それを表示できなければ話にならない．動物園で展示されている動物であっても同じことである．ある動物の個体が，何という種に属するのかを判定することを種の同定というが，この基本的に重要なことに，残念ながらかつての動物園はきわめて無頓着であった．

　現在でも，分類学の知識を有している動物園職員は非常に少ない．これは博物館としての動物園が抱えている致命的といってよい弱点であり，この問題とどう対処するかは，これからの動物園にとっての最重要課題の1つである．本書を手に取る読者のなかには，将来は動物園で働きたいと考えている学生諸君も少なくないと思われるが，そのような読者には，ぜひ分類学をしっかり学ぶことを推奨したい．それは博物館としての動物園にとって絶対に欠かすことのできない，きわめて重要な基礎学だからである．

c.　個体識別

　個体識別の方法については，ほかにいくつかの成書で詳しく述べられているので，ここでは概略のみを紹介しよう．1つは，個体ごとに異なる外観上の特徴，すなわち人間にとっての「顔」にあたる特徴を探し，記憶（記録）する方法である．

　シマウマやトラのように，体に縞がある動物では，個体ごとにパターンが異なる部位（キー・エ

図5.1　シマウマの模様パターンのキー・エリア（丸で囲まれた部分）

リア）がある（図5.1）ので，それを探し出して記録することによって個体識別を行う．毛が抜けているとか，傷があるとか，他の個体と比べて体が特に大きいとかの目立った特徴も個体識別の役に立つが，それらの特徴は一過性もしくは相対的のものなので注意が必要である．毛が抜けているとか，傷があるとかいうのは，回復してしまえばわからなくなるし，体の大きさも他の個体との比較をしなければわからない．外観上の特徴による個体識別は，人間の指紋のように個体ごとに異なっていて，しかも生涯変わらないという特徴を見つけ出して，それを手がかりにして行うことが必要とされる．また，その動物の飼育管理に従事する者の記憶だけに頼るのではなく，誰が見てもわかるように，キー・エリアを写真に撮るとか，図に描くとかの方法で記録しておくことが望ましい．

外観上の個体差が少ないとか，識別しなければならない個体数が多い場合は，動物の体に標識をつける．人間でも，会社員などが首から顔写真と氏名が記載されたIDカードを首にぶら下げているのを見かけるが，要はそれと同じである．鳥類の場合には，離れた所からでも外観で容易に見分けることができるように，鮮やかな色のついたカラーリング（図5.2）を用いられるのが一般的であり，哺乳類の場合には，ピアスのように耳につ

図5.3 耳標

ける「耳標」（図5.3）を用いることもある．しかし，耳標を用いることのできる動物は限られている．前肢を器用に動かせる動物（たとえばサル類）では，自分で取り外してしまうこともあるし，有蹄類でも，同居している他の個体がくわえたりかじったりして外れてしまうこともあるからだ．鳥類のカラーリングも，素材によっては劣化して外れてしまうこともあるし，褪色して見分けがつかなくなることもある．

そこで鳥類にも哺乳類にも適用でき，管理上の有効性が高い方法として，マイクロチップによる個体識別が普及している．マイクロチップにはいくつかの異なる規格があるが，日本の動物園で広く使用されているのは，アメリカ・トローバン社製のトランスポンダーというもので，「トローバン」がマイクロチップの代名詞となっている．

トランスポンダーは数字とアルファベットの文字を組み合わせた唯一無二の識別コードを記憶させたICとコンデンサおよび電磁コイルが，特殊な生体適合ガラスに封入されたもので，直径2.2 mm，長さ11 mmのマイクロチップである．これがあらかじめ太い注射針の中に充填されており，インプランターという器具を用いて，注射するような要領で動物の皮下，筋肉内または体腔内に埋め込む．

識別コードの読み取りは，リーダーにより電磁波をチップの埋め込み部位に照射することによっ

図5.2 カラーリング

て行なう．この電磁波の作用で，チップ内のコイルに電磁誘導による電流が発生してICを起動させ，ICが発信するデータをリーダーで受信して，ディスプレイにデジタル表示させる仕組みである．ただし，リーダーによる識別コードの読み取り可能距離は最大で20 cmなので，動物を捕獲するか，近寄らなければ個体識別ができないし，外観による識別はもちろん不可能なので，実際には外観で識別可能な他の方法と組み合わせて用いられることが多い．

d. 個体情報の記録

個体識別ができたら，個体ごとに個体情報を記録する．それはしばしば，人間の「戸籍」や「住民登録」にたとえられる．おもな記録事項は以下のようなものである．

①種名：その動物の種の名称．標準和名のほか，学名と英名を併記する．

②個体識別情報：個体識別の手がかりとなる情報．足環や耳標の色や位置，番号や記号，マイクロチップの識別番号など．

③性別：去勢や避妊をしている場合はそれを併記．

④繁殖年月日および転入年月日：その個体が生まれた年月日．他の動物園等から転入した場合はその年月日．

⑤出生地および転入元：その個体が生まれた場所．他の動物園等から転入した場合は，その場所．

⑥両親の個体識別情報：その個体の両親を特定するための手がかりとなる情報．足環や耳標の色や位置，番号や記号，マイクロチップの識別番号など．

⑦死亡年月日または転出年月日：その個体が死亡した年月日．生存中に他の動物園等に転出した場合はその年月日．

⑧死因または転出先：死亡した場合の死因，生存中に他の動物園等に転出した場合はその行き先．

e. 記録の整理とデータの標準化

これらの記録を一元的に集約して整理し，保存することによって，その情報に価値が生まれる．記録を整理する方法としては，個体ごとに1枚の「個体カード」を作成し，このカードに整理番号（個体番号）をつけて種ごとに分類整理する方法が一般的である．以前は紙のカードを用いることが普通だったが，現在ではコンピュータのデータベースソフトを用いる方法も普及しており，個々の動物園で市販のソフトを用いて，独自のデータベースを構築している例もある．

情報を文字で記録する場合，同じ内容を表す複数の表記方法がある．たとえば，性別の表記1つをとっても，漢字やカタカナ，ひらがな，記号（♂，♀），略号（英語のMale，Femaleの頭文字を採った「M」，「F」など）で表記できる．これをデータ表記の「あいまいさ」という．こうしたデータ表記の「あいまいさ」は，紙のカードを用いたシステムで，人間がカードを繰って検索する場合，あまり問題にならない．性別の表記が漢字でもカタカナでも記号でも，メスならメスと認識できるからである．しかし，カードの枚数が多いと，検索にかかる労力は馬鹿にならない．

コンピュータを使用する利点は，データ検索が素早くできるところにあるが，コンピュータは，こうした「あいまいさ」に弱いので，注意が必要である．近年は「あいまい検索」機能を有するソフトもあるが，コンピュータのデータ処理システムの基本原理はYesかNoかのアルゴリズムなので，それを活用するにはデータを記録する際の表示方法をできるだけ標準化したほうがよい．特に情報の伝達の場合に注意を要する．たとえば，鳥に識別番号を刻印した金属製の足環をつける場合を例にとろう．

足環に刻印されている文字が「T-0001」であったとする．その番号を読み上げてから，鳥に足環をつける者と，傍らでそれを聞いて，メモを取る者とで作業を分担したときに，足環をつける者

が，その番号を「ティー・ゼロゼロゼロイチ」と発音し，メモをとる者がこれを聞いて「T0001」と記録し，データベースの管理者がそのメモを見て，記載通りに「T0001」と入力してしまえば，実際の足環の表記と記録上の表記が違ってしまう．数年後，その足環をつけた個体が死んでしまったとき，その個体の繁殖年月日を確認して，生存期間を調べるためにデータベースを検索したとしよう．回収された死体から外した足環の表記に従って，検索語として「T-0001」と入力しても，目指す個体はヒットしないということが起こり得る．一度入力したデータの訂正は非常に時間と労力を要する作業なので，新規にデータ入力するときだけでなく，コンピュータの普及する以前にカードに記載されていた過去の情報をデータベースに移し替えるときにも，十分な注意が必要である．

f. データベースの価値

個体情報が一元的に集約，整理され，保存されているデータベースは，正確な情報が多ければ多いほど，その価値が高まる．動物の飼育管理に従事する者は，その重要性を十分に認識し，日々の業務のなかで，必要な情報を得るよう努めなければならず，それを正確に記録し，伝達することに努めなければならない．それは日常の業務のなかでは，非常に煩わしいことかもしれないが，地道に確実にそれを積み重ねることが，博物館としての動物園にとっての知的財産をつくるための重要な営為であるという認識が必要である．

〔堀　秀正〕

5.2.3　動物園における展示動物の遺伝管理

動物園は「生きている動物（主として野生動物）を飼育して，来園者に展示する博物館」と定義されている．展示動物は「標本」であるから，採集した時の状態を可能なかぎり変化させずに保存することが望ましい．しかし生きている動物は加齢により老化し，やがて死を迎える．新しい個体を野生の集団から収奪することは，自然保護・環境保全の視点から（ことに絶滅が危惧される稀少動物の場合）避けなければならないので，これからの動物園は飼育している個体群を上手に繁殖させて「種（species）」として保存することが必要である．このことは動物種のライフサイクルのすべてを展示することにもなるので，博物館としての目的にもかなっている．

ただし展示動物は産業動物（家畜）とは違って，その遺伝的改良などは求められていないから，その遺伝管理の目的は「飼育動物のもっている遺伝的多様性を失わぬこと」が中心になる．本項では動物園において展示動物を繁殖させる際に留意すべき育種学的問題点について，可能な限り具体例をあげて解説する．

a. 交配の型

動物の交配法には，無作為交配（random breeding）と作為交配（nonrandom breeding）がある．無作為交配とは雌雄がまったく偶然のチャンスによって巡り会い，かつ集団のすべての個体が平等に繁殖にかかわるような交配法である．動物園のサル山の群の繁殖は，人間の作為は入っておらずサル達の自由意志に任されているが，群には順位があり上位の個体が繁殖の機会を多くもつし，交配相手の決定にも偶然以外の要因が入っているので無作為交配とはいえない．無作為交配は交配相手の決定をくじ引きやサイコロで決める交配法で，次に述べる作為交配の対照という意味をもつ交配法である．

作為交配は雌雄間の血縁関係によって外交配（outbreeding）と内交配（inbreeding）に分けられる．外交配とは交配にかかわる雌雄が別々の繁殖集団に属する交配で，その特色は第一に，集団にそれまでなかった遺伝子が導入され，新しい遺伝形質が付与されること，第二に，対立遺伝子間のヘテロ性が高まり，雑種強勢（hybrid vigor, heterosis）という現象がみられることである．

種間よりさらに遠縁の属（genus）間でも雑種

ができることもある．農用動物の例としてはバリケン *Cairina moschata* とマガモ *Anas platyrhynchos* の交配で生産された一代雑種をドバン（土蕃）と呼んで，肉用家禽として利用している．

動物園における属間雑種としてはイギリスのチェスター動物園で1978年にアフリカゾウ *Loxodonta africana* 雄とアジアゾウ *Elephas maximus* 雌の雑種が生まれた例が有名だが，生後11日で死亡している．解剖の結果，先天的な重い腸の障害があった．多摩動物公園では1966年に，混合飼育していた2種のクマ，ナマケグマ *Melursus ursinus* 雄とマレーグマ *Helarctos malayanus* 雌の間に雄の子が生まれている．子はてんかんの持病があったが成長し，毛色・体型など外貌はマレーグマに似てきたという．

種間雑種の農用動物としてはウマ *Equus caballus* の雌にロバ *E. assinus* の雄を交配したラバ（騾馬）が耐久力の強い役用家畜として使役されている．動物園の展示動物でも種間雑種はしばしば作られており，一時期には人気のある猛獣の種間雑種を見せ物として客寄せに利用する動きさえみられた．ライオン *Panthera leo* とトラ *P. tigris* 間では正逆いずれの交配でも子が生まれるが，ライオンを父親としたライガー（liger）の方がタイゴン（tigon）より例が多い．種間雑種は通常繁殖能力を欠いているが，哺乳類では雌の個体に繁殖力をもつものが生まれる．宇都宮動物園では，東南アジアから輸入されたライガー（雌）をライオンの雄と同居展示していたところ，3回繁殖し，初産は死産，2産目は乳仔期に若齢死したが，3度目に生まれた雄は10歳まで同園に飼育展示されたという（園長談，図5.4）．

外交配に対して内交配というのは血縁関係の近い品種内の個体どうしあるいは系統内の個体どうしの交配で，一番極端なケースが近親（親と子，祖父母と孫，全兄弟，半兄弟など）間の近親交配（incest-breeding）である．近親交配の特徴は，遺伝子型の似通った個体どうしの交配なので，遺伝子頻度の低い劣性遺伝子のホモ接合体の出現比率が非常に高くなることである．上野動物園で1967年に，全身褐色の無斑のキリン（雌）が生まれた．父親はウガンダキリン *Giraffa camelopardalis rothchildi* のタカオ，母親はタカオの娘ネック（タカオとナイジェリアキリン *G. c. peralta* の雌ミナミの間に生まれた亜種間雑種）であった．つまり父娘間の親子交配で生まれた個体に現れた毛色変異で，同様な無斑の妹が1972年に生まれている．おそらく遺伝子に突然変異が起こったのはタカオかその先祖の1個体で，劣性因子であったために表現型に現れず隠されていたものがタカオとネックという近親交配の結果，ホモ接合体が生まれたものであろう．単純劣性因子に支配されている遺伝形質は，この例のように近親交配によって表現型の出現率が高まるので，致死遺伝子を隠しもっている繁殖集団では近親交配によって繁殖率が低下することはしばしば起こる．

また致死遺伝子のような極端な例でなくても，近親交配を重ねるとすべての遺伝子座において対立遺伝子のホモ化が進み，その結果，環境への適応力が低下して生存力が弱くなる．これを近交劣化もしくは近交弱勢（inbreeding depression）という．動物園の展示動物の場合，群の大きさには限りがあり，繁殖集団の数は小さくなる．その場合1つの動物園の中だけで対応することは困難なので，他園との協力が必要となり，ときには国際交流も考えなければならなくなる．近年，希少動

図5.4 ライガー（♀）×ライオン（♂）の幼獣

表5.1 有蹄獣における近交の若齢死亡率への影響 [Ralls, *et al.*, 1979]

動物種	非近交			近交			差の有意性
	例数	6ヶ月以内死亡	死亡率 (%)	例数	6ヶ月以内死亡	死亡率 (%)	
インドゾウ	13	2	15.4	6	4	66.7	+
グラントシマウマ	27	7	25.9	5	2	40.0	+
コビトカバ	184	45	24.5	51	28	54.9	+
キョン	22	4	18.2	18	6	33.3	+
ターミンジカ	17	4	23.5	7	7	100.0	+
シフゾウ	17	2	11.8	19	3	15.8	+
トナカイ	29	10	34.5	21	12	57.1	+
キリン	14	3	21.4	5	3	60.0	+
クーズー	14	4	28.6	11	3	27.3	−
シタツンガ	16	1	6.3	59	28	47.5	+
セーブルアンテロープ	22	4	18.2	11	7	63.6	+
シロオリックス	37	2	5.4	5	5	100.0	+
ウシカモシカ	7	1	14.3	41	12	29.3	+
ディクディク	17	7	41.2	15	8	53.3	+
ドルカスガゼル	50	14	28.0	42	25	59.5	+
ニホンカモシカ	73	21	28.8	62	35	56.5	+

物の繁殖においてブリーディング・ローン (breeding loan) という繁殖個体の貸し借りが盛んに行われているのはこのためである.

ロールスら (Ralls *et al.*, 1979) はカバなど16種の有蹄獣について近交系の集団と非近交の集団の若齢死亡率を比較して表5.1のような結果を報告している.

近親交配の程度は，両親の共通祖先のもっていた1個の遺伝子が父方・母方の双方の経路を通って子孫の体で巡り合う確率を示す「近交係数」で見積もられる (5.2.4項参照).

b. 遺伝的多様性を保つために注意すべき諸点

(1) 世代間隔

遺伝的多様性の喪失は世代を重ねるごとに起こる. 寿命の短い種は長い種に比べて一定期間に多くの世代を重ねるので，そのスピードが速い. そのうえ, 多様性の維持のため多数の個体を飼育する必要がある. コンウェイ (Conway, 1986) は, 世代間隔が0.75年の寿命が短いシマクサマウス (*Lemniscomys barbarus*) の方が, 世代間隔10年のアラビアオリックス *Oryx leucoryx* よりも時間単位で計ると保全に経費がかかると試算している.

(2) 繁殖集団の有効な大きさ

家畜をはじめ飼育動物では，一般に雄の数が雌に比べてはるかに少ない. このような集団ではいかに無作為交配を行っても，同じ大きさの雌雄同数の集団よりも遺伝的多様性の喪失は早くなる. その集団を理想的な条件下の集団と比較して，どの程度の大きさであるかを示すのが集団の有効な大きさ (effective population size) と呼ばれる数値で, 次の式から算出される.

$$N_e = \frac{4 N_m N_f}{N_m + N_f}$$

ここで, N_e：集団の有効な大きさ, N_m：毎世代の雄の数, N_f：毎世代の雌の数, である. この式からもわかるように，集団の有効な大きさは数の少ない方の性によるところが大きく，極端な場合，多数の雌と1頭の雄の集団では4に近くなる.

1981年4月にロンドン動物学協会から多摩動物公園へ贈られたモウコノウマ *Equus przewalskii* のケースでは，1978年にロンドン動物学協会に贈ったインドサイとの交換動物として，当初の契約ではモウコノウマ雄1・雌2の計3頭の予定であった. しかし協会が, アジア地区に唯一の繁殖集団となる日本の群は5頭以上でなければな

らないとして最小単位の5頭を送ってきたので，3頭のつもりで受け入れ準備をしていた多摩動物公園では収容施設や輸送費の予算など対応に苦労したと記録に残されている．

(3) 基礎個体の血縁占有度

ある集団におけるそれぞれの基礎個体に由来する遺伝子の割合を血縁占有度（representation of founders）という．基礎個体群の保持していた遺伝的多様性を子孫の代まで減らさずに維持していくためには，それぞれの個体の近交度を高くしないように努めるとともに，基礎個体それぞれの後代への貢献度をなるべく均等にすることも重要である．言い換えれば，繁殖計画を立てるうえで血縁占有度を出来る限り同じにすることが目標となる．そのため飼育可能な頭数に上限のある場合には繁殖成績の良い個体の繁殖を制限しなければならないケースもある．たとえば現在，日本の動物園のカバ集団には上野動物園の「デカオ」や名古屋・東山動植物園の「重吉」「福子」の遺伝子が多く伝わっており，その他の基礎個体の繁殖を高めることが望まれる．

$$\text{基礎個体 } X \text{ の血縁占有度（％）} = \frac{\text{集団中の各個体に伝えられている基礎個体} X \text{の遺伝子の比率（％）の合計}}{100 \times \text{集団の個体数}}$$

（注：X の遺伝子は子には50％，孫には25％伝わっている．親子交配が行われた場合の孫には75％伝わっているものと考える．）

動物園が展示動物を長期間，世代を重ねながら飼育し続けるためには，以上述べたような育種学的配慮が必要となるが，その際に難しいのは「純粋性の保持」と「近交劣化の排除」との兼ね合いをどうつけるかの判断である．展示動物の純粋性の保持には内交配を重ねる必要があるが，その場合には基礎集団にこだわると近交劣化の弊害を招きかねない．

基礎集団のもつ遺伝的多様性の保持には育種学的配慮とともに，繁殖学の分野の技術の応用，特に人工授精と凍結精液による精液長期保存などは非常に有効である．

このほか群飼育をしている動物においては父系の確定を行うことが血統管理上重要であるが，今後はDNA検定による確認の努力も動物園に要求されることになるだろう． 〔正田陽一〕

文　献

Asakura, S. (1969): *Int. Zoo Yearbook*, **9**：88.
Conway, W. (1986): *Int. Zoo Yearbook*, **24/25**：210-219.
正田陽一（1967）：どうぶつと動物園, **19**（12）：404-405.
Ralls, K., Brugger, K., Ballou, J. (1979): *Science*, **206**：1101-1103.

5.2.4　動物園での飼育個体群の遺伝的管理

個体数が少ないと，累代を重ねるうちにすべての個体間で何らかの血縁関係が生じてしまうため，近親交配を避けることは難しい．新規個体の導入が困難なため，少数個体で長期間にわたって交配しながら飼育個体群が維持されている動物園でも例外ではない．この項では，このような条件

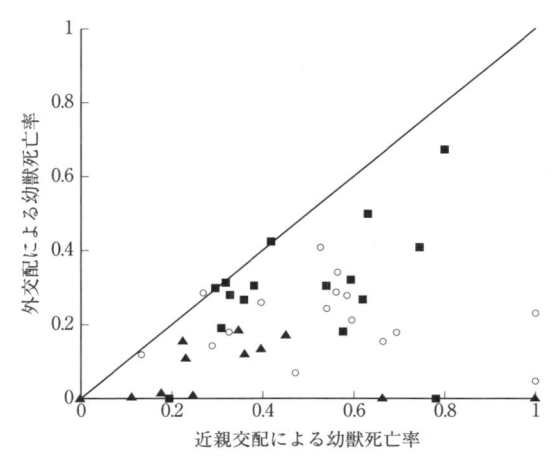

図5.5　飼育下の哺乳類44個体群における近親交配と外交配の幼獣死亡率の関係［Ralls & Ballou, 1983］
■：サル目，○：有蹄類，▲：小型哺乳類．45°の直線より下にプロットが分布しているということは，近親交配による幼獣の死亡率が高いことを示している．

下で生じる遺伝学的な問題について解説し，飼育個体群の管理手法について紹介する．近親交配により，ウシやブタなどの家畜では，産仔数の減少（減少率8〜18％）や幼獣の体重減少（同9〜11％）などが，ニワトリやシチメンチョウなどの家禽では，繁殖率や雛の生存率の減少（同26〜38％），産卵数の減少（同10％），および，体重減少（同10％）が起こることが報告されている（Frankham et al., 2002）．このような飼育集団内において血縁個体間での近親交配を繰り返したために生じる適応度の減少のことを，近交弱勢とよんでいる．近交弱勢は，動物園で累代飼育されている哺乳類でも報告されている．動物園で繁殖した哺乳類44種において幼獣の生存率を比べてみたところ，41種で近親交配の幼獣死亡率が外交配の幼獣より高く，40個体群の平均で近親交配により幼獣死亡率が33％も高くなっていた（図5.5）．初期の近交弱勢に関する研究は，家畜の系統選抜や動物園での飼育下繁殖に基づいて行われていたが，最近は野外でも，鳥類では卵の孵化率や雛の生存率の減少が，哺乳類では幼獣の生存率の減少や繁殖成功率の減少などの近交弱勢の事例が報告され始めている（Keller & Waller, 2002）．

まず，近親交配によって近交弱勢が生じるメカニズムについて説明する．哺乳類や鳥類など，有性生殖をする動物では，両親から1個ずつ配偶子を受け取り，1個体は1組（2個）の相同遺伝子をもっている．もし，近親交配が生じると，共通の祖先に由来したまったく同じ遺伝子を両親から受け取る可能性が生じる．すなわち，近親交配によって生まれた仔は，両親に血縁がない場合に比べて，多くの遺伝子座においてホモ接合となる可能性が大きくなり，近親交配を重ねるにつれて，ヘテロ接合はどんどん減少する．ほとんどの致死性遺伝病は劣性であるため，近親交配によりホモ接合となることにより発現し，出生率（孵化率）や仔の生存率の低下を引き起こすと考えられる．

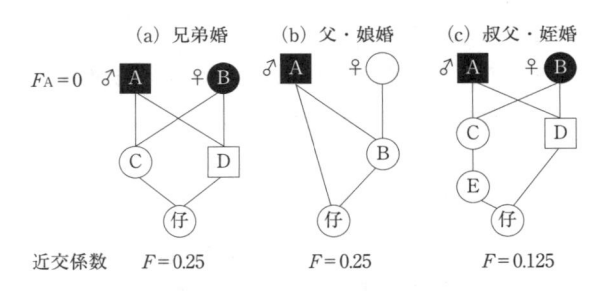

図5.6 近交係数の計算法
家系図では，□が雄個体，○が雌個体を，黒塗りのシンボルは共通祖先を示している．この図では共通祖先には血縁関係がない（$F_A=0$）．

近親交配の程度は，ある個体がもっている1組の相同遺伝子が，共通の祖先に由来する同じ遺伝子がホモ接合になる確率である近交係数（F）で示される（Wright, 1922）．まず，両親に血縁がない場合を考えてみると，親子，兄妹（姉弟）では共通の相同遺伝子を1/2の確率でもっている．そのため，兄弟姉妹間，親子間の交配ではホモ接合が生じる確率が1/4となるので，近交係数（F）は0.25となる（図5.6a, b）．動物園で飼育されている動物のように家系図が判明している場合，近交係数は家系図から計算することができる．注目する個体間の仔から共通の祖先をたどってその仔に戻ってくるまでの経路上にある個体数nを数え，各経路の$1/2^n$を計算する．血縁関係のない共通祖先個体が複数個体，あるいは，同一の祖先を通る経路が複数ある場合，すべての経路において$1/2^n$を計算し，それぞれ経路の値を合計した値が近交係数となる．共通祖先が血縁の場合（$F_A \geqq 0$），任意の家系図に対して近交係数を求める一般式は，次で表される．

$$F = \Sigma\left\{\left(\frac{1}{2^n}\right)(1+F_A)\right\}$$

ここでF_Aは，共通祖先の近交係数である．たとえば，図5.6 (c) の叔父・姪間交配で共通祖先に血縁がない場合（$F_A=0$），仔-E-C-A-D-仔と仔-E-C-B-D-仔の各経路でそれぞれ4個体を通るため，近交係数Fは$1/2^4+1/2^4=0.125$となる．共通祖先A, B個体が兄妹婚であった場合，

F_{AB} は 0.25 のため，注目している仔の近交係数 F は $0.125×(1+0.25)≒0.156$ となり，血縁がない場合に比べて近交係数は 25% も大きくなる．このため，近親交配を繰り返している集団では，加速度的にホモ接合の割合が増加し，遺伝的多様性が減少し病気への抵抗性や環境への適応性が低下すると同時に，劣性遺伝子の影響が大きくなると考えられる．劣性致死遺伝子のように 1 遺伝子座で強い効果を示す遺伝子は，近親交配でホモ接合となると保持個体は死亡するため，比較的早い世代で集団からは排除される．しかし，生存率や繁殖率など適応度に影響する形質は，たくさんの遺伝子（ポリジーン）によって決定される量的遺伝子と考えられている．劣性致死遺伝子と異なり，生存率などの適応度をわずかに下げる個々の遺伝子のことを弱有害遺伝子といい，これらは劣性遺伝子のためヘテロ接合で集団中にたくさん保持されている．一つひとつの弱有害遺伝子の効果は小さく，ホモ接合で発現しても少し生存率や繁殖率を低下させるだけで子孫を残せるのと，絶えず突然変異によって新しい弱有害遺伝子ができるため，集団中から排除されにくい．しかし，一つひとつの弱有害遺伝子の効果は小さくても，近親交配によって飼育集団がもっている多くの弱有害遺伝子が同時にホモ接合となり発現すると，致死遺伝子に匹敵する生存率や繁殖率の低下を引き起こすことになる．

野生動物は集団中にたくさんの弱有害遺伝子をもっていると考えられている．弱有害遺伝子の影響を定量的に推定するには膨大な交配実験が必要なため，野生集団が保持している弱有害遺伝子の数と影響が推定できているのは，キイロショウジョウバエだけである．キイロショウジョウバエ 1 匹は，ゲノム中に約 140 個の弱有害遺伝子をもっている（Lynch, 1996）．1 個体がもっている弱有害遺伝子量を致死遺伝子の数に換算したものを，致死相当量といい，ヒト，ショウジョウバエ，シジュウカラでは 2 個程度であると推定され

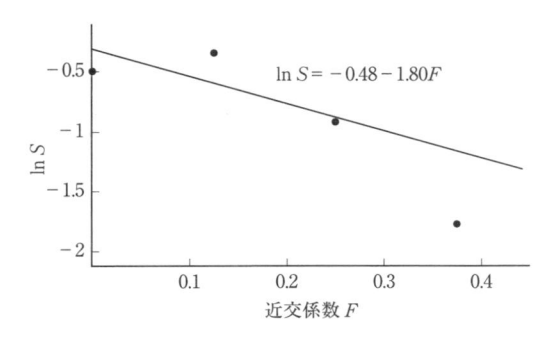

図 5.7 飼育下のオカピの生存率 S と近交係数 F の関係［De Bois, *et al.*, 1990］
生存率の自然対数と近交係数の直線回帰から致死相当量を推定する．

ている．飼育下のオカピの生存率（S）と近交係数（F）の関係を図 5.7 に示している．近交係数を x 軸とし，適応度の自然対数（ここでは $\ln S$）を y 軸として，直線回帰式（$\ln S=-A-b・F$）を求めたときの直線の傾き，$b=1.8$，が染色体 1 本あたりの致死相当量となる．1 個体は 2 本の相同染色体をもつので，$2b$，すなわち 3.6 が致死相当量となる（図 5.7 参照）．動物園で飼育されている哺乳類の 1 個体あたりの致死相当量は 3.14 と推定されているが，幼獣の生存率以外の適応度については把握できていないので過小評価と考えられている（Ralls *et al.*, 1988）．家系を管理しながら累代飼育される鳥類の例数が少ないため，動物園の飼育個体群で鳥類の致死相当量はほとんど推定されていない．

動物園や水族館は，絶滅に瀕している希少動物の域外保全の拠点として，飼育下の野生動物個体群を管理しながら，野生動物を研究し，飼育増殖技術を確立し，再導入のための個体を提供するなど，生物多様性保全において大きな役割を担っている．飼育個体群の保持している有害遺伝子を排除するために適度な近親交配が効果的，というまことしやかな説に惑わされてはいけない．なぜなら，近親交配により弱有害遺伝子を効率的に飼育個体群から排除することはできないし，弱有害遺伝子を排除できたしても適応度が回復するわけではない．飼育個体群を長期間にわたって維持する

ためには，飼育個体群の遺伝的多様性を減らさないように最大限努力して，近交弱勢の悪影響を避けるために近親交配を最低限にする繁殖計画を立てて，実行していく必要がある．

現在では，動物園で飼育している野生動物を長期間にわたって管理するために国際種情報システム機構（ISIS）が設立され，世界中の加盟動物園・水族館で飼育されている野生動物の年齢，性別，血統，出生，死亡等の基礎情報データベースを構築している．国際種情報システム機構に加盟している動物園は，このデータベースを利用して最適な交配候補個体を見つけることも可能となっている．しかし，他の動物園で飼育されていない希少種で近親交配が避けられない場合には，近交係数が最小となる個体間での交配にとどめておく必要がある．国際種情報システム機構が提供しているSPARKS等のソフトウエアを使えば，近親交配により複雑な家系図をもつ場合でも，近交係数を計算し，最適な候補個体を選定することが可能となる． 〔永田尚志〕

文　献

De Bois, H., Dhondt, A. A., Van Puijenbroek, B. (1990)：Effects of inbreeding on juvenile survival of the Okapi *Okapi johnstoni* in capitivity. *Biological Conservation*, **54**：147-155.

Frankham, J.D., Ballou, J.D., Briscoe, D.A. (2002)：*Introduction to Conservation Genetics*, Cambridge Univercity Press.

Keller, L.F. Waller, D.M. (2002)：Inbreeding effects in wild populations. *Trends in Ecology and Evolution*, **17**：230-241.

Lynch, M. (1996)：Aquantitative-genetic perspective on conservation issues. In *Conservation Genetics-Case history from nature*（Avise, J.C. & Harmrick, J.L. eds), p.471-501, Chapman & Hall.

Ralls, K., Ballou, J. (1983)：Extinction：Lessons from zoos. In *Genetics and Conservation：A reference for managing wild animal and plant populations*（Schonewald-Cox, S.M., *et al.* eds), p.164-184, Benjamin/Cummings.

Ralls, K., Ballou, J. D., Templeton, A. (1988)：Estimates of lethal equivalents and the cost of inbreeding in mammals. *Conservation Biology*, **2**：185-193.

Wright, S. (1922)：Coefficients of inbreeding and relationship. *American Naturalist*, **56**：330-338.

5.2.5　捕獲・移送技術

繁殖計画などに際して，動物園は国内外の飼育施設間で相互に動物を移送している．動物を捕獲し移送する際，家畜で問題となる輸送の際の熱中症や輸送病などに加えて，動物園動物では捕獲筋病（capture myopathy，以下CMと省略）のリスクが常に潜在している．そのため，動物の捕獲や移送に際しては獣医学の知識を活用し，予測される病気や事故を防止していかなければならない．ミオパチー（myopathy）は骨格筋の非炎症性変性で，CMは不慣れな運動や野生動物の捕獲に際して発生する症候である．哺乳類，鳥類，両生類，節足動物においてCMの発生が報告されている．移送後，しばらくして健康状態の良いアフリカスイギュウがCMを発症した例もある．報告は見当たらないが，爬虫類も動き続けると乳酸が蓄積してCMを起こすと考えられる．発症した動物は乳酸アシドーシスで急死するか，数日たってから筋肉性跛行を示し，横臥になることがある．心筋壊死や筋色素性尿症が存在することもある．注意深いハンドリングやストレスの軽減が有効で，静脈輸液および炭酸ナトリウムにより治療することができる．動物がセレン欠乏とみなされる地域からやってきた場合は，その状態はセレンやビタミンEが欠乏した際に発生するミオパチーを誘発している可能性がある．

a. 捕　獲

動物舎での捕獲に際してのポイントは，動物に捕獲という気配を感じさせず，いかに迅速かつ安

全に動物を確保できるかということに尽きる．したがって，捕獲に際してはできるだけ大きな音などは立てず，短時間の作業で輸送檻等に収容する．気温が高い夏期の捕獲は熱中症を引き起こすリスクが高いので，できるだけ避けたほうがよい．しかし，捕獲しなければならない際には，まず，捕獲する動物の性質や健康状態などを把握する．そのうえで，捕獲は気温が上昇する前の早朝に行い，収容後は冷風機などの冷房装置で体温を下げる．捕獲時に神経質な動物はフェンスなどに激突し，骨折や肝破裂などを引き起こしやすい．衝突が予想できる際には，あらかじめ捕獣網などで遮断して動物の助走距離を短くするか，障害物にクッションを巻きつけるなど，事前の安全対策を講じておく．

捕獲には捕獲器具を用いることが一般的である．玉網が動物園で動物の捕獲に最も用いる捕獲方法で，簡便でありサイズや種類も豊富である．ニホンザルやタヌキほどの大きさの動物には，取手の付いた鋼鉄製の輪に特注の細いロープを編んだ網の玉網を使用する．充分な深さのある玉網であれば，動物を網底に落とした後で網を絞って動物の動きを止める保定が可能である．また，紐で網を縛れば，簡易な輸送器具にもなる．このように強固なものでなくても，鳥類・ムササビなどの大きさの動物では魚業用のタモも利用できる．また，大きめな昆虫採集用の捕虫網は金輪に柔軟性があり布で被覆されているため，トキでは捕獲する際の頭部外傷や骨折などの事故防止になる．爬虫類のトカゲの捕獲には大きさや強度が適した玉網を使うが，中型のヘビではトングやフックといった器具でしっかりと捕獲するのではなく胴体を緩く持ちあげて，飼育場所の移動や麻袋などの輸送用具に収容する．キャッチャーポールは棒の先に装着したビニールで被覆したワイヤーで動物をたすきがけに捕獲する方法で，首を締めつけないように必ず片方の前足をワイヤー内に入れるようにする．気性が荒く，想像以上に力が強いアライグマのオスの成獣などの捕獲に使用する．

小動物では保定した際に，動物の歯が手指の皮膚に達しなければ，軍手や手袋を動物に咬みつかせて捕獲することができる．動物が暴れても，頭部をけっして強い力で首を絞めつけないように注意し，動物自身が動くことができないと観念するのを待つ．アブラコウモリでは軍手がちょうどよいサイズであり，モモンガの大きさでは一般の皮手袋を利用できる．ところが，ミーアキャットでは市販の動物保定用の皮手袋では牙が貫通してしまうので，勧めることはできない．軍手や皮手袋を着用すると動物を完全に保定できないので，捕獲の際に採血などをする場合には，素手で保定したほうがよい．なお，両生類の捕獲には皮膚を傷つけないように使い捨てゴム手袋を濡らして用い，保定者の体温の影響が出ないように短時間で行う．

捕獲の際，猛禽類やフクロウ類は鋭い爪で掴みかかってくる．その際，麻袋や毛布などの布製品を掴ませてから保定すると安全に作業ができる．一方，ツルやフラミンゴなどの脚の長い鳥類では，玉網など強度のある捕獲用具を用いると骨折などを引き起こす可能性があるため，数人がかりの人力で捕獲する．その際，捕獲・追い込み・頭部への袋かけなどの役割分担を行う．動物の行動を制限するために広い場所では捕獣網など，狭い場所では熊手やさすまたなどを使って，動物を捕獲場所に誘導する．捕獲する際，ツルでは鋭い嘴で保定者が眼をつつかれる危険性があるので，まず，嘴を捕まえることを先行する．また，激しく動く脚（爪）の延長線には近寄らない．そして，長い脚を骨折させないように，脚を無理に抑え込まないように注意を払う．脚を折り曲げて保定する際には，ツルが脚に力を入れなくなるのを待つ．なお，保定直後に頭部を黒い布で覆えば，鳥類は落ち着いて無駄な動きをしなくなり，CMなどの発症予防になる．作業者は安全のために軍手や皮手袋を着用するが，保定した手が滑りやすい

と感じた場合は，臨機応変に素手に替えたほうがよい．

キリンは動物舎の出入り口に設置した輸送檻に誘導・捕獲する．シュート付きの動物舎では同様の方法でサル類・猛獣の捕獲ができる．シカの群れを捕獲する際，複数連結した輸送檻に動物を追い込み捕獲が可能である．輸送檻で餌を与えるなど動物が檻に馴れる期間を充分にかけることができれば，捕獲や移送時の動物の精神的なリスクを低減できる．

近づきにくい動物の捕獲には，遠隔操作が可能なキャノネットは有効である．しかし，この方法で捕獲が困難な動物に対しては，射程距離にあわせた麻酔銃や吹き矢を用いた化学的不動化を適用する．ただし，麻酔を行う動物が動き回るとダートや吹き矢が動物の体に刺さらない場合があるので，玉網などで捕獲する場合と同様に動物が動きを制限されるような狭い場所に動物を誘導する．そうすることにより，ダートや吹き矢を投与するまでの時間を短縮し，動物へのストレスを軽減できる．なお，化学的不動化を行う際，外気温や衝突防止などに対する注意点は，捕獲の際と同じである．さらに，日頃から動物の体重を記録することはもちろんのこと，あらかじめ動物ごとの有効な薬剤の不動化用量を把握しておくことも重要である．なお，投与量が少ないと効果が不十分で動物がいつまでも動きまわり，追加投与が必要となる．そのような場合，かえってCMを起こしやすくなるので，当初から効果の期待できる十分な薬用量を処方すべきである．

b. 移　送

移送手段は陸送や空輸，船舶輸送などである．最も重要なことは，移送する動物の性質や健康状態などを把握し，運搬時の動物の安全を確保することである．特に注意する点は換気であり，気温が高い夏期の移送は熱中症を引き起こすリスクが高い．そのため，夏期に移送する際には，運搬車両は動物の体温が上がらないような空調設備が必要である．空調下の運搬中であったが，同一の輸送檻で移送した2頭のユーラシアカワウソが輸送檻のメッシュの隙間から脱出しようとしてもがき，次々とCMで急死した例がある．このような動物に対しては視界を完全に遮断し，内部を薄暗くして落ちつかせるようにする．空調設備が使えないアミメキリンの移送では，早朝に運搬を開始しても途中で気温が高くなって熱中症で死亡した例があり，夏期の移送は気温の低い夜間が原則である．一方，シンガポールから東京へ温度調整なしの輸送室を使って空輸されたハダカデバネズミの一部が凍死した例があり，輸送箱の周囲を発泡スチロール等で覆うなど輸送時間に見合う保温措置が必要である．ところで，一般にヘルペスウイルスは種特異性をもつが，ウマヘルペスウイルス（EHV-9）のようにシマウマからホッキョクグマやゲムズボックなどへ種間を越えての感染例も報告されている．移送時に病原ウイルスなどの病原体に感染させないためにも，移送に際しては必ずホルマリン燻蒸などで消毒した輸送檻を使用する．

輸送檻の構造は動物の能力を考慮し，絶対に脱走できないことが第一条件である．強度の見込みを間違え，体重100kgほどの大きさのコビトカバが移送中に輸送檻を破壊し，出発予定の空港近くの路上へ脱走したことがある．またバクなどの神経質な動物は精神的にパニック状態になっている個体が多く，輸送檻の内部に突出した釘などがあって予想外の後遺症を引き起こした例がある．特に木製の古い輸送檻では強度面だけでなく，動物に接した面に突出した釘などがないか必ず点検し，異常を見つけたら輸送檻内部にクッションを張るなどの対策をとる．ゾウやサイなどの破壊力のある動物に対しては，強度のある鋼鉄製の輸送檻を用いる．また，背の高いキリンの移送には低床トラックを使用し，道路上の電線など上部の障害物に輸送檻の高さを調整できるような構造にする．クマ類では檻に爪が入る隙間があると自傷し

てでも破壊しようとするので，爪の掛からない金属メッシュなどの構造にする．特に移送が長時間にわたる場合，収容された動物にとって輸送檻の内部が生活空間になるため，その空間スペースは重要である．シマウマやオカピなどの有蹄動物では，以前は方向転換できないサイズで移送されていたが，現在では，輸送檻の中で十分歩き回り，伏臥できるスペースになっている．このため，動物は輸送檻内で肉体的，精神的に落ち着き，酷い外傷やミオパチーが抑えられる．神経質なシマウマやサイでは，輸送前に鎮静剤（ジアゼパム等）の経口投与を行うことが多い．さらに，クロサイではアザペロンやエトルフィンを用いて鎮静させていても，移送中に鎮静効果が不十分になってくることがあるので，状況に合わせて上記の薬の連続投与を行う．

　移送中，鳥類は驚くと飛びあがり，輸送檻の上部に頭部をぶつける．衝撃を減らすためには天井部分をくりぬいて麻布などの衝撃の少ない材質を張るか，天井部分にスポンジを貼るのもよい．また，輸送檻に黒い布をかけると，落ち着かせることができる．水や餌の補給の必要のない近距離移送の場合，メジロなどの小鳥では，ケージよりも通気性の良い布袋や靴下に収容したほうが頭部挫傷や骨折を防ぎ，安全に運ぶことができる．フラミンゴでは，両翼と脚を折りたたんだ状態で体をパンティーストッキングで固定して近距離の移送を行っている．しかし，ストッキングがきつ過ぎるとCMを起こすことがあるため，緩めのサイズを使う．

　爬虫類のワニを移送する場合，口先（吻）を紐で縛り，さらに，逃げ出さないように長さと大きさに合わせた通気性の良い木箱や麻袋などに収容して運搬する．ヘビやトカゲでは，鳥類と同様に布袋を使った移送がよい．　　　　〔橋崎文隆〕

文　　献

大野　敏ほか（1997）：輸送．新 飼育ハンドブック—動物園編 第2集（収集・輸送・保存）（日本動物園水族館協会 教育指導部編），p.52-82, 日本動物園水族館協会．

Donovan,T.A. et al. (2009)：Meningoencephalitis in a polar bear caused by equine herpesvirus 9 (EHV-9). Vet. pathol., **46** (6)：1138-1143.

橋崎文隆ほか（1984）：アフリカスイギュウに見られたCapture Myopathyの治療例について．動水誌，**26**（4）：94-98.

Heldstab, A. et al. (1980)：The Occurrence of Myodystrophy in Zoo Animals at Basel Zoological Garden. In *The Comparative Pathology of Zoo Animals* (Montali, R.J., Migaki, G. eds), p.29-30, The Symposia of The National Zoological Park.

Paterson, J. (2007)：Capture Myopathy. In *Zoo Animal and Wildlife Immobilization and Anesthesia, 1* (West, G., Heard, D., Caulkett, N. eds), p.115-121, Wiley-Blackwell.

M.E.フォーラー・R.E.ミラー編，中川志郎監訳（2007）：野生動物の医学，p.198, 314, 575, 616, 630, 655, 659, 文永堂．

Yanai, T. et al. (1998)：Neuropathological study of gazelle herpesvirus 1 (equine herpesvirus 9) infection in Thomson's gazelles (Gazella thomsoni). J. Comp. Pathol., **119**(2)：159-168.

5.2.6　動物飼育各論

a.　哺乳類

　多種多様な哺乳類を飼育するにあたって考慮すべきことは，温湿度を含めた環境管理，適切な広さ・構造をもった獣舎，適切な餌である．しかし，マニュアル通りにいかないことが多く，入念な観察とそれに基づく柔軟な対応，野生での生活を顧みる姿勢が求められる．限られたスペースで一概に論じることはとてもできないため，いくつかの側面からのみ述べていく．

(1) 草食動物

基本的に餌の内容は植物質であり，動物園で与えられる飼料は，草，枝葉，野菜，果実，固形飼料などである．その動物がおもに草を食べるグレイザーであるか枝葉を食べるブラウザーであるかにより，与える飼料は変化する．いずれもどちらを与えても飼育することはできるが，消化器官が違うため，正しくない飼料は栄養状態の悪化，短命化を引き起こすことがある．

グレイザーは低質な植物を大量に食べるのに対して，ブラウザーは選択的に良質な植物を選んで食べていることを意識することが大切である．たとえば同じサイであっても，シロサイ，インドサイはグレイザーであり，クロサイやスマトラサイはブラウザーの傾向が強い．与える牧草の種類も，イネ科を与えるのかマメ科を与えるのか，その割合を考慮する必要がある．マメ科は高タンパク質であり，グレイザーに多く与えると下痢を引き起こすが，ブラウザーにとっては重要な飼料となる．またイネ科の牧乾草には，硬く繊維質の多い1番刈りと柔らかい2番刈りがあり，与える草食獣の野生での環境を想像し，種によって使い分ける．

また，床材が土であってもミネラルが流出していくため，あえて新たな土を加えたり鉱塩を置きミネラルの補充に努めることも大切である．

草食獣のほとんどは蹄をもち，四肢に加重することで身体を支えているため，栄養状態や蹄の状態の良し悪しで全体的なバランスが崩れ姿勢に変化が出る．行動範囲が決まってしまう動物園では過長蹄が問題になることが多く，床材として火山礫を使用することもある．ゾウやサイ，キリンなど体重の重い動物では蹄を含めた脚の管理が重要であり，日常的に削蹄を可能にするためトレーニングを行うことも必要となる．また，サイは硬いコンクリートの上で飼育していると足裏が裂けて跛行の原因となるため，なるべく硬い地面を避け，寝室内もアンツーカー状の床にすることが勧められている．

(2) 肉食動物

動物園で使用されている肉食動物用の餌は，馬肉，鶏肉，鶏頭，魚類，牛骨，ペレット，ウサギ，ラット，マウス，ヒヨコなどである．基本的に，安価で低脂肪，ミネラル，ビタミンの豊富な馬肉，鶏頭を中心にした餌を使用することが多いが，これだけではビタミン，ミネラル類が不足することがある．よって，ビタミン剤を添加したり，生餌，レバーを加えることでこれを補う．また，同じ食肉目イヌ科に属していても，完全に肉食のタイリクオオカミもいれば，タテガミオオカミのように餌の半分近くを植物質にしないと短命で終わるものなどさまざまである．

また，イタチ科などの小型の肉食獣は，捕食動物の胃内容物をそのまま食べていることが多い．そのため，肉類だけを与え続けると毛並みが悪くなり健康を損なうことが多い．毎日マウスなどを丸ごと与えられない場合は，肉類と植物質（煮ニンジンや押麦）をミンチにして与えると，繊維質も取ることができ健康状態を保てる．

肉食動物は，草食動物に比べて単独生活を送るものが多く，繁殖においても複数で飼育していると，たとえ部屋が異なっていても支障をきたすことが多い．チーターなどは顕著な例で，オスとメスを視覚的に離すことでペアリングの成功率を上げることができる．同じようなことは，単独生活の他のネコ類にもあてはまると思われる．

(3) 小獣類

哺乳類というとゾウやキリンなど大型動物がすぐ頭に浮かぶが，哺乳綱の半分以上を占めているのが齧歯目であり，その次に多いのが翼手目に属するコウモリの仲間である．

ネズミの仲間は体重2g前後のコビトハツカネズミから，50kg以上にもなるカピバラまで多様である．ほとんどが種子，根菜類，草などを餌としているが，昆虫やその他タンパク質が必要となるものもいる．また，多頭飼育できるものと単独

あるいはペアで飼育したほうがよい種もあり，種ごとの特性をよく調べて飼育することが大切である．身体が小さいため温度，湿度の影響が大きく，継続飼育するためには年間を通してこまめな対応が必要である．特に日本では冬季に湿度不足となることがあり，温度管理に気をとられ湿度調整を怠ると飼育，繁殖に影響を与える．

夜行性の種が多く，展示しづらい面もあるが，身体がどこかに接触していることによるストレス軽減とガラスやアクリルなどの透明素材の使用，光の当て方などにより，観客にとっても魅力的な展示にすることも可能である．

コウモリは，果実や野菜で飼育できるオオコウモリの仲間と昆虫食で飼育する小型の食虫コウモリに大きく分けられる．オオコウモリは狭い空間でも枝を組み合わせることで手と足で移動し採食するため飼育可能だが，ある程度日光浴をさせないと健康状態が悪化する．食虫コウモリは，飼育下では飛翔せず，飛んで虫を捕えることができないため，基本的に置き餌で飼育する．ミールワームの使用がほとんどだが，はじめは口元に餌をもっていき給餌する必要がある．個体差があるが，味を覚えれば徐々に床に置いた皿内のミールワームを食べるようになる．また，種によってタンパク質強化が必要な場合は，ミールワームに与える餌を肉系に変えることで対処できる．板やガラス，アクリルなどを使い狭い空間を用意し，接触による安心感を与えること，被毛が汚れないよう床面や壁面を清潔に保つことが長期飼育の要因となる．

かつて飼育が困難であったモグラのなかまも，パイプや金網，土を組み合わせ地下環境を再現し，被毛の汚れを防ぐこと，太りすぎない餌の工夫などにより長期飼育が可能になってきている．

小型哺乳類の仲間には，日本独自の動物も多く，身近にいながらその存在が知られていない種も多い．そのような動物を飼育展示し保存していくことも，日本の動物園として果たすべき大きな役割であろう．

(4) 類人猿

ゴリラ，チンパンジー，オランウータンが動物園でおもに飼育されている類人猿である．いずれも草食中心であるが雑食の面もあり，餌についても種ごとに野生から得た情報をもとに変化をつけることが重要である．また，生活様式にも十分考慮し，開園時間以外の多くの時間を，いかに豊かにすごさせるかにも着目していく必要があるだろう．

類人猿の飼育は，ほかの哺乳類とは一線を画している部分もあり，環境エンリッチメントの手法を用いて積極的な生活改善を目指す必要がある．飼育にあたってさまざまな議論があるのもあってしかるべきであり，ゴリラやチンパンジーでは群としての生活を，オランウータンでは単独生活者であることを尊重し環境作りを行う必要があるだろう．

(5) 独特な哺乳類

その採食方法や餌の種類，生活様式によりさまざまな環境に適応してきた独特な哺乳類も多い．

アリやシロアリを主食とするオオアリクイやツチブタ，ハリモグラには，肉類，卵，粉ミルク，肉食獣用ペレットなどをペースト状にし代替食として与える．種によって，バナナやレバー，各種添加物も使用し粘度も変化させる．オオアリクイやナマケモノは体温が低く周囲の気温で体温が変化するため，長時間低温にさらされないようスポット的な保温場所を確保するとよいだろう．

日本で飼育されているナマケモノは，ほとんどフタユビナマケモノ科であり，野菜から果実，卵まで餌の選択の幅が広い．排便排尿時以外は樹上ですごすナマケモノだが，土を食べることもあり，ミネラル不足を補うため塩土を与えることもある．

かつて原猿といわれていたサル類は，ロリスやメガネザルの仲間を除いてすべてマダガスカルに生息し，キツネザル，アイアイなどが含まれる．

アイアイはキツネザルとは異なる分類をとることも多く，独特なサル類である．熟した果実，クルミやマカダミアナッツ，ハチミツ，ミールワームなど高カロリーの餌が必要であり，また一生伸び続ける門歯による施設の破損が多いため，コンクリートやガラスを主体とした丈夫な施設が必要となる．

(6) 妊娠個体の飼育

妊娠個体に対する扱いは種による過敏さに違いがあるため一概には述べられないが，出産予定日前から環境変化を与えないことはもちろんのこと，出産後の管理も考慮し早めの準備を行う必要がある．飼育している以上，人間の介在がまったくない環境に置くことは不可能であり，出産前から動物にとって何が不安であり，逃げ場がないと感じるかを想像し，空間の一部でもよいので完全に安心できる場所を用意する．出産後は，普段慣れている個体でも過敏になっているため，認知している係員による同じ動きを心がけ，必要以上の介在は避けるべきであろう．特に食肉類は不安要素が増えることで仔の食害が起きるため，産室や巣箱の位置，給餌方法などに考慮が必要である．

(7) 幼獣の飼育

出産後，親が世話をしていることが確認されても，哺乳が確実に行われているか確認することが重要である．体重変化や目視により，哺乳量が足りているか日々検証することが大切である．場合によっては，親に預けながら一時的に捕獲し人の手により哺乳を追加することも必要で，また親による哺育が不可能と判断した場合は人工哺育に切り替える．

健康チェックなどのため仔を一時的に取り上げる場合は，特に肉食獣などでは人の臭いを残さないよう軍手，ゴム手袋の使用（ときには親の臭いつけを行う）を推奨する．しかし，仔の体温を感じることも状態確認には必要であるため，可能な場合は素手で行う．

(8) 人工哺育

ネズミ類からゾウまで人工哺育は可能であるが，成長後の種としての自覚が失われることも多く，なるべく回避することが望ましい．最近では種ごとの乳成分が判明している動物も多く，独自の人工乳が作られているケースもある．しかし，多くの抗体を含む初乳はなるべく飲ませるほうが健康に育つといわれているため，母親の保定が可能な場合はしぼって多少でも与える努力をするとよいだろう．哺乳回数や時間など種やケースごとにさまざまであるが，小獣などではあまり頻繁に与えるより体力の維持のためある程度休ませることも必要であり，一概にいえない部分が多い．また，乳の濃度にもよるが，満腹まで飲ませず量を決めて与えることも大切である．

いずれにせよ，その個体の状態をみながら与える乳や離乳食など，少しずつ変化をつけて体重の増加を促すほうがよい結果につながることが多い．

(9) 老齢動物と死

哺乳類を飼育するということは，当然のことながら同じ哺乳類としてかれらの死に直面することであり，いかに飼育動物としての役割を最期まで果たせてやるかを考えなければいけないと感じる．通常，歯の寿命がその動物の寿命になることが多く，早めに餌の内容や消化のしやすさを考慮し準備する．しかし，いくら手を尽くしても老齢動物は見た目も悪くなり，展示に適さなくなるが，しっかりとした説明をつけて飼い続け，命の展示を行うことが飼育者としての役割であろう．

〔細田孝久〕

b. 鳥　類

(1) 飼育施設

・ケージ：　鳥の飼育ケージは飼育鳥類の生命を維持し，繁殖し，行動できる機能を備えていなければならない．また二重扉を設置し脱出防止に配慮した構造にするとともに，外敵の侵入を防ぐ機能も必要である．ケージ内に生息地に近い環境を

再現し，来園者に本来の野生に近い行動，採食，繁殖行動，飛翔を見せる工夫が必要である．

　ケージの形は有効面積や管理上からは長方形が便利だが，角があるため小回りが利かない鳥種では事故が発生することがある．旋回が難しい鳥種は六角形か円形が望ましい．

　繁殖ケージは隣接しているペアどうしの干渉を避けるためにブラインドをした方が好ましいが，設置の際には風通しに留意する．

　どのタイプの鳥舎であっても野生本来の習性行動をかなり忠実に再現しうる構造であることが重要である．

・池：　飲水や水浴びのためにケージ内に水場を設置する．水場用の池は出入口近くにある方が，鳥は警戒しない．水浴びをする種類では鳥の大きさにあった池の広さが必要になる．円形の池は清掃がしやすく中心に排水溝を設置することで汚れも流しやすいが，一方で角が少ない円形か楕円形の皿型で急勾配の池の場合，幼鳥や脚弱個体は池に入るのを拒んだり出られなくなったりする事故があるので注意する．オーバーフローは衛生的でよいが，使用水量が増加する．

・止まり木：　止まり木は2ヶ所以上設置するが，あまり多く設置すると飛翔距離が短く運動不足になる．止まり木の太さは，細すぎると爪が擦れず伸びやすくなり，太すぎると不安定で握る力が弱くなる．晩成性の鳥は樹上で営巣するので，止まり木は営巣木を兼ね備える．

・事故防止：　完成したケージに鳥を入れる前に釘，針金など危険物が落ちていないか確認する．危険物を放置しておくと誤飲してしまうことがある．ケージの基礎はモグラやネズミが入り込まない構造にする．モグラが掘った穴からドブネズミ，イタチなどが侵入し，飼育鳥を襲うことがある．ケージに使用する金網は，亀甲金網と格子金網が多いが，亀甲金網を使用する際，クチバシが長い鳥は，クチバシを網目に入れて折ってしまう事故が多いため注意が必要である．網はヘビの侵入を防止できる大きさや構造とする．何かに驚いて突然飛び上がった際，天井，金網に頭を強打して，頭部挫傷してしまう事例がある．特に警戒心が強い鳥は，内側にネットを張り衝突時の事故防止に努める．

(2) 飼育管理

　通常管理では，餌は午前中に一度用意するが，繁殖しているペアに与える場合や，夏場の暑い時期に魚類やすり餌など腐敗しやすい飼料を与える際には2回に分けて給餌する．乾物飼料は雨などに当らないように屋根や雨避けの下で給餌する．季節的な採食量の変化により，給餌量が増減するが，完食や残餌が続く場合は徐々に給餌量の増減を行う．個体の多いケージでは採食不足の個体が出る可能性があるので，翌朝にわずかに残る程度に給餌量を調整する．採食量が減少した場合には，健康状態，ストレス等に問題が起きていることがあるので注意深く観察する．給餌場周囲，池などは特に汚れるので清掃は念入りに行い，個体の外観，行動，ケージ内環境，採食，糞状態，飛翔等をチェックする．群れで飼育しているケージは，1羽1羽チェックしにくいが，病気になり衰弱した個体は，止まり木に止まれなくなり，地面にいることが多くなる．いつもは止まり木にいた個体が，地面におり，動きがなく羽毛を立てているときは要注意である．背中に嘴を入れて背眠姿勢をしている場合は状態が重篤であることが多い．老鳥になると飛翔力がなくなり地面にいることが多く，白内障になる個体も少なくない．

・個体識別：　鳥類は外見上で個体識別をすることが困難なため，脚帯やマイクロチップを用いて個体識別を行う．

　脚帯にはカラーリング，金属リングを使用する．カラーリングは左右のふ蹠に装着し，色の違いで個体識別を可能にする．金属リングは個体番号が刻印されており，脚のふ蹠に装着する．装着する際はふ蹠とリングの間にわずかに隙間を開ける．隙間がないと脚の血行障害を引き起こし，隙

間が大きすぎるとリングが落下し関節に引っ掛かったり，大腿部に上がって血行障害を起こしたりと跛行の原因になる．装着後は歩行に影響がある個体もいるため観察が必要である．

　マイクロチップは世界で唯一のIDナンバーがメモリーされている微小のチップであり，原則として小型鳥は背中の左皮内，大型鳥は竜骨突起部の左皮内に挿入する．読み取る際には専用のリーダーを使用する．

・性判別：　鳥類は外見上性判別できない種が多い．従来の方法では羽色や虹彩の色の違い，内視鏡による生殖器の確認，総排泄腔反転による性器の確認，体型の違いによる測定法などを用いて判別を行ってきた．近年は各鳥種においてDNA解析により性染色体に由来する雌に特有のDNAを検出する性判別手法が活用されている．

・捕獲・保定：　鳥を捕獲するときには，網やネットを使用し狭い場所に追い込んで捕獲する．捕獲の際にはその種の武器となる部位を最初に持つ．たとえばコウノトリ類では嘴，猛禽類では指，ツル類は足と嘴である．ツルなどは突いてもくるので捕獲時はほうきや網などを突かせてその間に嘴を確保して翼，体をくるむように押さえる．

　鳥類は，体重数gから100 kgを超えるダチョウまで大きさがさまざまである．捕獲時には事故を起こさないように細心の注意をはらう．捕獲時の事故は骨折が多く，また呼吸困難や，特に暑い日の捕獲時に追い回して急激な運動をさせてしまうことにより捕獲筋病（CM）や肺充血で死に至ることがある．保定の際には，鳥の顔から頸部まで，袋状の物をかぶせて視野を遮ると鳥が落ち着く．

　繁殖期にメスを捕獲するときは卵塞，卵墜になるおそれがあるため十分注意する．

　小鳥類では，人差し指と中指の間に鳥の頸部を挟むように入れ，体は軽く握る．足は，小指と薬指の間に入れ挟むとよい．

(3)　飼育繁殖

・自然繁殖：　飼育下において自然繁殖は，飼育ケージの環境，飼料が鳥種に適しており，ペアの相性が良くなければ成功しない．

　種類により異なるが，ペアリングの際，相性が悪いと追撃により相手を突き殺すこともあるので，細心の注意および観察が必要である．攻撃個体の翼をテープで留めて飛翔抑制することにより追撃を抑え，攻撃される側用にブラインドやシェルターで避難場所を確保するといった工夫が必要である．繁殖期に入る前に巣箱，巣台等を設置して，繁殖期には，なるべく舎内の作業は控え，落ち着いた環境にする．

　雌雄で同居可能になっても交尾，産卵が認められないケースがある．その際には生息地に近い環境を再現することが効果的である．マガンやカリガネなどのガン類は高緯度で繁殖するため，白夜による日長時間の延長で生殖腺を発達させ繁殖行動を行っている．そのため日本の日長時間では繁殖行動まで至らない．そこで動物園では人工照明を用いて人工的に日長を長くすることで交尾・産卵行動を促すことに成功している．また繁殖を促すために仮の巣や擬卵，巣材を投入することにより，ペアに刺激を与えるのも効果的である．

　また交尾は確認できるが有精卵が少ないペアにおいて，雌雄の総排泄腔周囲の羽毛を切ることにより，スムーズな交尾を促し有精率が向上した例がある．

　孵化後は，親鳥の抱雛姿勢と雛への給餌を確認する．長時間記録可能なビデオ装置を利用できれば詳細な育雛行動の観察が可能となる．

・人工繁殖：　鳥類のほとんどの種は繁殖期の間であれば採卵すると補充卵を産卵する．1シーズンで多くの雛を孵化させたい種においては，初卵は採卵して人工繁殖し，2～3腹（クラッチ）目を自然繁殖する事により，多くの雛を育てることができる．採卵方法には，1腹産卵終了後に採卵する方法と，産卵ごとにすぐ採卵する方法がある

が，後者は外敵や親などに希少な卵を傷付けられる前に擬卵と交換して採卵していく方法である．後者の場合，採卵後貯卵しておき1腹まとめて孵卵器に入卵する．

貯卵の際には受精卵の活力に悪影響を与えないように，細胞分裂を抑制する温度15℃前後に，湿度は卵重が減少しないよう70～80%に保ち，貯卵期間は10日以内を目安にすると孵化率が上がる．採卵時に卵殻に亀裂がある場合はそのまま孵卵器に入卵すると卵重減少が早まり孵化率が下がる．入卵前に亀裂を医療用接着剤，マニキュア，蝋でふさぎ，傷口が大きいときは，他の卵殻を張り付ける．

卵内の胚は，発生後期まで能動的な呼吸はしないが，代わりに卵殻にある無数の小さな気孔（ニワトリで1万個前後）を通して酸素を取り込み，二酸化炭素を放出する．胚を育てるのに必要な栄養素はすべて卵内にそろっており，栄養は卵黄に備えられた脂肪から得られ，脂肪1gが燃焼するとほぼ同量の水分が発生する．この水が水蒸気として卵殻の穴から放出される．孵化直前までに卵重が12～15%程度減少するのが孵化成功の1つのカギである．シベリアなど北で繁殖する種類においては，卵重減少率が少ない場合，放冷時に1日1～2回10℃前後の冷蔵庫で放冷すると，卵重減少が進み孵化時の状態が良い．

・孵化温度・湿度： 鳥類の体温は哺乳類より高く，平均42℃あるが，表面の皮膚温度は低い．たとえばチャボの直腸温度は42℃だが，抱卵斑の皮膚温度は38.1℃であり，孵卵器の適温は37.6℃である．

孵卵器の温度条件が合っていないと，胚の障害，栄養不良などによって発育途中で成育が止まってしまう．高温だと心臓や肝臓に機能障害が現れ，孵化しても，雛の体に吸収されるはずの卵黄が残り，首や脚，指などが曲がる障害が出てくる．低温障害の場合は殻を破る力がなく中止卵になり，孵化しても頭や体が軟らかくむくんだ状態

となる．状態を観察して次の機会の参考にする．

湿度は55%～65%に保つが，特にガンカモ類と一部のツル類では高めに設定する．水鳥類は，放冷時に1日1～2回卵殻に水玉ができる程度にスプレーで霧状にかけて卵に刺激を与えると孵化率が向上する．湿度が高すぎると，骨のカルシウム沈着が進み発育を促進するが，卵内の水分が多く雛にむくみの症状が現れ，孵化直前に卵殻を破れずに中止卵になる．低すぎると，カルシウムの沈着が不足し骨が細く指曲がりを呈し，卵黄の吸収が悪くなる．このように湿度も人工孵化には重要な要因である．人工孵化に最適な温度・湿度を表5.2にまとめた．

表5.2 人工孵化温度・湿度一覧表

種類	孵卵温度	湿度%	備考
小鳥	37.6～38.2	50～60	
キジ	37.3～37.8	55～65	
カモ	37.6～37.8	60～70	放冷後霧吹きで卵に水をかける．
ガン	37.0～37.2	60～70	放冷後霧吹きで卵に水をかける．
トキ	37.2～37.6	55～65	
猛禽	37.0～37.4	50～60	
ペリカン, フラミンゴ	37.0～37.2	55～65	
ツル	37.2～37.4	55～65	放冷後霧吹きで卵に水をかける．
ソウチョウ	36.0～36.2	50～60	

・検卵： 人工孵卵中は定期的な検卵も必要である．無精卵や中止卵をそのまま孵卵器に入れておくと，腐敗菌発生のもととなり有精卵に悪影響を及ぼすため，検卵してこれらを取り除く．検卵の際には光源を卵にかざして，中のようすを透かして見る．

まず入卵から7日後に検査し有精・無精を確認する．無精卵は，透明で陰影がないのに対し，有精卵は胚を中心に細い血管が放射状に走っている．中止卵は胚の影はあるが血管が伸びていない．発生後期になると，胚が綿羽で覆われ気室以外は黒く見える．気室と胚の境がはっきり分かれていれば発生が進んでいるが，境が波打つか，不透明であれば中止卵の可能性が高い．中期，後期卵を検卵するときには，気室の広がり具合を確認しておく．

後期卵で胚（雛）の生死が疑わしい場合は，38℃のお湯の中に卵を浮かせ，胚が動くと卵も微妙に動くことにより生死を判定する検卵法もある．

・放冷・転卵：　野生下では雛が孵化するまでには長い日数がかかる．親鳥は採食等のため巣を離れる．鳥種によっては雌雄で抱卵を交代するが，その間卵が冷える．孵卵器でも日に2～3回，孵卵器の扉を開放して放冷を行う．卵の鈍端部（気室）が冷えるよう10～15分冷やし，卵内の圧力を変化させ，酸素と二酸化炭素の交換を促す．野生下では親鳥は立ち上がり嘴で卵を回転する転卵行動をする．立体孵卵器には，自動転卵装置が付き，1～2時間の間隔で90°回転する．親が抱卵していると皮膚面に接している卵の表面温度は高いが下面は低いので，転卵することによりまんべんなく温めることができる．あわせて胚の卵殻膜附着を防ぐ役割もする．孵化2日前（卵内ピッピング時）に転卵を中止する．

・孵化介助：　嘴打ち開始後，30時間内で孵化するが，35時間以上経っても嘴打ちが進行していない卵は，卵殻を少しずつ破り，孵化助長しないと後期中止卵になる．方法は，卵殻をピンセットで気室から剥ぎ，卵殻膜の血管が収縮しているかを確認しながら頭が出る大きさまで割卵する．雛は頭を右翼の下にして嘴を気室側に向いている，頸部を左回転しながら引っ張りあげて頭部を出す．その後卵黄の吸収を見ながら割卵する．また気室と反対側から嘴打ちが始まる逆子の場合は，自力孵化が困難なため孵化介添は必須である．

・人工育雛：　孵化後，雛は大きく晩成型と早成型の2種類に分かれる．雛は自力で体温調節ができないので保温する．保温は赤外灯，保育器を使用し，孵化直後はやや高めの34～36℃に保つ．温度が低すぎると，肺炎や消化不良の原因になる．逆に高すぎると開口呼吸や翼を下げる行動が認められるため，これらの症状が出始めたら温度を徐々に下げてようすをみる．成長とともに綿羽から羽毛に変わり体温調節が可能になるため，保温温度を下げていく．熱源から雛が離れて休息し，排便の場所により熱源から離れている時間が多いことを確認したら，保温を中止する．

孵化して3～4日齢は，卵黄を栄養に生きているが，雛の餌の要求行動が始まれば給餌する．親の維持飼料より高タンパク質，高カルシウムで高カロリーの飼料をバランスよく給餌することが，育成成功のカギになる．

・刷り込み防止法：　早成型の雛は，孵化後初めて見る動く物体を親と認識することが多い．人を親と認識し成長すると，人工育雛が成功した後に性成熟に達しても同種と配偶関係に入ることが困難になる場合がある．人への刷り込みを防ぐため，親の姿のパペットで給餌する，鏡で自分の姿を見せる，なるべく早く同種と同居させるなどの防止策をとる．また，数日人工育雛してから親鳥に戻したり，仮親に預けるといった飼育係と鳥との共同繁殖作戦により，刷り込みの弊害を防ぐ方法もある．早成型の鳥は，卵か後期卵で親に戻す．晩成型の鳥は，孵化後人への刷り込みが進んでいない10日齢前後で親に戻す．ほとんどの親は，卵と数日齢育った雛を交換しても数時間で雛を抱き給餌する．　　　　　〔杉田平三・小川裕子〕

c．爬虫類

日本の動物園で飼育される爬虫類はカメ目，有鱗目，ワニ目のいずれかであるが，それをさらに細かく分けるとカメ，トカゲとヘビ，そしてワニの4つのグループに分けられる．こちらではその飼育について，注意するべき内容を記す．

(1)　飼育環境

爬虫類は基本的にその園館の1つの施設で飼育されている．その施設は1つの暖房システムによって加温されていることが多く，それぞれの種にあった飼育環境を整えることが難しい．しかし，さまざまな器具を活用して温度，湿度など飼育環境を整える必要がある．爬虫類は外部の温度に体温が左右される変温動物である．したがって，哺

乳類や鳥類に比べると環境への適応性が低い．哺乳類であれば，馴れれば熱帯の種でも日本の冬を無加温で飼育することができるが，爬虫類では不可能である．そこでまず，爬虫類を飼育する際には，温度や降水量などの生息地の環境を調べることから始める．最近はインターネットの普及で，海外の各地の1年を通した最高気温，最低気温，降雨量，日照時間などさまざまな情報を得ることができる．生息地は温帯，亜熱帯，熱帯いずれであるのか，熱帯雨林なのか，乾燥地帯なのか，四季があるのか，乾季と雨季に分かれているのかなどさまざまな情報を得る必要がある．このデータをもとにして，爬虫類専用紫外線ライト，冷暖房システム，体温を上げるためのバスキングライト，除湿器，加湿器などを使って飼育環境を整えるのである．整える際には生息地の1年を通じた環境変化も再現する必要がある．ただ飼育するだけなら一定の環境でも問題があまりないこともある．しかし繁殖も視野に入れる場合，生息地で起こる1年を通じた環境変化を飼育環境下でも再現しないと繁殖行動を起こさないことが多い．

(2) 餌

広義的には前述の飼育環境に含まれる．食性としては，ほとんどが肉（魚，昆虫，甲殻類などを含む）食，雑食，草（植物）食のいずれかであるが，まずその種の食性を調べ，さらに野生下でどのようなものを食べているのかを調べる．これには生息地に生える植物や餌となる昆虫，甲殻類などが1年を通じて多いのか，少ないのかなどの情報を知る必要がある．その後に動物園に納入されている野菜，魚，肉，牧草，ペレットなどの飼料を使って餌の組み立てをするのである．そのためには人間用の食物に含まれる栄養成分表である『日本食品標準成分表』と，家畜などに使われる餌の栄養成分表である『日本標準飼料成分表』，さらにペレットを作っているメーカーが公表している栄養成分などで飼料に含まれる栄養成分を調べ，餌の組み立てを行う．たとえば乾季と雨季に分かれている地域に生息している草食のリクガメを例にとると，乾季は餌となる植物は量も少なく，タンパク質や炭水化物などの栄養が乏しいはずである．反対に雨季は植物の新芽が伸びる時期であり，新芽は細胞分裂を頻繁に行っている部位であるから，植物性タンパク質が豊富な餌を多く食べることができる時期である．花も咲き，実も稔るであろうから，炭水化物（果糖など）も摂取できるはずである．こういったことを念頭に置いて，動物園でも時期に応じた餌の量，頻度，内容を組み立てていけばよい．

また，日本の土壌はカルシウム含有量の低い酸性土壌であるため，野菜や牧草などのカルシウム含有量が草（植物）食爬虫類にとって少ない．したがって，餌へのカルシウム剤の添加が必要である．また，甲殻類や巻き貝などを食べている種に肉やペレットなどを与える場合もカルシウム剤を添加しなければならない．その際，餌に含まれるリンとカルシウムのバランスに注意する．リン：カルシウムが1：2以上でカルシウムの方が多いようにしないと，カルシウムの吸収が阻害される．そのほか，腸管におけるカルシウム吸収を促進するビタミンD_3を含む総合ビタミン剤なども添加した方がよい．ビタミンD_3の重要性については次の光の項目でも記述する．

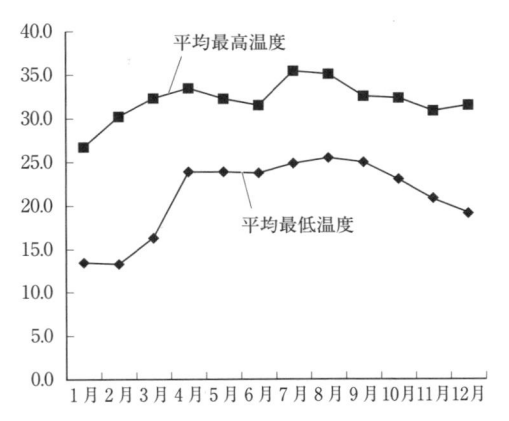

図5.8 ホウシャガメ飼育施設の1年を通じた温度変化

(3) 光

こちらも広義的には飼育環境に含まれる．カメ，トカゲ，ワニなど昼行性の爬虫類は，日光浴をして紫外線を浴び，太陽光の赤外線で体温を調節している．体温調節のための赤外線照射は白熱灯，水銀灯，セラミックヒーターなどで行うことができる．動物種，飼育施設に応じた器具を使用し，バスキングスポット（器具の下で体温を上げることができる場所）を作る．その際，飼育施設の中に温度勾配ができるように設置することが望ましい．温度の高いところと低いところを作ることで，体温調節ができるようにするのである．施設全体の温度が高いと代謝が上がったままになり，健康を損なうおそれがある．また，バスキングスポットの下の温度がその種にとって低ければ，その個体はいつまでもバスキングスポットの下から動かないだろう．動物の行動をよく観察し，そういった兆候を見逃さないようにしなければならない．

紫外線の照射も重要である．紫外線はその波長の長短によって UVA，UVB，UVC の 3 つに分けられる．そのうち UVA，UVB が昼行性爬虫類にとって重要な紫外線である．UVA は脱皮や繁殖行動の促進，食欲を上げるなどの効果があるといわれている．UVB はカルシウム代謝にかかわってくる紫外線である．この波長の紫外線を浴びることで爬虫類は体内でビタミン D_3 を合成し，これが腸管からのカルシウム吸収を促進し，骨形成に重要な働きをするのである．したがって UVB を浴びることができないと，爬虫類は代謝性骨疾患，いわゆるくる病になってしまう可能性が高くなる．背骨や下顎骨が変形をしたり，背甲が柔らかくなったりする症状が出てくる．UVB を浴びるのに一番よいのは太陽光で直接日光浴をさせることであるが，室内飼育をしていると難しい場合も多い．ガラス越しの日光浴も UVA はガラスを透過するので効果があるが，UVB は 8 割以上がカットされてしまう．また，室内の展示場などではそもそも太陽光を取り入れる構造になっていない場合が多いので，人工的に爬虫類専用の紫外線ライトを使用して UVB を照射する必要がある．ライトには蛍光灯タイプ，水銀灯タイプ，メタルハライドランプなど様々な種類があるので，飼育施設に応じて器具を選ぶ必要がある．蛍光灯タイプは熱をあまり出さないので，閉鎖された空間である水槽で飼育するような場合に適している．また UVB の強さの違う製品がいくつか出ているので動物の紫外線要求量によって選べるという利点があるが，点灯時間の経過とともに紫外線照射量が減ってしまう，照射距離が短いという欠点がある．点灯していても半年か 1 年に 1 回は交換することが望ましい．水銀灯タイプは蛍光灯タイプに比べると熱を多く出すので，バスキングスポットとしても使用できる．照射距離も長いので展示場などの大きな空間で使用することが望ましい．メタルハライドランプは光量が多いため，砂漠性の爬虫類などで効果を発揮するが，高価なためコストが上がってしまうという欠点がある．ヘビはそれほど UVB 照射を必要としない種類がほとんどであるが，日照時間の長短が繁殖行動の誘起に重要である場合があるので，UVB が弱いタイプのライトを使うことが望ましい．

以上，簡単に爬虫類飼育における注意点を記述した．もちろん記述した内容だけに気をつければすべての爬虫類を健康に飼育できるわけではない．飼育・繁殖技術の確立していない種類が多いので，爬虫類を飼育する際には多くの文献に目を通し，新たな知見を得る必要がある．

〔桐生大輔〕

文　献

宇田川元雄編（2000～）：クリーパー（爬虫・両生類情報誌，隔月刊），クリーパー社．

d. 両生類

現生両生類は，有尾（サンショウウオ）目，無

足（アシナシイモリ）目，無尾（カエル）目の3つの分類群に分けられ，約6000種が知られる（Wells, 2007）．一般に小型で，最大のオオサンショウウオでも1.5 m程度である．

ここでは，筆者がおもに飼育に携わってきた国内産のイモリ・サンショウウオ類やカエル類をおもな対象として記述する．

(1) 飼育ケージ

防水機能がある水槽やプラスチックケースなどで飼育するのが一般的である．通気性にも配慮する．脱走防止には十分留意しなければいけない．大型のヒキガエルでさえ，多少の凹凸があれば垂直壁を登る能力はある．開閉が容易で，ロックができ，閉じるときに生物を挟み込まないような構造の蓋が必要である．

オオサンショウウオのような大型種の飼育や，繁殖のための温度刺激が必要な場合など，屋内よりも屋外で飼育した方が得策と考えられる場合もある．この場合，ヘビなどの野生動物類や水温の問題など，地域により留意すべき点は異なる．

展示する場合，普通は岩や植物などを使い，生息場所の雰囲気を伝える．展示を考えなければ，植物は絶対に必要ではない．しかし，隠れ家や産卵基質となり，水質安定効果や床質などの間接的な環境指標にもなる．

陸棲傾向の強い種，あるいは上陸直後から未成熟個体では水場で溺れる場合もあるので，水深などに注意が必要である．水を好む種の場合でも体を乾かすことができるような陸場をつくることが重要で，常に体が水に浸かるような環境では浸透圧調整がうまくできない場合もある．

展示を考えなければ，床材を敷かなくとも普通飼育上の問題はない．砂利を敷くと，餌と一緒に飲み込んでしまい，消化管を閉塞する可能性がある．水中では大磯砂や川砂，陸上では赤玉土のような材質が衛生的で管理しやすい．ミズゴケも使えるが，やはり誤嚥の心配がある．

(2) 温度・湿度管理

湿度管理や水分蒸発を抑えるためには暖風を吹き出す対流式の暖房器具ではなく，オイルヒーターのような輻射式暖房器具がいい．冷却は一般にエアコンを用いる．太陽光の影響がある施設では，夏場の強い光に注意し，遮光量を調整できる設計にしておく．

種や成長段階などによって乾燥への耐性は大きく異なるが，両生類は一般に乾燥にはとても弱い．水場があるケージ内でも，幼個体などでは乾燥した強い風によって干からびて死んでしまう場合さえある．湿度を上げるには，ミスト（人工霧）やシャワー（人工雨）で間欠的に散水するのが有効で，陸上や植物上の排泄物を溶かし，流してしまう効果もあり，衛生状態の維持管理の方法としても優れていて，清掃の手間を削減できる．蒸れない程度の換気も重要である．

(3) 水温・水質管理

水温はヒーターや冷却器を用いサーモスタットで制御する．気温を通じて間接的に水温もある程度管理できるが，水温を直接管理するのが無難である．安定した飼育のためには濾過槽がある水循環システムを備え，定期的な水換えを実施する．大量の水換えは急激な水質変化を意味し，水への依存度が高い種では生理的なストレスを与える可能性がある．短時間で入れ替える場合には，全水量の1/3〜1/2量程度を目途にする．水道水を使う場合には，1日ほど汲み置くか，チオ硫酸ナトリウムなどで塩素を中和して，飼育水と水温を合わせてから使う．水質指標を把握し，アンモニアや亜硝酸塩はほとんどゼロに，極端にpHが低下しないように，硝酸塩濃度上昇を抑えるように適宜換水して管理する．濾過槽は定期的に清掃しなければいけない．中で繁殖する微生物相に大きなダメージを与えないように，飼育水を用いて，たまったゴミを軽く洗い流す程度に抑えることが肝要である．

(4) 光

両生類飼育で光を考えるとき，光の質（波長）や量（照度），光周期，それぞれの要素がどれほど重要なのかはほとんどわかっていない．たとえば紫外線は，爬虫類では体内でのビタミン合成のために重要であるが，両生類ではその絶対的な必要性は認められていない．

(5) 餌

カエルの幼生は草食性から肉食性で，イモリ・サンショウウオの幼生は肉食性，成体は例外を除き肉食性である．植物質の餌としては，コマツナやキャベツなどの葉物野菜を，よく洗ってからゆでて与える．草食魚用の配合飼料も使える．肉食性の餌としては，孵化後間もない小型個体にはアルテミア（ブラインシュリンプ）のノープリウス幼生やミジンコなどを与え，アカムシ（ユスリカの幼虫）やボウフラ（カの幼虫），イトミミズ，ミジンコなどを与える．

変態して上陸すると，多くの場合，水中の餌には興味を示さなくなる．カエルで特に顕著であるが，視覚を頼りに摂餌することから，生きた昆虫などの活餌（生きている餌）を使う．多数個体を飼育し繁殖させる場合などには，自前でコオロギなどの昆虫を養殖することを推奨する．コオロギのほか，ショウジョウバエ，ミールワーム（チャイロコメノゴミムシダマシの幼虫），ハニーワーム（ハチノスツヅリガの幼虫），ワラジムシ，ミミズなどが利用される．多様な餌を準備するのはたいへんなので，同じ餌ばかりになりやすく栄養が偏るため，カルシウムやミネラル，ビタミンを含んだ栄養補強剤を餌生物に食べさせたり，まぶしたり（振り掛ける）する方法で栄養を強化する必要がある．イトミミズやアカムシは，餌としての嗜好性や入手しやすさなどの点で優れた餌であるが，多くは輸入されており，国内産であっても産地によって残留する化学物質などに注意が必要である．

幼体や成体など大きさや種が異なる生物をいっしょに飼育しようとする場合に，動きが鈍い個体，摂餌が活発でない個体は餌を十分食べにくい．給餌量を多くすれば摂餌意欲の高い個体の肥満の原因となる．配慮すべき個体だけに直接給餌するなどの工夫も必要である．飼い馴らした個体では，ピンセットなどで餌を眼の前に出せば食べるようになり，栄養バランスがいいカメ用の配合飼料などを食べさせることもできる．

(6) 同居

複数個体を飼育する場合，最も注意が必要なのは共食いである．オスどうしでのなわばり争いが生じる場合もある．弱者は長期にわたってストレスを受け，健康を損ない斃死の要因にもなり得る．

(7) 疾病

両生類一般にみられる飼育下での代表的な疾病としては，赤足病がある．水環境に広く常在する細菌エロモナスが原因で，肢や腹部を中心に現れる赤色斑が特徴，悪化すれば出血を伴う．食欲不振，反応鈍化，腹水貯留など，全身に症状が現れ，早い場合には1～2日で斃死にいたる．多くは不潔な飼育環境が原因で，環境改善と抗菌剤などによる治療が有効である（Kohler, 2006）．感染拡大防止には0.5％塩水浴も有効である．

世界的な伝染病であるカエルツボカビ症は2006年に，ラナウイルス症は2008年に国内に侵入した．動物園水族館としてはこれらの疾病への検疫体制をとるべきである．カエルツボカビ症については，日本の本土産在来両生類は感染しても発症しないが，外国産のもの，とくに中米やオーストラリア産のものを扱っている場合には注意が必要である．ラナウイルス症については，継続的な集団死（環境省HP，両生類等の新興感染症について，www.env.go.jp/nature/intro/bd-kentou/，2013年4月26日確認）や国産サンショウウオの大量死（朝日新聞DEGITAL, http://www.asahi.com/eco/TKY200911240267.html, 2013年5月10日確認）が確認されており，注意

が必要である．

検疫施設は，従来の飼育展示設備とは物理的に離れた場所に設置し，水はもちろん飼育器具などを共用せず，できれば飼育管理する職員も別であることが望ましい．外部からの新規導入個体については，一定期間完全に隔離して発症しないことを確認したり，薬による病原生物の駆除をしたりする．

(8) 繁　殖

両生類の飼育下繁殖は，一部の種で行われているだけで，知見や情報は乏しく，技術的には未熟な状態である．長期飼育した個体から良質の受精卵を得ることは容易ではない．産卵行動を誘発するためには，意図的な温度などの飼育環境調整やホルモン投与などを行う必要がある．日本産温帯種では，本来は春〜夏に繁殖期を迎えることから，催熟や産卵誘発には気温，水温，日照時間，湿度，降水量などの変化が刺激となるのではないかと考えられているが，よくわかっていない（図5.8）．長期飼育した親個体から得られた卵は，受精率が低い場合が少なくない．卵が集合した状態の卵塊や卵嚢では，未受精卵や発生が止まった胚が腐敗するので，あらかじめ小分けにして正常な胚を切り離すとよい．

(9) 幼生の飼育

水質管理が大切で，安定飼育のためには濾過装置を設置する．サンショウウオの幼生では共食いの危険が大きいので，プリンカップなどで個別収容する．カエル幼生でも過密飼育状況下では，サンショウウオほどではないが共食いは普通にみられる．

上陸直後の幼体は，陸上へ這い上がりにくい環境では斃死してしまうことがあるので注意が必要である．陸上生活へ移行する種は，成熟するまで積極的には水の中には入らないが，乾燥に強いというわけではないので，湿度管理は重要である．

(10) 個体の入手

安易に野外個体を消耗的に利用することは慎むべきである．野外個体を採集する場合，卵塊の一部分や，幼生での必要数の採集にとどめるべきである．希少種の消耗的な展示目的での採集，高価での購入など，希少生物の減少や取引を助長させるような姿勢は厳に慎まねばならない．

(11) 保　全

保全のつもりで，減少が心配される種の卵を採集し，大きく育てて生残率を高めてから放流する取り組みを散見するが，問題である．野外に疾病を伝播させてしまう可能性があるし，特定遺伝子を増やし，個体群の遺伝的多様性を失わせることにもなりかねない．保全に取り組むならば，IUCNのガイドラインや保全生物学の基礎に従い，あるいは専門家の意見を聞きながら進めてもらいたい．

〔荒井　寛〕

図5.9　ニホンアカガエルの抱接
3ペアのニホンアカガエルが同時に抱接している．繁殖行動を誘発する要因，たとえば気温などが有効に作用すると，繁殖行動はきれいに同調する．

文　献

Kohler, G. (2006): *Diseases of amphibians and reptiles*, Krieger publishing Company.

松井正文編 (2005): これからの両棲類学, 裳華房.

Murphy, L. B. *et al.* (eds) (1984): *Captive Management and Conservation of Amphibians and Reptiles*, Society for the study of Amphibians and Reptiles.

Wells, K. D. (2007): *The ecology and behavior of amphibians*, The University of Chicago Press.

野生動物の人工哺育

　環境の変化により野生動植物が絶滅の危機にさらされ，動物園における域外保全の活動の重要性はますます高まっている．そこで動物園では，限られた環境のなかで希少動物種の生理や生態を研究し再現しながら，飼育下繁殖にも力を注いでいる．

　昨今，インターネットの普及により海外からの最新情報の入手が可能になったことや飼育技術の進歩により，飼育困難とされてきた動物種の繁殖成功の報告も耳にする．

　動物園での繁殖はいわゆる親が育仔を行う自然繁殖と，繁殖後にやむを得ず人の手で育て上げる人工哺育や人工ふ化・育雛に大別できる．人工哺育に切り替える理由はさまざまある．新生仔が虚弱であり，そのまま親に預けていたら仔が衰弱し生命の危機にさらされる場合や，環境に順応できていない母獣による育仔放棄などがあげられる．

　分娩を迎える準備については急激な環境変化は避け，動物種によりその生態を考慮し分娩予定日に合わせてあらかじめ環境整備や馴致を行い，母獣を落ち着かせ自然哺育を成功させるための努力が必要である．単独で分娩するのか家族や群れで分娩育児をサポートするのか，その動物種の生理・生態を知り，動物種に合わせた環境作りが必要となる．

　育仔は可能な限り自然に親によって行われるべきであるが，さまざまな事情により人工哺育を行う場合には刷り込みなどを極力生じさせない飼育方法も考慮しなければならない．猛禽類やインコなど多くの鳥類では，人工育雛にパペットを利用して給餌を行い，雛鳥に刷り込みなどが生じない工夫や努力をしている．

　授乳拒否の母獣に対しては物理的保定や鎮静剤の投与による科学的保定を行い，介助のもと母獣から自力で授乳させることにより母子関係が築かれることもある．また，母獣が仔を激しく攻撃しないのであれば母仔同居のまま人工哺育を実施することにより社会性の構築や離乳などがスムーズに移行できることもある．

　特殊な例としては，個体数の増加を目的とした繁殖計画を実施することもある．多くの場合は仔を取り上げ人工哺育に切り替えることにより母獣の発情を早く回帰させて分娩間隔を短くし産仔数を増やす方法である．また，鳥類では抱卵させず，人工孵化に切り替えることで複数のクラッチすなわちより多くの産卵を促すことを目的とする．そのほか授乳する母獣や育雛する親鳥の負担を軽減するために取り上げるケースなどもある．

　一般的に人工哺育で育てられた個体においては，本来備えているべき種として習性などが構築されない可能性が高いために，人工哺育は決して好ましいものではなく，人が育てた場合でもできるだけ早い時期に仲間のもとへ戻す努力が必要である．たとえ刷り込みがされてなくても必要以上に人に馴れてしまうことは，その個体の行動を大きく変えてしまう可能性があるからである．その影響を防ぐためにも，幼獣期に同種間や近縁種間ですごし，仲間との遊びや闘争などから社会性を学ばせ将来的に番を形成しペアリングを行う際に大きな影響を与えないようにする努力が必要である．

　人工哺育を行うことはさまざまな知見を得られ体得できることはもちろんであるが，その一方で

育った個体の生涯を通して動物種としての意義や影響に責任を負うことも忘れてはならない．

〔椎名 脩〕

6

動物園の獣医学

> **6.1 概論—動物園の医学**

6.1.1 動物園獣医師の役割

　動物園は，憩いや癒しなどのレクリエーションを市民に提供するとともに，動物を題材とした社会教育，野生動物に関する調査研究，絶滅の危機に瀕した野生生物の保全など，自然系博物館として多様な社会的役割をもち，人と動物が共生できる社会を市民とともに構築していくという使命を担っている．2013年6月末現在，公益社団法人日本動物園水族館協会（JAZA）には86の動物園が加盟しており，哺乳類，鳥類などの脊椎動物に加え，一部の動物園では昆虫類などの無脊椎動物も飼育されている．これら多岐にわたる分類群の動物が動物園獣医師の扱う対象となる．前述のような社会的役割を動物園が果たすためには，飼育されている動物が健康に管理されていることが前提となる．飼育されている動物がけがや病気の状態では，来園者に憩いや癒しを提供することも，教育効果を十分に発揮することも，計画的に繁殖させることもできないであろう．したがってこれらの動物を健康に維持することが動物園獣医師の最も重要な役割となる．

　しかし，動物園獣医師は臨床業務だけに没頭・特化していればよいということはない．その社会的な役割を担っていくために，動物園は飼育係や教育普及担当職員に加え事務系職員や園地管理職員，施設管理職員など多くのスタッフで成り立っている．動物園獣医師には，多様な動物を診療する臨床獣医師としての能力に加え，これらのスタッフと良好な人間関係を形成しながら，教育，研究，人工繁殖，飼育下繁殖計画の立案，動物収集，野生生物の生息地の保全など多様な分野で力を発揮することができる幅広い視野と総合力が求められる．

6.1.2 動物園医学教育

　日本国内で獣医師の資格を得るには，獣医系大学（国内に16大学）で所定の単位を取得後，農林水産省による獣医師国家試験に合格する必要がある．これらの大学では，それぞれ特色を活かした専門教育が行なわれているが，2011年に獣医学教育モデル・コア・カリキュラムが公表され，大学での獣医学教育はこれに基づいて行なわれる．野生動物医学や動物園動物医学については，獣医学概論，獣医倫理・動物福祉学，野生動物学などの中で学ぶこととなる．

　大学での専門教育を補完するため，国内各地の動物園では獣医学生向けの獣医学実習が卒前教育として行なわれている．おおむね2週間程度の短い実習期間ではあるが，動物園獣医師としての基礎知識や心構えに接するとともに，具体的な症例に接しながら治療や検査の最前線を垣間見ることもできる．また，日本野生動物医学会では，より実践的な実習機会を獣医学生に提供するため，2～4日間に集中的に野生動物医学や動物園医学のカリキュラムを組んだスチューデントセミナーコースを実施している．

6.1.3　診療の実際

前述の通り，動物園動物の診療対象は哺乳類，鳥類などの脊椎動物から昆虫類まで多岐にわたる．また，その診療科目は整形外科や内科だけではなく，繁殖，眼科，歯科，麻酔科など幅広い診療を行うことが求められる．当然のことながら，これらに対応するためには幅広い知識や技術が必要となる．

解剖学，生理学などの基礎系科目，寄生虫学，感染症学，衛生学などの感染症系科目，外科，内科，繁殖学などの臨床系科目など，すべての科目の知識が動物園獣医師には欠かせない．またこれに加え，生態学，飼養学，各動物の基本的な飼育管理方法についても十分に理解しておかなければならない．

動物園動物は野生動物本来の性質を残しているため，健康状態が悪くなっても外見上の異常を示さないことも多い．しかし，観察を重ねることで異常の兆候をつかむことができることもあるため，常日頃から動物をしっかりと観察しておく．日常の健康状態を把握しておくことで，わずかな異常にも気付くことができる可能性がある．毎日の園内の定期巡回は，飼育動物の健康状態を把握するために貴重な機会である．直接観察することはもちろんのこと，それぞれの飼育動物を担当している飼育員から動物の健康状態に関する情報を得ることができる．

飼育動物の健康状態を把握するためには日常の観察に加え，定期的に健康診断を行うことが望ましい．動物園動物の診療に関するデータは限られているため，糞便検査，尿検査，血液検査，レントゲン検査，超音波画像検査などあらゆる検査を駆使して，健康な際のデータを蓄積しておくことで，疾病の診断に役立てることができる．

動物園動物の検査や治療を行うためには捕獲や保定が必要となる（日本動物園水族館協会，1997）．馴化された家畜やコンパニオンアニマルとは異なる身体的特徴をもっているため，それら

図6.1　アカカンガルーの保定の一例
治療部位や目的によっても保定方法は異なる．

の動物の保定方法をもとにアレンジを加え，ヒトと動物双方の安全を確保する．捕獲や保定は動物にとってストレスとなるため，スムーズに行えるよう種に応じた方法に習熟していなければならない（図6.1）．

検査や治療のためには麻酔も必要となる．安全に麻酔を行うために，過去の麻酔データを参考に薬用量を決め，麻酔中は動物の状態をしっかりとモニタリングする．

継続的に治療が必要となった場合，連日のように保定や麻酔を行うことが動物にストレスを与えてしまい，治療効果が上がらない場合がある．またそもそもそのような状態を懸念し，効果的な治療を施せないケースもある．このような状況を改善するため，近年，動物園動物の飼育管理においてもハズバンダリートレーニングを取り入れる施設が増えてきている．捕獲や保定のストレスを最低限にし，継続的な治療や検査を行うためには，今後さらにトレーニングの必要性が高まるだろう．

重症化してからでは毎日連続して治療をすることが困難となることも多いため，さまざまな制約のなかで必ずしも容易なことではないが，日ごろから疾病の予防に重点を置くとともに，疾病は可能な限り早い段階で発見し，速やかに治療を行なうことが求められる．

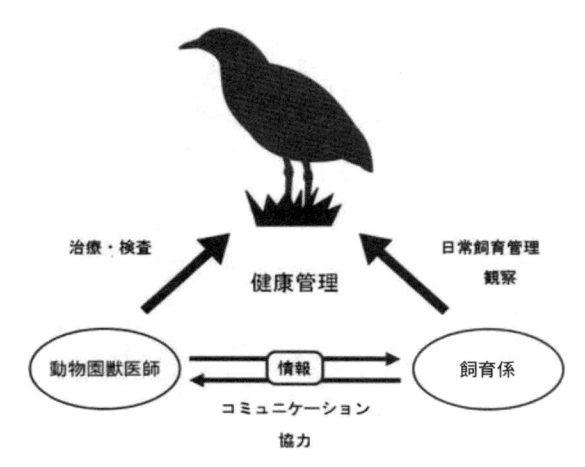

図 6.2 動物園獣医師と飼育係の役割
動物園獣医師と飼育係は，動物園動物の健康管理のための車の両輪となる．

6.1.4 インフォームド・コンセント

　動物園動物に対して行う診療は，動物園獣医師だけで行うものではない．動物園では飼育係や獣医師のほか，大勢の職員が働いている．動物園で飼育している動物を診療するためには，これらの職員と協力関係を構築しておく必要がある．特に飼育係は，飼育されている動物の給餌や清掃，観察などを通して動物を日常的に観察しながら飼育管理を行っているため，健康状態や動物の特性，治療しようとする個体の性格などをよく把握している．診断や実際の治療にあたっては，動物園獣医師と飼育係が協力して行うことで最善の選択を動物に対して提供することができる（図6.2）．獣医師は，診療や治療に際してその内容，副作用，予後などについて正確な情報を飼育係に提供し，飼育係も飼育管理上気付いたポイント，日常と異なる動物の状態についての情報を獣医師に提供するとともに，治療上の疑問点などを十分に獣医師に確認したうえで治療に望む．

6.1.5 診療情報の蓄積と収集

　イヌやネコなどの小動物臨床，ウシやウマなどの大動物臨床に関する診療技術の発展は，膨大な診療情報の蓄積に基づいている．しかし動物園動物では，飼育されている動物数が限られていること，動物園獣医師が小動物臨床獣医師などと比べて圧倒的に人数が少ないことなどから，診療情報の蓄積はきわめて限られている．

　まずは1つの施設内において診療録や検査結果などを整理し，動物種や分類群ごとに症例情報を蓄積しておく．また，他施設での診療情報の収集や情報交換を行うため動物園獣医師のネットワーク化が重要となる．国内では，日本野生動物医学会，日本動物園水族館協会などの学会や団体がメーリングリストを開設したり研究発表会を開催したりしており，これらを活用することで国内の動物園獣医師どうしでの情報交換が可能である．海外では共通の診療情報管理ソフトを用いて，動物園動物の診療情報の施設間での共有化がインターネット上で図られている．今後は国内動物園でも，このようなシステムを用いた情報の共有化が望まれる．

　近年，ヒトやコンパニオンアニマルの診療分野では，「根拠に基づいた医療（evidence based medicine：EBM）」と呼ばれる診療手法が一般的になってきている．これは，学術雑誌に発表された論文や研究成果といった客観的なデータに基づいて診療を行なう考え方である．動物園動物に関する文献情報は家畜やコンパニオンアニマルと比べると圧倒的に少ないが，国内外のさまざまな書籍（節末の文献リストを参照）や学術雑誌から情報を得ることができる．また，Google Scholar, PubMed, J-STAGE, CiNii, J-GLOBAL, AGROPEDIA などのインターネットによる文献検索サイトも飛躍的に充実してきており，これらを通しても診療情報の収集を行うことができる．

6.1.6 終末期医療と安楽殺

　近年，獣医療の進歩や飼育技術の発展などにより動物園動物でも高齢化が進み，ヒトやコンパニオンアニマルと同様，終末期医療への取り組みが課題となりつつある．動物園動物の直接的なホー

ムドクターは動物園獣医師であり、実質的な飼い主は飼育係である。しかし、動物園動物は市民全体の財産でもあるため、動物園動物の終末期医療は、動物園獣医師と飼育係が十分に議論しながら進めるとともに、市民の理解も得られるものでなければならない。家畜やコンパニオンアニマルとは異なる特有の解剖学的・生理学的特徴をもつ動物園動物では、治療や予後に苦慮することも少なくない。動物園動物はヒトの管理下に置かれていると同時に、野生動物本来の尊厳も有していることから、終末期における安楽殺の判断には常に困難が付きまとう。

野生動物の医療において安楽殺を選択する際、またその方法を選択する際は、アメリカ動物園獣医師協会（American Association of Zoo Veterinarians：AAZV）やアメリカ獣医学会（AmericanVeterinary Medical Association：AVMA）が定めた指針（AAZV, 2006；AVMA, 2013）が参考となるほか、「野生動物医学研究における動物福祉に関する指針（日本野生動物医学会）」、「特定外来生物の安楽殺処分に関する指針（日本獣医師会）」、「動物の殺処分方法に関する指針（環境省）」、「実験動物の安楽死処分に関する指針（日本実験動物協会）」なども参考に、動物の福祉に十分に配慮する必要がある。

6.1.7 病理検査と動物遺体の有効活用

動物園獣医師の仕事は、動物が死亡した段階で終わるわけではない。動物園では、動物が死亡した際には、動物園獣医師自らが主体となって病理検査を行うことになる。肉眼解剖、病理組織学的検査、細菌培養等の手段を駆使し、大学や外部検査機関の協力も得ながら、死因を特定していく。肉眼解剖を実施するにあたっては、ヒトと動物の共通感染症に罹患している可能性も考慮し、専用の解剖室でマスクやゴム手袋などの防疫体制を整備したうえで行う。病理解剖は系統だった方法で行い、死因につながる病変を見逃さないようにし

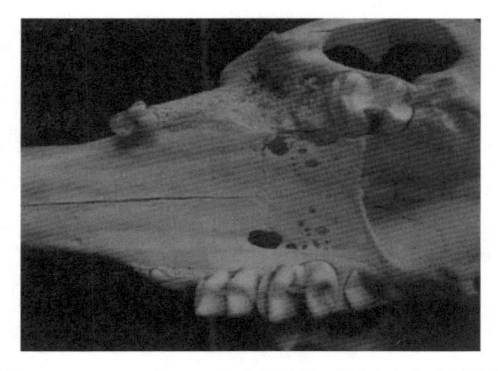

図6.2 アカカンガルーの左上顎歯列に認められた上顎骨炎
肉眼解剖で見落とされ、骨標本となってから判明する病変もある。右側第4前臼歯の垂直置換像にも注意（後臼歯は水平置換）。

なければならない。脳などの神経病変、歯科疾患、有蹄類の蹄周囲の異常などは見逃されることが多いため特に注意が必要である（図6.3）。病理検査で得られた情報は、まだ生存しているその他の動物園動物の飼育管理や診療に役立てることができる。

また、動物園動物には絶滅の危機に瀕した希少なものが多いため、将来の人工繁殖に備えた精子や卵子の凍結保存、研究用材料としての血液や組織の保存も積極的に行う。さらに、病理解剖後の動物遺体は、それ自体も研究用材料となるほか、動物園や博物館における教育用ツールである骨格標本、仮剥製標本、本剥製標本、なめし皮標本などとして役立てることができる。

6.1.8 保全医学と動物園獣医師

近年、人の健康、動物の健康、生態系の健康を包括的に捉えた「保全医学」という概念が取り入れられ始めている。動物の健康を守ること、野生動物の生息地や生態系を良好な状態に保つこと、ヒトの生活や健康を守ることがすべてつながっているという考え方である。動物園獣医師は、動物園飼育動物や地域の野生動物の健康を守ることを通して、生物の多様性を保ち、地球の健康を良好に保つ重要な役割を担っているのである。

〔松本令以〕

文　献

American Association of Zoo Veterinarians（AAZV）（2006）: *Guidelines for Euthanasia of Nondomestic Animals*.

American Veterinary Medical Association（AAZV）（2013）: *AVMA Guidelines on Euthanasia of Animals : 2013 Edition*.

Fowler, M.E., Cubas, Z.S.（2001）: *Biology, Medicine, and Surgery of South American Wild Animals*, Iowa State University Press.

Fowler, M.E., Mikota, S.K.（2006）: *Biology, Medicine, and Surgery of Elephants*, Wiley-Blackwell.

Harrison, G.J., Lightfoot, T.（2005）: *Clinical Avian Medicine Volumes 1 & 2*, Spix Publishing.

Mader, D.R.（2005）: *Reptile Medicine and Surgery, 2e*, Saunders.

McArthur, S., Wilkinson, R., Meyer, J.（2004）: *Medicine and Surgery of Tortoises and Turtles*, Wiley-Blackwell.

Miller, R.E., Fowler, M.E.（2011）: *Fowler's Zoo and Wild Animal Medicine Current Therapy, Volume 7*, Saunders.

日本動物園水族館協会　教育指導部編（1997）: 新飼育ハンドブック　動物園編2—収集・輸送・保存, 日本動物園水族館協会.

Vogelnest, L., Woods, R.（2009）: *Medicine of Australian Mammals*, CSIRO Publishing.

West, G., Heard, D., Caulkett, N.（2007）: *Zoo Animal and Wildlife Immobilization and Anesthesia*, Wiley-Blackwell.

傷病鳥獣の救護

　国内ではたくさんの野生鳥獣が人為的なけがや病気のために救護されている．これらの傷病鳥獣は，「鳥獣の保護及び狩猟の適正化に関する法律」（鳥獣保護法）に基づいて各都道府県が定めた鳥獣保護事業計画にのっとり，鳥獣保護センターや動物病院に収容されて治療される．一部の動物園では，このような傷病鳥獣の保護収容を行っており，治療やリハビリを動物園獣医師や飼育員が担

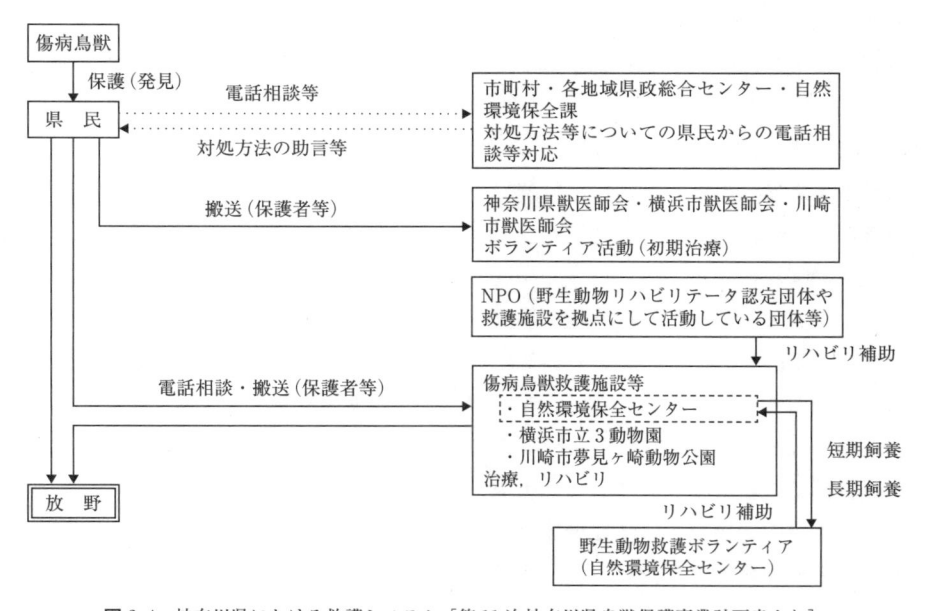

図6.4　神奈川県における救護システム［第11次神奈川県鳥獣保護事業計画書より］

当している．

たとえば神奈川県内では，神奈川県自然環境保全センター，横浜市立動物園（よこはま動物園，野毛山動物園，金沢動物園），川崎市夢見ヶ崎動物公園などが傷病鳥獣の収容を行っている．2011年度の保護点数は神奈川県全体で1903点であり，鳥類がそのうち約85％を占めている．絶滅の危機にあるような希少種が救護されることもあるが，私たちの身近なところに生息している普通種がほとんどである．傷病鳥獣救護の最も大きな目的は，救護個体の野生復帰にある．しかし実際には，野生復帰に至るものは救護された動物のうち20〜30％程度である．野生復帰できない場合は，展示，飼育下での繁殖，大学との共同研究などに活用され，後遺症により生活の質が十分に確保できない場合などは安楽殺が選択されることもある．

動物園で傷病鳥獣の保護収容を行う場合，飼育動物への感染症の侵入のリスクと野生復帰不能個体の取扱いが課題となる．感染症のリスクは，飼育場所や飼育担当者を区別することや消毒などの衛生対策を徹底することで，ある程度は下げることができる．傷病鳥獣救護活動は多様な目的をもっており，社会教育施設である動物園では，野生復帰不能個体を市民に対する普及啓発活動の題材として活用することもできる．展示や園内でのガイド，学校等での出張授業など，さまざまな場面で傷病鳥獣を取り上げることで，市民が自然環境保全や野生動物保護の世界に踏み込むきっかけを与えることが期待できる．傷病鳥獣の保護・治療は公的機関だけではなく多くの市民がボランティアとして携わっている．動物病院での診療の多くはボランティアであり，鳥獣保護センターや動物園では飼養ボランティア，里親，野生動物リハビリテーターなども活躍している．

救護活動の裾野を広げ，専門家の技術向上，リハビリテーターの育成，動物園来園者への普及啓発などさまざまな角度から傷病鳥獣救護に取り組むことは，地域の野生動物の健康を守ることが人の健康や地球の健康を守ることにつながるという「保全医学」の考え方をまさに実践することとなる．

〔松本令以〕

6.2 各 論

6.2.1 予防医学

予防医学（preventive medicine）とは，病気になってから病気に対処する治療医学（curative medicine）あるいは緩和医療（palliative medicine）に対して，疾病またはけがの予防対策，あるいは健康増進，寿命の延長を目的とした医学の一分野である．予防医学の領域は，次の3段階に分類される．

①一次予防：健康な時期に，栄養・運動・休養など生活習慣の改善，生活環境の改善，健康教育などによる健康増進を図り，さらに予防接種による疾病の発生予防と事故防止による傷害の発生防止をすること．

②二次予防：発生した疾病や傷害を検診などによって早期に発見し，さらに早期に治療や保健指導などの対策を行い，疾病や傷害の重症化を防ぐ対策のこと．

③三次予防：治療の過程において保健指導やリハビリテーションなどによる機能回復を図るなど，QOL（quality of life）の向上や再発防止対策，社会復帰対策を講じること．

以上が医学分野での予防医学の概念であるが，本項では獣医学あるいは動物園動物・野生動物分野での予防医学の実際について論じる．

a．一次予防

当然のことだが，動物園動物に生活習慣・生活環境の改善指導や，健康教育をすることはできな

い．飼育係や獣医師が，同種またはそれに近い動物種の飼育経験や文献等から得られた栄養学的および飼育管理上の知見を動員して動物の健康管理を行うことが重要となる．同じ動物であってもライフサイクルに応じた飼育管理方法が必要となる．幼齢あるいは老齢個体，病弱なものに対しては，冬季の寒冷や夏季の熱暑を避けるために冷暖房を用意したり，餌は消化吸収の良いものを選んだり，咀嚼しやすいよう細かく切ったり加熱等の加工をして与える．

餌については，ジャイアントパンダに与える竹葉やコアラに与えるユーカリ葉等を別として，一般に動物園で与える餌は，自然界でその動物が本来摂食しているものとは種類も数も異なる．動物園では概して，一年中流通し，安価で良質なものが容易に多量に入手でき，かつ動物に健康被害を与えるような因子（病原細菌・ウィルス，寄生虫等）のないものを餌として与えている．食肉類であれば，本来は捕えた獲物の内臓や小骨なども食べるが，動物園ではウサギやマウスなどの生き餌を特別食として週に何回か与えることもあるものの基本的には筋肉部分を与えることから，不足するビタミンやミネラルはサプリメントを添加している．

生のワカサギやドジョウを与えるトキ類，サギ類の魚食性の鳥ではビタミンB_1（チアミン）を破壊する酵素（チアミナーゼ）によるビタミンB_1欠乏が知られ，脚弱や運動麻痺などの神経症状がみられる．発症した個体にはビタミンB_1の注射が即効的である．予防にはビタミンB合剤を餌に添加して与える．逆にシマフクロウで，ビタミンB合剤の経口投与による中毒が発生したことがあり，猛禽類に対しては経口でビタミンB合剤を与えることは避け皮下注射またはビタミンB_1単味で経口投与するべきである．

動物園で飼育するトナカイで発生をみるセレン欠乏症は，原産地でトナカイが好んで食べる地衣類は土壌中の微量元素を吸収する性質が高くセレンを十分含んでいるのに対し，日本の牧草では不足していることから起こる．セレンは，体内においてビタミンEと同様に過酸化作用をもつことから，欠乏症の予防にはセレンまたはビタミンEを給与する．セレンは毒性も知られており，飼料添加には過剰とならないよう注意を要する．

動物園で飼育されるゴリラには心臓病による死亡例が多い．そのため，現在では従来までの果実や根菜類中心の糖度の高い餌から，野生での食性に近い樹葉や葉物野菜に変更して肥満を防止している．

感染症対策として動物園では，園外から感染症が侵入しないように新たに導入する動物については検疫を実施している．隔離施設で1〜2週間程度外観上の健康を確認し，さらに糞便中の病原性細菌・寄生虫検査，必要に応じてウイルス抗体価の検査が行われる．検疫の目的には，感染症の侵入防止および健康確認のほかに輸送中に受けたストレスから動物を回復させること，新たな飼育環境に動物を馴致させることもある．急激な環境変化を緩和することにより，動物の健康を確保することにつながっている．

動物園では限られた面積の中で同じなかまの種を継続して飼育することが多く，一度感染症が発生した場合には，まん延する危険性が高い．そのため，細菌またはウイルス感染症予防のためにワクチン接種を行っている．野生動物用のワクチンは入手できないので，国内で販売されている人用または家畜用のワクチンが使用される．ゴリラ，

図6.5 動物用ワクチンの例

オランウータンなどの霊長類には人用，ライオン，チータなどのネコ科動物には猫用，オオカミ，タヌキなどのイヌ科動物には犬用，シマウマ，モウコノウマなどの野生馬には馬用，キジ科の鳥や猛禽類には鶏用が使用される（図6.5）．ただし，犬ジステンパー生ワクチンを接種されたレッサーパンダでジステンパーが発生した事例があり，動物園動物に家畜用のワクチンを使用する場合には注意を要することがある．破傷風に対する感受性が高いゾウ，バクでは，同種の動物の生物学製剤はないが，人用または動物用の破傷風トキソイドを接種する．

ネコ科の回虫感染，ツル科・キジ科のコクシジウム，サル類のアメーバ赤痢，大腸バランチジウム，蟯虫などの寄生虫・原虫類感染症が長期にわたり散発する事例もみられる．同じ展示施設で長期間同じ動物を飼育していると，これらによる汚染が深刻となるケースがある．予防には定期的な検査と駆虫が行われるが，土壌の交換や消石灰の散布，バーナーの炎による表土の熱消毒が必要となることもある．

動物園動物では，飼育施設の不備による事故が意外と多く発生する．コンクリート舗装した床面でシマウマやシカなどの有蹄類が滑走して転倒することがある．事故防止には舗装面の滑り止め加工が必要である．シカ類が草架けに前脚を挟んだり，ツル等の長脚の鳥が施設の意匠のために作った擬岩に脚を挟み込んで骨折することがある．また，鳥類がケージの骨組みや梁に頭を激突したり，観覧用のガラスにぶつかる事故も多い．遊具で入れたネットに指を絡め取られてサルが指を切断した事例，古タイヤにサイやクマが頸をはめて取れなくなった事例などもある．新しい展示施設を設計する際，完成後に動物を入れる際，エンリッチメントのために遊具を新設する際などは，あらゆる想定をして動物に事故が発生しないよう注意を喚起しなければならない．

b. 二次予防

ウシ，ウマ，ブタ，ヤギ，ヒツジ，ニワトリ，カイウサギ，テンジクネズミなどを除いて動物園で展示される動物（動物園動物；zoo animal）は，人に飼育されてはいるものの長い年月をかけて人間の利用に供するために遺伝的に改良した家畜とは違う．自然界で生活する野生動物（フリーレンジングワイルドライフ；free-ranging wildlife）とは一線を画すが，基本的には野生動物の本能を残している．弱肉強食の生態系にあって自らが弱っている姿を見せることはすなわち死につながる．草食獣であれば食肉獣の格好のターゲットになり得るし，食肉獣であっても群れの中での地位が下がったり，食物連鎖の中でより上位にある食肉獣に獲物を奪われたり，捕食されることとなる．

動物園動物にも，病気になっても自分が弱っていることを隠そうとする傾向があり，病気を早期発見することが困難である．獣医師や飼育係は，普段から動物の正常な動きや反応を観察して異常な点を早期に発見する眼力が必要となる．いくつかの動物園では，外観からの日常的なチェックに加えて定期的に動物を捕獲して採血，エックス線撮影，糞便検査，ツベルクリン皮内反応などを行って健康確認をしているところもある（図6.6）．しかし，動物園動物では，採血などをするためには捕獲や麻酔をかける必要があり，そのことによる動物の事故も多い．海外の動物園では，ターゲットトレーニングやハズバンダリートレーニング

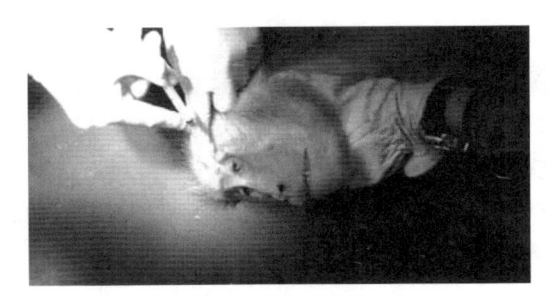

図6.6 ニホンザルの健康確認
一斉捕獲し，ツベルクリン皮内反応などを行っている．

図6.7 アフリカゾウの耳からの採血のためのターゲットトレーニング

図6.8 嘴骨折したコウノトリのためのアルミ製義嘴

を取り入れて，動物に負担の少ない方法で採血，触診，聴診，エコー検査などを実施している．国内でもこの手法を用いてイルカの尾鰭の静脈やゾウの耳静脈から採血することが行われている（図6.7）．

群れ飼育する施設の中で伝染性の強い感染症が発生した場合，そのまん延を防ぐために，動物園では抗菌剤の保険的投薬が行われることがある．このような場合も，耐性菌の発生を防止するために，漫然と投薬を継続するのではなく，保菌状況を調査し可能ならば感染動物だけ治療することが望ましい．投薬中も適宜細菌の抗菌剤の感受性をモニタリングする必要がある．

c. 三次予防

動物園動物で三次予防にあたるものとしては，リハビリテーションなどによる機能回復，飼育施設の不適合，不備による事故の再発防止があげられる．

人に触れられることを嫌う動物園動物の多くが，人の手を介する理学療法を行うことは困難である．脚麻痺となり起立不能となったクイナやフラミンゴなどの脚の長い鳥では，吊り包帯で身体を吊って脚部への負重を軽減させてリハビリ運動を課すことで起立できるようになった例がある．リハビリ運動を課すために放飼場に餌をバラまく，餌を高いところにつけるなどの給餌方法の工夫がとられている．QOLの改善としては，嘴を折ったコウノトリにアルミニウム製義嘴を装着して採食を可能とした，アカウミガメに人工ヒレを装着して泳げるようにした，といった事例などがある（図6.8）．

〔豊嶋省二〕

6.2.2 外　科　学

a. 動物園の動物で一番多い診療は？

「ライオンが足を地面に着けない！」と骨折も疑い，麻酔をかけて大がかりな診療をしたが…，結果は肉球の一部が傷ついていただけ，ということがある．ライオンは，百獣の王といえども，意外に痛みには弱い．自然界では，食う側の強い生き物なので，痛みを素直に表に出せるのかもしれない．野生動物は，弱みを必死で隠そうとするため，動物園の動物でもけがや病気の進行に気付かないことも多く，命取りになったり，後遺症を残したりすることもある．

動物園の動物で一番多い診療に，創傷の縫合がある．したがって，動物園獣医師の腕の見せ所の1つは，けがの診断と治療だろう．けがは，同居飼育されている個体との闘争や飼育舎の構造物などによって起こる．前者は，たとえばペアリング，サル類の順位争いや鳥類のなわばり争いなどによって起こる．

蹄や足などの運動器疾患もよくみられる．床や止まり木などの飼育環境が合わないと，爪や蹄が

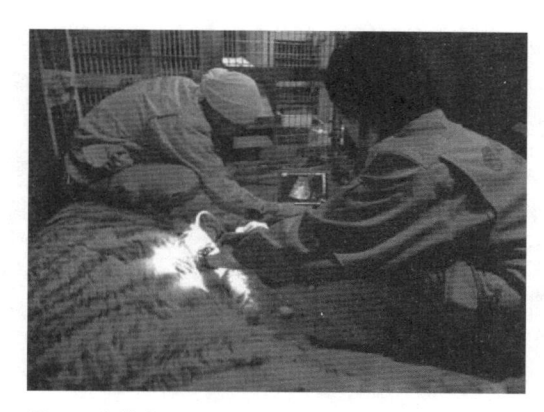

図 6.9 肝臓癌のアムールトラからのエコーガイド下バイオプシー術後所見

伸びすぎたり（シマウマなど），足の裏にタコができたり（ペンギンなど）することがある．鳥類では，翼の骨が飛翔に適して軽くできているので，骨折を起こしやすい．さらに，動物園の動物は長生きするため高齢個体が多く，人と同じようにがんが起こりやすい（図6.9）．たとえば，国内のホッキョクグマでは，25歳以上の高齢個体において，死亡原因の4割近くに肝臓腫瘍が認められている．

b. 動物園で「切る」とき—飼育目的と動物の福祉を考えて…

外科（surgery）は，損なった身体の機能を原因除去あるいは再建して取り戻す技術である．ラテン語の"chirurgia"に由来し，cheiro（手）とergon（技）が合わさってできた語で，「手のわざ」を意味する．外科の魅力は，手を出さねば永久的に機能が損なわれるか，死を免れない状態から命を救うことができる点にある．たとえば，骨折を手術しなければ飛べなくなる，腸を切って異物を摘出しなければ腸閉塞で死亡する，というような症例があてはまる．

では，動物園では，どのような症例で「切る」のか？ その動物を生かす確固たる目的があり，それが幸せであると予想できるならば，切る．短期的にはストレスになっても，結果として生理的寿命まで長生きさせ，展示や種の保存にかかわらせ，また得られる情報が野生個体群の保全のために役立てられるならば，チャレンジするべきだろう（福井，2010）．たとえば，大型の水禽類は起立できないと死につながるが，外傷性に膝関節脱臼を起こしたマガンに対し，手術後にリハビリを行った結果，歩けるようになった（＝命を救えた）症例を経験した（福井・坂東・小菅，2005）．

一方で，外科的介入が繁殖に悪影響を及ぼしたり，群れに戻した後に攻撃されたり，術後に予想される対価が大きい場合には，内科治療や自然治癒に任せた方がよい場合もある．それでも，生活の質（QOL）が保たれない場合は，治療しても飼育継続する目的を確保できない場合と同様に，安楽殺も検討すべきである．

獣医師は，人医と違って複数の診療科目を兼任している．「切る」ときには的確に切れる，内科医の心をもった外科医を目指したいものである．

c. 動物園外科へのチャレンジ—外傷治療を例に

動物園外科は，常にチャレンジである．第一に，普通は麻酔をかけないと始まらない．また，多種多様な動物の解剖学的特徴や生理について理解したうえで，麻酔や手術方法を選択する必要がある．たとえば，ヤマアラシの手術では「針」，秋に丸々太ったクマの手術では腹部の「脂肪」が邪魔になる．また，大きい動物では太い縫合針と糸，小さい動物では細い針と糸というように，使用する器具や薬剤にも工夫が必要となる．さらに，術後管理にも困難がつきまとう．傷をガーゼで保護しても自分ではがしたり，糞尿などで汚染されやすく，包帯交換にも麻酔が必要になる．傷の消毒には，消毒薬をスプレーでかけるなど工夫がいる．傷の縫合では，動物が口や手で自ら抜糸をしてしまうのを防ぐのと，抜糸のために再度麻酔をかけるのを避けるために，傷の表面に縫い目が出ないように内部に吸収糸を埋没する縫合方法，さらに瞬間接着剤の併用を選ぶと効果的である．

d. 動物園外科の未来への期待

自分に言い聞かせている言葉がある──「動物は飼い主を選べない」．動物にとって，"今"が大事．自分がその動物の一番の理解者であり，冷静で的確な診断と治療ができるように，知識と技術を磨いておかねばならない．外科技術を身につける一番の近道は，症例数をこなすことである．おそらく，その過程で失敗と反省があるだろうが，日々の症例から経験を積み，来るべきときに備えておく必要がある．一方で，予防が最も重要であるため，日常飼育管理のなかで動物に号令をかければ，足の裏を見せたり，消毒させてくれたりするように，健康管理上のトレーニングも課題である．

動物園外科は，まだ発展途上である．腕利きの動物園外科医の存在は，動物の寿命や QOL を引き上げ，種の保存や効果的な展示に貢献できる．近い将来，国内でも，地球上の多様性ある生き物たちに対する社会の価値観が向上し，動物園医療にも診断治療機材など惜しみない投資が行われ，日本全体で動物園医療チームを結成して尊い命を全力で守っていくような日がくる．そんな夢を描いている．

〔福井大祐〕

文献

福井大祐（2010）：展示動物の福祉──人を魅了するため野生動物医学を取り入れた健康管理．*Jpn. J. Zoo. Wildl. Med.*, **15**：15-24.

福井大祐・坂東 元・小菅正夫（2005）：関節制動術によるマガンの膝関節脱臼治療例およびドバトを用いた治療試験．*Jpn. J. Zoo. Wildl. Med.*, **10**：49-52.

福井大祐ほか（2009）：オオカミの皮膚欠損創に対する遊離皮膚片を用いた移植手術例．第15回日本野生動物医学会大会講演要旨集，p.39.

国内初の野生動物の皮膚移植手術

動物園に新しくやってきたオオカミがもともといた個体と仕切り越しに見合い中，檻の隙間から出した前足を咬まれ，重傷を負った．発見時には大量出血のため，ショック状態にあった．生命を救うため，吹き矢で麻酔をかけて動物病院に運び，救命処置を行った．3時間がかりで一命を取りとめた．傷は，右前肢の手根から指先のほぼ全域と前腕外側の皮膚が欠損する状態で，指の腱や骨が露出していた．2,3日おきに麻酔をかけて傷の治療を行っていたが，次第に皮膚や指の腱の壊

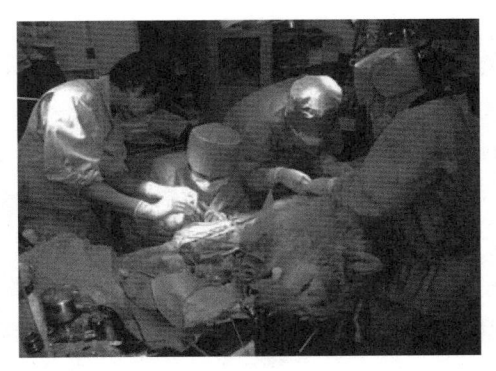

図 6.10 オオカミの皮膚移植手術にのぞむ動物園手術チーム

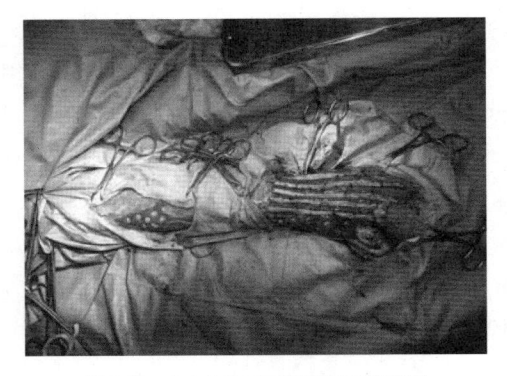

図 6.11 オオカミの皮膚移植手術後所見

死が進行し，歩行機能に障害が残ったり，命にかかわる可能性が出てきたので，断脚手術も検討していた．なんとか足を残したいと願い，治療間隔を狭めて懸命の治療を続けた結果，状態が落ち着き始めた．自然治癒に任せれば半年はかかると予想された大きな皮膚欠損創に対し，国内では野生動物でおそらく初めてとなる皮膚移植手術に挑むことを決めた．受傷後45日目，獣医師と飼育係が総出で麻酔，術者，助手，器具係と外回りを分業し，手術を行った（図6.10, 6.11）．患部に溝を掘り，胸の皮膚から取り出した移植片を次々とはめ込んで，ていねいに縫合して固定して行った．同時進行で，もう一人の術者が胸の傷を縫合した．最終的に，紐5本と円形22個の皮膚片を移植し，手術は5時間に及んだ．術後管理が最も重要であるため，翌日からも9日間連続で麻酔をかけて術創の洗浄をていねいに行った．移植した皮膚はとてもデリケートであるため，包帯が汚れたり衝撃が加わったりすれば，感染や壊死を起こして脱落してしまう．首にはネックカラー，手術した足には包帯の上にギプスを装着して厳重に管理した．最終的に76回もの麻酔をかけて180日間に及ぶ治療を経て，傷は完治した．前足の機能は温存され，待望の出産にも至った．成功の鍵は，第一に安全な麻酔，次にていねいな術後管理，また的確な手術の技術にある．そして，何よりも最高の手術チームを創ることが重要である．

〔福井大祐〕

6.2.3 内科学

動物園で飼育されている動物は野生動物ではあるものの，ほとんどが動物園で生まれ育ったものなので，動物園の環境に適応し観客から見られることにも慣れ，飼育管理されていることにもある程度順応している．しかし愛玩動物や家畜とは異なり接触されることを極度に嫌う．ましてや捕獲，保定されるともなれば必死で逃げ回り，抵抗し，ときには鋭い牙や爪，嘴で攻撃にも転じる．つまり，血液検査やX線撮影，超音波診断などは麻酔下でなければとても行うことができないのである．同様に口腔内の歯の検査や胸の聴診，腹部の触診など，一見簡単そうに思われる診察といえども鎮静剤，麻酔薬の助けなしにはできない．

したがって，内科学的診断にあたっては，動物へのストレスを考えて接触せずに入手できる情報をまず重視する．外観から判断できるのは被毛の光沢，脱毛の有無，歩行・起立状態，腹部の膨満，呼吸の大きさと速さくらいである．入手できる検査材料は日常的には糞，尿，ときには痰である．このような乏しい検体から診断をしなければならないのが動物園動物の診療の難しいところである．下痢や血便を伴うような消化器系の疾病や血尿，頻尿，尿閉などの泌尿器系疾患，さらには開口呼吸や鼻汁，発咳などの呼吸器系の特徴的な病状を示すものであれば発見も早く，治療も早期に始められる．ところが前述したように，彼らが本能的に身をかばうあまり，臨床症状を示してくれなければ，獣医師の治療が遅れることになる．

さて，動物園における内科学というのは呼吸器系，消化器系，神経系，循環器系，泌尿器系，寄生虫関連，感染症などあまりにも広範囲な領域であり，本書の限られた紙面で書ききれるものではない．一般の方が疑問に思っていることについて少しふれながら，動物園で特徴的にみられた疾病をいくつか取り上げてみたい．

a. がんと生活習慣病

「動物園の動物でもがんになるのか？」という質問をよく受ける．がんにかかるのはヒトだけと思っておられるのかもしれないが，もちろん動物もがんになる．専門的には悪性腫瘍，このなかには白血病や肉腫も含まれる．日本動物園水族館協会が発行する『動物園水族館雑誌』には，カバとタンチョウの肝細胞がん，コアラ，レッサーパンダ，アシカの悪性リンパ腫，ライオンの膵臓がん，カンガルーの肺がん，シフゾウの骨肉腫，リ

カオンの汗腺がん，タスマニアデビルの乳腺がん，…数え上げればきりがないほどの事例が報告されている．同様に，「ヒトの生活習慣病は動物にもあるのか？」という問いも多い．イヌやネコでは肥満，糖尿病，心臓病などはあたりまえの疾病であるが，動物園では栄養管理をしていることから稀である．しかし運動不足のうえに，入園者から投げ込まれる菓子類で糖分・塩分の過剰摂取となることもあり，油断はできない．環境から受けるストレス，遺伝的な問題もあるが，カバやキツネザルで糖尿病が報告されている．動物園での肥満対策は絶食である．肉食動物は週1回絶食日を設け，それでも効果がなければ週2回に増やす．もちろん1日の分量を減らすことは当然である．

b．胃内異物症

キリンやカモシカ，シカ，ラクダなど胃が3～4つに分かれている反芻動物で，ビニール類を誤食して，ときには死に至るケースがみられた．解剖してみるとお菓子を入れるビニール袋，キャンディの包み紙，ナイロン袋，ビニール紐，みかんなどを入れるビニールネットなどが，一番大きな第一胃にいっぱい詰まっていた．あるニホンジカでは重量にして3kgものビニール類が詰まっていて愕然とした．胃の構造が複雑なためにこれらの消化できないビニール類は排泄されずに，胃の中で絡み合って停滞してしまうのである．胃内に異物があるかどうか，検査をするにしても全身麻酔が必要であり，衰弱してからでは手のくだしようがない．

c．動物園の鉛中毒

ヒトでは職業病として古くから知られる疾病であるが，動物においても家畜ではウシ，ウマ，ブタ，イヌにおいて報告例がある．野生では北海道で鉛弾を用いた銃で射殺されたエゾシカの死体を食し，オオワシなどの猛禽類が肉と一緒に飲み込んだ鉛弾で発症するケースがみられる．また池などの底に落ちた鉛の散弾を誤食したハクチョウなどの発症も数多く報告されている．一方，動物園という隔絶された環境においても鉛中毒が過去に散見された．1980年代に3ヶ所の動物園で相次いでサル類の鉛中毒が発生した．海外においては1950年代に米国の動物園でゴリラが，1970年代に米国やベルギーの動物園でサル類に認められている．動物園での発生原因は檻，金網などの鉄部塗装に用いられた鉛丹錆止め用塗料およびペンキに含まれた鉛である．サル類や草食動物では金網や鉄格子，柱などを舐めたり齧ったりする光景を見かける．ペンキが剥がれ裸出した鉛丹錆止め用塗料を舐めているうちに鉛を摂取することになる．麻痺や痙攣などの神経症状を主徴とし，血液検査で高濃度の鉛が測定されれば，キレート剤であるCa-EDTAの投与が有効である．現在は塗料を必要としないステンレス製の金具に変えたことで発生はみられない．

d．イヌジステンパーワクチンによる発症

イヌジステンパーはイヌだけではなくキツネ，タヌキなどのイヌ科動物はもちろん，アライグマやジャコウネコの仲間も感受性がきわめて高い．さらにジャイアントパンダ，レッサーパンダ，大型ネコ科動物，驚くべきことにはアシカ，アザラシ，オットセイなどの海獣類やイルカの仲間にまで感染する．1970年代に予防のためにレッサーパンダに弱毒化生ワクチンを接種したことが原因で，レッサーパンダが発症し死亡する事例が相次いだ．その後は不活化ワクチンに切り替えたが，感染症予防のためのワクチンも動物によっては使い方を誤れば危険なのである．

e．霊長類の結核

結核の概要は6.2.5項で述べられるので，ここでは天王寺動物園で発生したチンパンジーの治療例を紹介する．

1991年12月，チンパンジー（雌7歳）が食欲不振，発咳を呈し微熱も認めた．風邪に似た症状が3週間続き，何かおかしいと感じ咽喉頭粘液，糞，胃液の細菌検査，血液検査，X線検査，ツ

ベルクリン検査を実施した．結核菌は培養に長い日数を要し，同定までに2ヶ月はかかる．血液検査では白血球の増加と血沈の異常が確認され，X線検査では肺の陰影像（炎症，無気肺）が認められた．またツベルクリン検査では接種部位の上眼瞼腫脹が認められ，結核の疑いが強まった．早急に確定診断をするため，内視鏡を気管から気管支に挿入し，気管支分岐部の結節を採取し抗酸菌染色を行った．結果は陽性で，結核と診断された．家畜や愛玩動物では安楽死の処置が一般的であるが，入園者から完全に隔離し治療できると判断して，投薬を開始した．抗結核剤のリファンピシンとイソニアジド，副作用の予防にビタミンB_6製剤，これら3種の薬剤をチンパンジーの好みそうな食べ物，ジュースや蜂蜜，ヨーグルト，季節の果物，さらには干し柿などに混ぜ込んで連日投薬を行った．まもなく，この雌と同居していた2頭のチンパンジーも検診で結核に罹患していることがわかり，同様の治療を開始した．投薬開始から1年，血液検査はほぼ正常に戻り，無気肺も回復した．念には念をとさらに6ヶ月投薬を継続し，完治した．飼育担当者も獣医師も並たいていの苦労ではなかったが，完治させた自信は大きいものがあった．　　　　　　　　　〔宮下　実〕

文　献

M.E. フォーラー，R.E. ミラー編・中川志郎監訳（2007）：野生動物の医学，文永堂出版．
日本動物園水族館協会 教育指導部編（1995）：新 飼育ハンドブック 動物園編1—繁殖・飼料・病気，日本動物園水族館協会．
日本動物園水族館協会（1960～2012）：動物園水族館雑誌，vol.1～52，日本動物園水族館協会．

6.2.4　寄生虫学

本項の目的は，動物園（ただし本項内容の一部には水族館も含む）展示動物を対象にした寄生虫（病）学について，生産・愛玩動物で発展した典型的な獣医寄生虫学と比較し，論考することである．なお，本項の基本事項は『最新家畜寄生虫病学』（朝倉書店，2007年）や『生物の事典』（同，2010年）の8.3.3項 d．「動物の病気と診断」などが参考になる．

a．寄生と共生

まず，寄生とは，2個体（もしくは2種）の間で一方（寄生体）がもう一方（宿主）からその養分を得，通常，宿主に何らかの病害（例：栄養障害や貧血など）が生ずるものを指す．これと似た現象に片利共生があり，宿主に直接的悪影響を示さず，共生体が一方的に受益するような場合である．たとえば，宿主（ウミガメ類，鯨類など海生動物）に便乗し空間的分布を広げるフジツボ類がある．何らかの原因で遊泳速度が減ずると，このような共生体が増加することが鯨類で知られるので，展示動物の健康状態を間接的に知る手掛かりの1つになる．一方，宿主と共生体，双方に利する関係は相利共生と称され，たとえば植物食の哺乳類（発酵場所は胃あるいは盲腸と異なる）には多様な繊毛虫が共生し，宿主に栄養分を供給している．したがって，こうした動物に原虫病治療の目的で抗原虫剤（サルファ剤やメトロニダゾール製剤）を投与すると，共生原虫に悪影響を与える可能性がある．

b．寄生虫とは

国際獣疫事務局（OIE）監視対象の寄生虫病（現在，13疾病が指定）は，家畜衛生や伴侶動物医療の基盤となる獣医寄生虫学研究の中心課題である．動物園でも，当然，OIE監視疾病は問題視されるが，多くの展示動物は，生物学的性状が不明な数多くの寄生虫にさらされている．しかし，ここですべてについて紹介する余裕はないので概説にとどめたい．

寄生虫には真核／単細胞性の原虫と真核／多細胞性の蠕虫・節足動物が含まれる．蠕虫には扁形動物（単生類を含む吸虫や条虫），線虫，ハリガネムシ，鉤頭虫，ヒルなど，節足動物にはダニ・

昆虫の代表的なもののほか，ウオジラミ，イカリムシ，チョウなどの魚病領域で重要なものとフジツボ類やクジラジラミなど，甲殻類も含まれる．ただし，舌虫（肉食性爬虫類の呼吸系に成虫，ヒト含む哺乳類の腹腔諸臓器表面・脳内に被囊幼虫が寄生する節足動物．成虫幼虫とも治療薬なし）や内部寄生性のハエ類幼虫などは，外見から蠕虫に包含される．

c. 展示動物の寄生虫病（宿主要因）

病原体以外に宿主と環境も加わった「合作」で感染症が発生することを鑑みると，寄生虫病のコントロールにも，この両要因に注意を払うべきである．

動物園が生物多様性の教育研究拠点を担うことから，当然ながら展示動物が多様で，脊椎動物ならまだしも，無脊椎動物にまで考慮するのが，展示動物の寄生虫学の特徴の1つである．ここでは，具体例として蟯虫類をモデルに考えてみよう．獣医寄生虫病学ではウマ，実験動物のウサギ・ネズミの典型的な寄生線虫として扱われる．もちろん，蟯虫検査を経験した年代の諸兄はヒトに寄生することはご存知であろうし，最近は小児でのヒト蟯虫症がクローズアップされる．また，ヒト（飼育担当者や入園客）から展示ゴリラへヒト蟯虫が濃厚感染し，ゴリラに致死的な蟯虫症を起こした記録もある．"zoonosis"というとヒトが動物から感染を受ける被害者の視点が重視されるが，じつはヒトが加害者にもなる．また，蟯虫類はリクガメ類にも寄生し，展示個体がときどき大量の虫体を排出させることから，飼育者や担当獣医師を心配させる．そこであわてて線虫駆虫剤の第一選択薬となったイベルメクチンなどを投与すると，リクガメ類には重篤な副作用を示す．家畜／愛玩動物では安全でも，展示動物では必ずしもそうではないのである．また，某ペットショップで，リクガメ類の蟯虫類が水生のナガクビガメ類やヌマガメ類から見出されたことがあった．これは，両カメ類を，一時的に同じケージで飼育していたことによる偶発寄生と推察されたが，管理の行き届いた展示動物ではこのようなことは起きないことを祈りたい．

あまたの寄生虫のなかで，ほんの一群の蟯虫類であっても話題は尽きないが，この線虫は昆虫にも寄生する．昆虫病理学は発展途上なので，その病原性などは不明なままである．昆虫での致死性寄生虫病として，たとえばロンドン動物園で再導入を目的に繁殖されたヴェタクリケット（コオロギ類）のコクシジウム性寄生中腸炎がある．また，同園のタランチュラはPanagrolaimidae科線虫に悩まされていた．このような展示無脊椎動物の寄生虫病については次代を担う動物園獣医師に託したい．

ほかの宿主要因としては年齢，性別，栄養状態などのほか，由来（国内繁殖個体，野生捕獲個体），飼育密度（寄生虫の伝播速度を規定），生物地理（問題となる寄生虫が展示動物種の原産地で進化過程をともにしたのかどうか：後述）などが展示動物では問題視されようが，これらは動物園の環境要因と密接に関連するので次の項目に譲りたい．

d. 展示動物の寄生虫病（環境要因）

動物園が立地する自然環境，たとえば気候や地理的な条件がある種の寄生虫病発生の因子となることは容易に理解できよう．たとえば，カの発生源となる湿地に近い場合，鳥マラリアや犬糸状虫症などの寄生虫病により注意を払う必要がある．特に，これら寄生虫や媒介者が生物地理学的な側面から存在し得なかった地域が原産地となるペンギン類の両病罹患は，重篤症状を惹起するおそれがある．

また，都会の動物園では飼いネコや野良ネコが容易に侵入しよう．繰り返すが，生物地理が異なる寄生虫と展示動物の遭遇は危険である．旧世界の陸上肉食獣と餌動物との間で進化したトキソプラズマ原虫が，オーストラリアの有袋類や新世界サル類に感染した場合，高い病原性を示す．ま

た，周囲の野生動物が頻繁に侵入する動物園では，そのような動物から展示動物への寄生虫病感染を防止するのは難しい．たとえば，北海道の動物園では霊長類に多包虫症が散見されるが，その原因は野生のキツネの糞による展示動物の餌への汚染である．キツネの侵入を防止できたとしても，カラスが乾燥したキツネの糞を玩具にして，展示動物の飼育場に落下させることもある．条虫類の感染としては北陸の施設で展示されていたトウホクノウサギで，キウイフルーツ大の豆状嚢尾虫症が見つかった事例がある．このノウサギはテンおよびタヌキなどのケージに接した場所で飼育されていたことから，これら肉食動物から感染を疑い，糞便検査が実施されたが，条虫卵は未確認であった．おそらく，ノウサギ飼育場が野外に接していたので，園内を徘徊する野生タヌキなどからの感染が示唆される．このほか野生動物侵入による寄生虫の濃厚感染が生じた事例として，ハツカネズミが持ち込みヨーロッパヤマネに感染させた線虫ヘリグモソモイデス症が英国で知られる．

　動物園の運営状態の悪化は，日和見的な寄生虫病の発生にもかかわることもある．東日本大震災から2週間後，東北地方の施設で飼育されるシシオザルが急死し，剖検によりサルハイダニの濃厚感染が確認された．このダニは通常症状を示さないが，震災の影響で，電力供給が滞り，暖房が機能せず，さらに餌も不十分であったことから，日和見的に症状を悪化させたと考えられた．被災の最中，動物の健康管理を最優先に剖検をした当該園の獣医師を誇りに思うが，展示動物の寄生虫学にはこのような挑戦的な現場が確かに存する．

　経営悪化により，狭溢な飼育環境となった場合，異なった種の展示動物相互の寄生虫感染も生ずることがある．アライグマ蛔虫は非好適宿主（後述）体内での重篤な幼虫移行症を起こすことがよく知られる．この蛔虫は，好適宿主がアライグマで，その小腸管内で成虫になるが，ヒト，家畜，アライグマ以外の野生動物（哺乳類・鳥類）に含幼虫卵が取り込まれた場合，体内で孵化した蛔虫幼虫が中枢神経に侵入し，ときに致死的な疾病を惹起する．症状としては中枢神経が破壊されるので，アライグマが生息する米国ではヒト小児に致死は免れても知能障害などの後遺症が生ずる．他種でも体幹を半弓したり，旋回をするなど神経症状を呈する．日本では，某園内で飼育されたアライグマの糞が雨に流され，その中のアライグマ蛔虫卵を摂取した飼育アナウサギに感染，集団致死例が知られる．

　動物園にとって，まったく予定のない動物種を急遽飼育しなければならない場合も，寄生虫病の管理上要警戒である．国際空港で複数のワニトカゲが密輸摘発され，ある動物園で飼育されることになった．うち1個体が来園約2ヶ月後から斜頸，体彎曲姿勢を示した．その後，歩行困難と旋回傾向を示し，発症から約1ヶ月後死亡した．剖検により脳に体長約12 mmの線虫が裂刺していた．この線虫は雌第4期幼虫である以外，形態分類的特徴は見出されなかったが，おそらく同園飼育爬虫類からの偶発寄生によるものと解されている．ウサギを死亡させたアライグマ蛔虫にしろ，このワニトカゲの線虫にせよ，直接の病原体は幼虫で，獣医寄生虫学で扱われる典型的な幼虫移行症である．しかし，さまざまな展示動物種が混在する動物園は，寄生虫の偶発寄生が生ずるホットスポットであることを常に忘れてはいけない．なお，このような幼虫移行症は「出会いがしらの交通事故」に例えられている．つまり，宿主（被害者）・寄生虫（加害者）の双方とも犠牲者という意味で，非好適宿主に侵入した寄生虫は，幼虫のまま死滅する以外に道はないからである．

e. 寄生虫病のコントロール

　展示動物の寄生虫病も，ほかの感染症と同様，予防が鍵となる．国内の展示動物では糞便と皮膚の寄生虫について自主検疫（期間1～4週間）を行い，必要に応じ血液検査，尿検査，寄生虫駆除などを行うところが普通である．

不幸にして検疫の目をかいくぐり，侵入を許してしまった海外寄生虫の防疫には，当該寄生虫の生活史の理解が前提になる．しかし，展示動物種固有の寄生虫の多くは，生活史不明である．そのため，家畜／愛玩あるいはヒトで知られる寄生虫との系統的な関係から類推する．近系統性ならば，その生活史も類似するという前提である．しかし，たとえば，ドブネズミなどの小腸に寄生し互いに近縁なヘリグモネラ科線虫の中に，経口感染する種と経皮感染する種の両方が存在するというような事例もあるので，過信は禁物である．

寄生虫病のコントロールには，定期的なスクリーニングやモニタリングも重要である．その際，多細胞性の寄生虫では，形態を指標にした分類が必須となる．また，そのような体系的ではなくとも，偶然，吐出され，また糞に混じって排泄され，あるいは剖検により検出された寄生虫は手頃な材料である．そのようなものであっても，しっかりと同定をすれば，モニタリングの一助となるし，寄生虫病の診断にも役立つ．自分で同定不可能な場合は専門家に依頼するが，その際，完全な形で送るようにしたい．著者が経験したものでは，水族館内で検疫中に斃死したノコギリエイ体表から得られた扁形動物を検査し，サメ類に特異的なハダムシ類と同定されたが，その標本の吸着盤がエイ体表に残った状態でちぎれていたため，同定に非常に苦慮したことがある．指標となる形態は，生殖器（特に雄）と固着器（吸盤，鉤，体表突起や乳頭など）であり，寄生虫の適応進化の産物であるが，同定という実用的な場面でも重要なのである．寄生虫の同定で使用される検索表は，そのような形を手がかりに科属に導いてくれる．種決定できればそれにこしたことはないが，それ自体がもはや研究レベルの作業となり，当面の寄生虫診断や治療など緊急性をもつ現場では，まず，科あるいは属の決定である．その場合でも，できるだけ完全な標本が欲しい．なお，家畜・愛玩動物では重要寄生虫のDNA配列のライブラリーが完備しているが，多くの展示動物の寄生虫は形態分類学研究の途上でありDNAによる同定が可能な状況にはなっていない．

蠕虫・節足動物の標本は70％エタノール液で固定する．この場合，最終的な濃度が70％であり，含有水分量が多い場合は，腐敗を防ぐため，その濃度調整に注意をする．また，ホルマリン液であれば5％であるが，分子生物学的な解析をするためには不適である．原虫であれば，間接的な検査，たとえばトキソプラズマ症（血清疫学含む）で用いられるラテックス凝集反応などが使えるが，直接検査では糞便検査（ショ糖浮遊法など）や血液検査（マラリアなど）を行い，血液原虫やミクロフィラリアなどを塗抹標本で検出する．なお，鳥類のなかにはEDTAにより血球が破壊される種がある．また，原虫では多細胞性寄生虫と異なり分子生物学的手法が主流であるので，専門とする研究者に相談したい．

以上のように，展示動物の検疫・防疫を行う場合，宿主・寄生虫双方の生態・進化・生物地理学など究極要因を理解しなければ，寄生虫病の根本的な対策が打ち出せない．前述したアライグマの祖先とアライグマの蛔虫の祖先は，進化的に長い時間をかけて，現在の穏やかな関係に落ち着いた．この場合，アライグマは好適宿主となる．しかし，好適宿主の範囲は，種ではなく，科にまで広げる必要がある．じつは南米原産キンカジューもアライグマに系統的に近いため（アライグマ科），アライグマ蛔虫を宿す．アライグマ蛔虫の有効な検疫・防疫対策を志向するのなら，ピンポイント的にアライグマ1種をターゲットに絞ることはあまりに危険であり，系統発生的に近い種や科も対象にしなければ意味がない．

f. 展示動物の寄生虫の価値

これまで疾病の病原体という側面で論じたが，展示動物から新種記載された寄生虫もあるように（例；ウエステルマン肺吸虫，フォーゲル条虫），動物園は寄生虫学研究の宝庫であるという視点も

忘れてはならない．動物園の目的には娯楽，教育，保護，そして研究がある．寄生虫は展示動物の健康面からは排除対象であるが，同時に，動物園ならではの優れた研究をもたらす生物群でもあることを述べこの項を閉じたい． 〔浅川満彦〕

6.2.5 感染症学

近年，口蹄疫，BSE，オウム病，コイヘルペスウイルス病，高病原性鳥インフルエンザ，カエルツボカビ症など，動物園・水族館にとっても重大な感染症が日本でも次々に発生し，感染症に対する人々の関心が高まっている．

特に，オウム病，高病原性鳥インフルエンザなど，人と動物の共通感染症あるいはそう疑われる感染症（SARS など）の発生が伝えられるたびに，動物園への入園を不安視するなど過剰な反応も各地で報じられる．

しかし，動物園・水族館は一部で誤解されているような，動物から人への感染リスクが高い施設では決してない．清潔な飼育管理など，ごく基本的な事項を守りさえすれば，動物から病気が感染する危険性はほとんどない．

とはいえ，多種多様，多数の動物を飼育し，不特定多数の人が利用する動物園・水族館において，人や動物の感染症対策はきわめて重要な社会的責任である．

a．動物感染症および人と動物の共通感染症

動物園動物とは，哺乳類から魚類，無脊椎動物まで，家畜も含んで分類学的にも広範多種の動物群の総称である．したがって動物園で発生する可能性のある感染症は動物（家畜）感染症および人と動物の共通感染症のすべてであるといっても過言ではない．

一般的に病原体には，宿主特異性（host parasite relationship）という原則があり，ある病原体は1種の宿主か，分類的に近い動物群にしか感染しないとされていた．しかし，近年の研究の進展によって，病状の程度には差があるものの，人を含む広い分類群にわたって感染するものも少なくないことが判明してきた．また，口蹄疫のように普通は一定の分類群（偶蹄類）にしか感染しないが，異常な濃厚感染の場合などには，きわめて稀に人にも感染する事例も知られている．

人と動物の共通感染症とはズーノーシス（zoonosis；"zoon" ＝ 動物の，"-osis" ＝ 病気）の意訳である．従来，人畜共通感染症あるいは人獣共通感染症と呼ばれ，近年は動物由来感染症の呼称が一般化している．

近年，新たな zoonosis が次々に発見され，その多くが野生動物由来で，現在では世界中で500〜700種類が知られている．感染動物も人や家畜あるいは獣に限定するものではなく，広く野生の哺乳類，鳥類，爬虫類等であることがわかってきた現在では，人獣（畜）共通感染症という呼称は，実態にそぐわない．また，動物由来感染症という呼称は，人から動物への感染も少なくないことを無視して，一方的に動物を加害者扱いする「不当表示」であるので，人医学の立場から使用されることは認めるにしても，我々動物園人は「人と動物の共通感染症」の呼称を使用すべきである．

日本の近代動物園・水族館における130年の歴史のなかでは，死亡率，感染力の高い感染症の多くは発生例がなかったり，稀である．人と動物の共通感染症が動物から飼育係，獣医師に感染，発病した例も少ない．特に集団感染は2001年の神奈川県の動物園におけるヘラジカから飼育係へのクラミジア感染事例が，日本動物園水族館協会加盟園館においては初めて唯一のケースであり，入園者への感染が確認された事例は加盟園館では2012年現在まだ一例もない．また，動物園動物から園外の家畜への感染例もこれまで報告がない．

次に，日本で報告されている動物感染症のうち動物園で注意すべきものについて，ごく一部を，ごく簡単に説明する．

- パラポックスウイルス症： 偶蹄類に口蹄疫に類似の症状を呈する感染症である．口蹄疫と混同しないよう類症鑑別に留意する．
- 犬ジステンパー（ウイルス）： 本症はイヌ科だけでなく広く食肉目動物に致死的感染をする．レッサーパンダへの生ワクチン投与は発症するので禁忌である．
- 悪性カタル熱症： 本症の予防のためには家畜，野生を問わず，不顕性感染の多いヒツジ属，ヤギ属と，それ以外の偶蹄類を同居あるいは接触させないことが必須である．
- アスペルギルス症： 鳥類に多い真菌感染症である．日和見感染症の傾向が強く，日常の健康管理が重用．特に新規導入時に発症が多い．
- カエルツボカビ症（ツボカビ）： 本症の原因菌の多くのタイプが日本に常在し，日本産の両生類は耐性をもつ．しかし，日本産両生類の海外輸出時には完全除菌が必須である．

次に，人と動物の共通感染症のうち注意すべきものについていくつか，簡単に説明する．
- オウム病（クラミジア）： 本症の日本の動物園での人への感染原因は，密室での糞の大量飛散や防御衣をつけない難産介助等による異常な濃厚感染である．清潔な飼育管理で防止可能．
- 結核（細菌）： 動物園で，人から動物（サル類）への感染の可能性が高い症例が何例かある．動物から人への感染例はない．
- 赤痢（細菌）： 野生のサルは赤痢菌を保有せず，すべて人から感染した症例ばかりである．
- 豚丹毒（細菌）： 本症はブタだけでなく哺乳類，鳥類に広く感染する．解剖時にメスで傷つけた傷から感染した例も多く，執刀獣医師は特に注意が必要．

b. 感染症防止対策

(1) 日常の衛生管理

動物園・水族館は原則的に他の動物集団から外柵などで区切られた閉鎖環境であるため，感染症対策としては外部からの病原体侵入防止が重要である．このためには動物導入時に検疫を徹底して病原体侵入防止を図ること，飼育動物と野生動物の接触を防ぐことが基本である．また日常的には，一般的な衛生管理を徹底することで充分防ぐことができる．たとえば動物や飼育係の健康維持に留意し，動物舎の清掃，通気，乾燥などに留意して動物の感染を防ぐ．飼育作業に際しては作業服，ゴム長，手袋・マスクなどを着用し，動物舎出入り時の踏み込み消毒および作業後の石鹸での手洗い等を励行する．また，終業後は必ずシャワーを浴び，通勤着に着替えることを励行して，動物から部外者への感染を防止する．

動物園には獣医師を配置し，シャワー，洗濯・乾燥機，作業服（靴）と通勤着（靴）と分けて保管できるロッカーを設置することが，感染症防止の基本となる．なお，消毒剤の選択と適切な使用は意外に難しく，専門家（獣医師等）の関与が必要である．

(2) 来園者対策

万一，人と動物の共通感染症が発生しても来園者に感染しないよう，展示動物と入園者には一定の距離が必要である．こども動物園等での触れ合いや，ウォークイン式の展示においては，日常的な動物の健康チェックや飼育場の充分な清掃，そして来園者の出場時の手洗い等の徹底が望まれる．園周辺地区で危険な感染症が発生した場合には，来園者，車両の消毒等も必要となる．

(3) 法的対策

2004～2005年にかけて感染症法，家畜伝染病予防法（家伝法），狂犬病予防法等が大改正され，多くの動物，特に野生哺乳類・鳥類の輸入規制が強化され，野生動物の感染症対策も盛り込まれた．しかし，なお，家畜や人に比べて野生動物に関する規定はまったく不十分で，法律の適用を受けない部分がきわめて多い．万一，家伝法で指定された感染症が分類学的に近縁の動物園動物に発生した場合には，可能な限り家畜保健衛生所の指導を受け，家伝法に準じて対処すべきと考える．

ただし，希少動物の全頭処分（安楽死）など動物園特有の問題に関しては，その必要性について科学的に十分検討して，動物園としての立場を主張する必要もあると考える．

（4）予防接種

発生しやすい感染症については，ワクチンを接種して，万一の感染・発症を防止することも有効である．ただ，野生動物用に開発されたワクチンは存在せず，すべて家畜用に開発されたものを分類学的に近縁の野生動物に流用しているのが現状である．野生動物における効果や安全性はまったく検証されていないので，指定家畜と同様の効果があるかは不明であり，レッサーパンダに犬ジステンパー生ワクチンを使用して感染死したような事故の可能性も十分に考慮する必要がある．特に初めてその製品を使う場合は，充分な文献的あるいは聞き取り調査をする必要がある．情報のない動物については，ワクチンに頼らず，衛生管理での対応が安全と考えられる． 〔福本幸夫〕

文　献

浅川満彦ほか（2003）：動物園水族館雑誌上に掲載された展示動物と野生動物における感染症発生記録．酪農学園大学紀要，28（1）：79-84．

福本幸夫（2005）：人と動物の共通感染症対策 動物園獣医師の立場から，人と動物のよりよい関係を考える．バイオサイエンスとインダストリー，63（5）：342-344．

福本幸夫（2006）：動物園における「人と動物の共通感染症」と，その対策．畜産の研究，60（1）：137-142．

福本幸夫（2006）：動物園における人と動物の共通感染症対策と入園者への配慮．小児科，47（4）：557-562．

松江フォーゲルパークオウム病調査委員会（2003）：松江フォーゲルパークで発生したオウム病調査報告書，p.25．

岡部信彦ほか（2003）：動物展示施設における人と動物の共通感染症対策ガイドライン 2003，厚生労働省健康局結核感染症課．

吉川泰弘ほか編（2004）：共通感染症ハンドブック，p.5，日本獣医師会．

6.2.6　麻　酔　学

a．動物園獣医師の必修ワザ

ホッキョクグマに注射したり，シカの体温を測ったり…，どうすればよいか？　動物園の動物の多くは，何をするにも麻酔が必要になることが多い．したがって，動物園獣医師が第一に習得しなければならない必修ワザが「吹き矢」や「麻酔銃」による遠方からの薬剤投与技術である（図6.12，6.13）．薬剤の入った注射器の弾を飛ばし，動物に触れずに投薬できる．初めて狙われた動物は簡単に命中させられるが，過去に経験している動物は，必死で抵抗する．逃げるものがいれば，

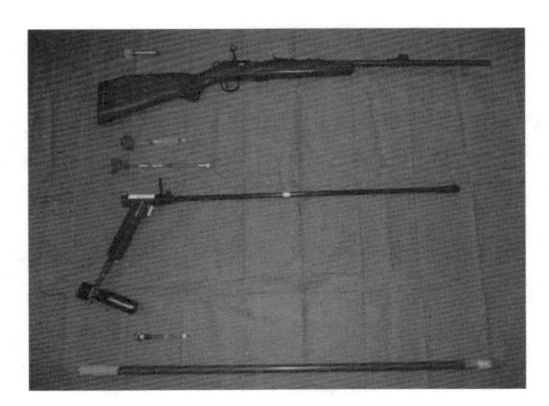

図6.12　麻酔銃および吹き矢とその弾

図6.13　エゾシカを移動するため麻酔銃で狙うようす

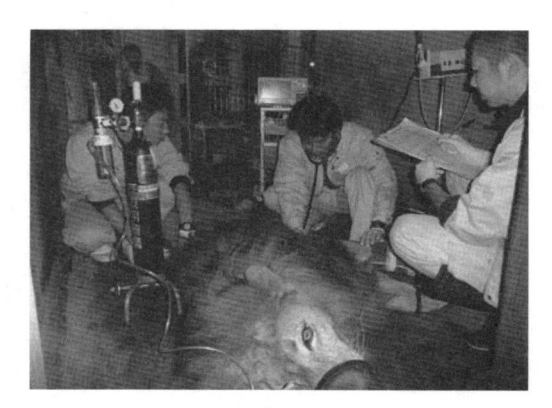

図 6.14　ライオンの健康診断のための麻酔管理

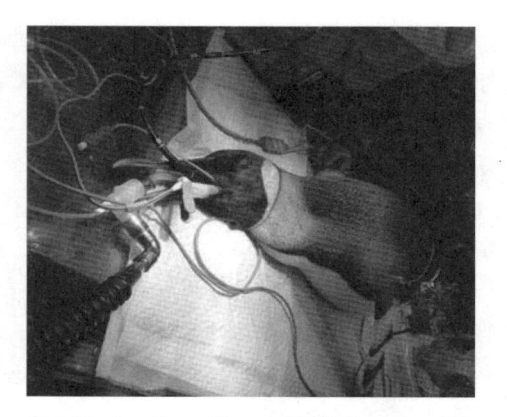

図 6.15　キングペンギンの内視鏡検査のための麻酔管理（イソフルラン吸入麻酔）

逆に怒って向かって来るものもいる．動物が動作を止めた一瞬の隙に筋肉の厚い臀部や肩を狙って弾を発射するのだが，動物の"動きを読むセンス"と"集中力"が要求される．また，投薬量を計画するために，動物を見ただけで体重を読み当てる"目"も磨いておかねばならない．麻酔がかかってしまえば，ライオンであろうとも，大きいネコを扱うようなものかもしれない（図 6.14）．野生動物の麻酔の特徴として，麻酔前の状態評価が難しいことに加え，麻酔の導入と覚醒時に注意が必要になる．しかし，ひとたび麻酔状態に入った後の麻酔管理やモニタリングはペット・家畜の類似種と大差はない．

b. 麻酔薬の投与方法

吹き矢で投与された薬剤は，筋肉中の毛細血管から吸収される．体内に入った麻酔薬は，次第に代謝されて効果が減弱していくため，麻酔維持には追加投与が必要となり，麻酔深度を調節しやすい静脈麻酔か吸入麻酔が有効となる．ほかに，薬剤を餌に混入して経口投与することもでき，他個体との同居や麻酔前投薬のための抗不安薬の投与も用いられる．

鳥類の麻酔では，吸入麻酔が効果的で安全に実施できる（図 6.15）．また，気嚢に設置したチューブを介して麻酔ガスを送り込むことでも麻酔を維持できる（気嚢麻酔）．魚類や両生類に対しては，麻酔薬を直接注射する以外に，飼育水に溶解しておもに鰓から吸収させて不動化する方法もある．

c. 麻酔の難しい動物は？

吹き矢や麻酔銃の弾を命中させて薬剤を投与するのに，手こずる動物がいる．オオカミは，動作が俊敏で激しく，照準を定めにくい．トラは，跳ねて命中した弾を振り落としてしまう．ホッキョクグマは，弾を壁にこすりつけて外そうとする．ただ，最大の難敵は，チンパンジーかもしれない．弾を身体でかわしたり，手で払いのけたりする．さらには，弾が命中した瞬間に手で抜き取ったこともある．そして，檻越しに激しく攻撃してくることがあり，弾を当てるまで集中しづらく，とても困ってしまう（章末コラム参照）．

麻酔には，常に命がかかっている．動物種ごとの麻酔の難しさがあるが，それぞれの特性を十分に理解してこそ，安全に麻酔をかけられる（福井，2009）．ウマ科動物では，転倒や衝突により骨折などの事故が起こりやすいため，スムーズな覚醒が必要となる．小動物，鳥類や幼若個体では，麻酔中の低体温や低血糖に，より注意が必要になる．反芻動物では，容積の大きな第一胃が存在するため，内容物の逆流による誤嚥や呼吸抑制に伴う事故が起こりやすい．なかでも，キリン成獣の麻酔は，加えて頸椎や四肢の骨折も起こりやすく，高い死亡率が報告されており，動物園獣医師にとってはチャレンジとなる（図 6.16）．

図6.16 キリンの麻酔管理

キリンのほか，動物園の象徴的な動物であるゾウ，サイ，カバやシマウマなどの大型有蹄獣では，強力な鎮痛作用により少量で不動化でき，かつ拮抗薬のあるエトルフィン（M99®）などのオピオイドを使用した麻酔方法が有効に実施されている．ただし英国で獣医師が誤って注射して死亡する事故が報告されており，麻薬に指定されて厳重に管理されている．このように，動物園の動物の麻酔には，ヒトの命もかかっていると言える．

d. 安全な麻酔管理とは？

過去には，筋弛緩薬で動物を不動化させて，手術や安楽殺などの処置をしていた時代があったと聞く．この場合，決して鎮静，鎮痛，意識消失が得られることはなく，むしろ恐怖と痛みを増して大きなストレスを与えることになり，動物福祉上大きな問題がある．

安全な麻酔管理とは，覚醒後に良好な予後経過を得られる麻酔技術であり，多様な動物種ごとに合わせた絶食時間，薬剤，投与方法，麻酔中の看視および支持療法などの麻酔計画が求められる（福井ほか，2010）．そのために，あらかじめ理論に基づくバランス麻酔の考え方とスムーズな麻酔導入と覚醒のための手技を身につけることが重要である．

最終的には，100％安全な麻酔薬や麻酔方法はなく，注意深い優秀な麻酔医の存在こそが安全な麻酔を可能にする．

e. 動物園の動物福祉と安楽殺

野生動物は痛みに強いという迷信がある．しかし，もちろんそんなことはない．野生動物にもヒトと同じように痛みを感じる神経系は発達しており，痛みを表に出すかどうかだけの違いである．飼育動物の健康と福祉を守ることは，飼育係と獣医師の義務であり，痛みからの解放は動物の自由と尊厳の1つである．もし，末期がんの動物でQOLが確保されない状態にもかかわらず，疼痛を管理されることなく，安楽殺を選択されずに放置されていれば，飼い主としての責任を放棄しているといえよう．

人道的に安楽殺を行うための技術として，予後判定，薬剤・安楽殺方法の選択，意識・痛覚レベルの評価および死亡の確認を適切に行う必要がある．動物の尊い生命を奪うとき，畏敬の念をもって可能な限り疼痛や苦痛を伴わずに死に至らしめることは，担当する獣医師の責務である（福井ほか，2011）．

f. 動物も人も幸せな社会を目指して

麻酔なくして，野生動物の診療はない．安全な麻酔と疼痛管理は，動物の福祉と健康管理を実践する鍵である．動物園で扱う動物の多くは，麻酔前の評価を十分にできない場合が多いが，術中術後も通して看視の"目"を光らせておくことはできる．優秀な麻酔医と動物の痛みがわかる飼育スタッフの存在が重要である．

人は未来のために，今ある苦痛を我慢できる．しかし，ヒト以外の動物にとっては，「今が一番大事」なのである．動物は飼い主を選べない．だからこそ，自分が動物の一番の理解者でありたい．

〔福井大祐〕

文　献

福井大祐（2009）：野生動物医療における麻酔管理　哺乳類の麻酔管理．野生動物医療フォーラム会誌，1：20-21．

福井大祐ほか（2010）：野生動物に安全な麻酔を行うための指針（案）の検討．第16回日本野生動物医

学会大会講演要旨集，p.80．

福井大祐ほか（2011）：動物の周術期における疼痛管理指針（案）―展示動物の診療に携わる立場から．第83回獣医麻酔外科学会2011年秋季合同学会講演要旨集，p.120-121．

不動化あれこれ

　動物の検査や治療には，たいてい拘束が必要になる．その方法には，捕獲して保定する物理的不動化と，薬剤を用いる化学的不動化がある．前者には，用手，網，スネア（中型哺乳類）やジャケット（ツルや猛禽類）などによる方法がある．後者には，化学的拘束，鎮静あるいは麻酔という方法があり，動物園獣医師の間でも同等に理解されていることが多いと感じているが，それぞれまったく異なる概念である（Muir III, W.M.ほか，2009）．筋弛緩薬の投与だけでも動物を不動化できるが，鎮痛効果がないばかりか，恐怖によって痛みが増幅される可能性がある．抗不安薬（トランキライザー）では，周囲に対して無関心な落ち着きのある精神安定状態が得られるが，目は覚めている．鎮静は，中枢神経系の穏やかな抑制状態であり，意識は残っており，強い侵害刺激を加えると目を覚まして動く．つまり，鎮静で不動化されているからといって痛みを完全に抑えているわけではない．以前，ある動物園獣医師から「チンパンジーに麻酔をかけたとき，突然起き上がった！」という話を聞いた．使用した薬剤を尋ねてみたら，塩酸メデトミジンという"鎮静薬"であり，そのとき麻酔状態にはなかったことがわかった．「メデトミジンは，怖いのでもう使いたくない」とも聞いたが，実際には，他の"麻酔薬"との組合せでバランスのよい麻酔状態が得られるため，使いこなすとよい薬剤である．整理すると，全身麻酔とは，全身の感覚の完全な消失であり，外科手術はもちろん，危険な動物を移動する際にも"この状態"が必要となる．補足になるが，麻酔には，身体の一部の感覚消失を得る局所麻酔もあり，併用することで全身麻酔に用いる薬剤の量とともに副作用を減らすことができる．

〔福井大祐〕

文　　献

Muir III, W.M.ほか著，山下和人・久代季子監訳（2009）：獣医臨床麻酔オペレーションハンドブック（第4版），インターズー．

難敵チンパンジー対策

　ああ見えてもチンパンジーは，じつはとても危険な動物で，咬まれたらただのけがではすまない．実際に，調教されてショーに出されていたチンパンジーが人を突然襲って重傷を負わせた事故も起こっている．だから麻酔の途中で目が覚めたら大変なことになる．かといって，逆に麻酔量を多くすると，深麻酔になって事故につながりかねない．とにかく賢く，器用なので普通にやっては通用しない．

そこで，チンパンジー用の秘策がある．それは，抗不安薬，2種類の鎮静薬および麻酔薬という複数の薬剤を組み合わせて3段階に分けて投薬する方法である．まず1番目に，麻酔の30分前に，抗不安薬をジュースに混ぜて飲ませ，おとなしくなるのを待つ．うまく効くと，吹き矢を向けられても無関心のままになる．しかし，成獣オスでは，ほとんどおとなしくなってくれないことが多い．2番目に，吹き矢で鎮静薬を投与し，意識レベルを下げる．ここで，檻の中に入って軽い処置はできるようになるが，自然に眠っているような状態であって麻酔状態にはないので，大きく移動させたり，痛みを伴うような処置を加えたりすると，覚醒するおそれがある．3番目に，鎮静レベルを約10分後に確認して，適切な麻酔薬の量を調節して用意し，檻の中に入って確実に注射する．鎮静レベルが十分でない場合は，吹き矢で投薬する．そうすると，約5分後には何をしても目を覚まさない"麻酔状態"になって作業開始．この方法だと，使用する鎮静薬の拮抗薬があるのと，必要最小限の量の麻酔薬を鎮静のため動かなくなった個体に確実に手で投与するので，個体への負担も少なく，覚醒も早い．麻酔なくして質の高い飼育動物の健康管理，ひいては種の保存はない．

〔福井大祐〕

治療成功の鍵は麻酔にあり

オオカミが足に負った広範囲に及ぶ皮膚欠損創の治療のため，皮膚移植手術（6.2.2項末のコラム参照）を行ったが，傷の完治までに連続9日間を含む1〜6日おきに76回の全身麻酔を要した．
「そんなに麻酔をかけられてストレスじゃないの？」と思う読者がいるかもしれない．しかし，こういう考え方がある．優秀な麻酔医が安全に麻酔をかけて，習熟したチームスタッフが最高の手術を成し遂げた結果，足の機能を損なうことなく早く治ったら，それを上回ることはない．もし，麻酔をかけないで中途半端な治療をした結果，傷が化膿したり，治癒が長引いたり，または断脚に至ったりしたら，そちらの方がよほどストレスだろう．そのオオカミは，治療中に元気食欲をなくすことなく頑張った．体調を毎日注意深く観察し，血液検査を行ってストレスの指標となる血中コルチゾールを測定するなどして監視した．ストレスは最小限にとどめ，最大の治療効果を発揮したものと考えられた．動物にとって，麻酔や手術は短期的にはストレスになるかもしれないが，質の高い健康管理技術は，結果として動物を長生きさせることになり，動物福祉に配慮した飼育管理ということができるだろう．

〔福井大祐〕

7

動物園の展示学―動物園とデザイン

図 7.1 ほぼちょうど 100 年を経て同じ建物の中で撮影された 2 枚の写真（ブロンクス動物園のライオンハウス）
野生動物の飼育と展示の技術と考え方の変化を映し出す．［100 年前の写真は©Wildlife Conservation Society］

　動物園は，動物，特に野生動物を飼育して一般大衆のために展示する施設ということができるだろう．純粋な研究・繁殖施設であれば，トキの繁殖センターのように非公開の方が都合がよい．展示は動物そのものとともに動物園の本質的要素であり，動物園の展示を語ることは動物園そのものを語ることにほかならない．本章ではおもに「見せること」という部分に焦点を置きながら，動物園の展示とデザインについて機能論的に考察する．

7.1 総論―動物園展示の形態

　あらゆる人工物のデザインは，必然的にその時代と土地の文化背景，技術水準などの反映である．動物園についていえば，展示動物の飼育管理技術，建築技術，動物観や自然観などの要素を色濃く反映している．こうした背景は，作り手だけでなく，来園者の受け取り方とも深くかかわっている．このため，展示のありさまは歴史的，地域的にさまざまであり，そのストーリーはきわめて複雑で網羅的に扱うのは難しい．ここでは少数の際立った例を手がかりに，大きな流れを概観する．

7.1.1 建築物主導の展示デザイン

　かつては，ともかく展示動物を逃げられないように収容し，生かしておく，というのが展示施設

の第一義的機能であった．19世紀までの動物園の動物舎の基本構造は檻ないしはピット（たて穴）で，このコンテクストでは展示イコール建築物か，あるいは建築物に内包された一部なので，建築物が展示の印象を支配するものとならざるを得ない．建築物や庭園は当時の支配的なスタイルに従ってデザインされると同時に，自然・野生は人間が征服し手なずける対象であるという当時の思想を反映し，人間の支配の象徴として，あるいは比喩的に，あるいは文字通り動物をその支配下に置くものとして，あえて際立つデザインがなされた．

展示動物の分布と同じ地域の民族デザインを展示デザインに取り入れるという手法は，現在でも広く使われているが，ドイツのベルリン動物園（旧西ベルリン）では，19世紀末から20世紀初頭にかけて，自然を制圧した人類の力の表象というコンテクストで特に熱を入れてエキゾチックな趣味の建築物を作り続けた．これらの施設の大半は第二次大戦中に連合軍の空襲で破壊されたが，その多くがもとのスタイルに復元されている．1905年に作られたロシア風のヨーロッパバイソン舎は戦火を免れ，現在でもそのままの姿を見ることができる（図7.2）．

同じ頃アメリカでは，コロンブスの新大陸発見400周年を記念したシカゴ万国博覧会（コロンビアン博）が1893年に開催された．ダニエル・バーナムとフレデリック・ロウ・オルムステッドを中心とした同博のデザインチームは，建築・造園にフランス新古典様式（ボザール様式）を採用し，なかでも「ホワイト・シティ」と呼ばれたエリアはアメリカの都市計画や建築・造園のモデルとなった．ニューヨークでは，グランドセントラル駅，ニューヨーク市立図書館などとともに，1899年に開園したブロンクス動物園の初期の建築物と造園もこのボザール様式でデザインされた（図7.3）．動物園は，中央駅や図書館，ミュージアムなどと同様，シヴィック・プライド—自分の

図7.2 19世紀末のデザインを今なおとどめるベルリン動物園（旧西ベルリン）のヨーロッパバイソン舎

図7.3 完成間もない頃のブロンクス動物園ライオンハウス
歴史的建造物に指定されており，マダガスカルの展示となった現在も外観はおおむね当時の状態を保存している．［©Wildlife Conservation Society］

住む都市に対する市民の誇り—の表象だったのである．

ロンドン動物園では，後述するハーゲンベックに影響されてただちに自然環境を模した初めての展示となるアシカプール（1905）とマーモットの展示（1913）を作り，続けてマッピンテラスを建

図 7.4 有名というよりは悪名高いロンドン動物園のペンギンプール
飼育施設としては十分機能していたと考えられるが，自然環境に近い展示が好まれるようになると，幾何学的に洗練されたデザインがかえって嫌われた．

図 7.5 現在でもオープン当時の面影をほぼそのままとどめるチューリッヒ動物園の「アフリカ・ハウス」

設した（1914）．しかし，マッピンテラスは造形的には人工的でハーゲンベックのパノラマとはほど遠く，その後もロンドン動物園の展示は飼育管理の機能性に重点を置き，造形的には建築家の解釈に委ねたデザインが続く．テクトン・グループによってデザインされたゴリラ・ハウス（1933）や，翌年のペンギンプール（図7.4）は建築の造形としてはきわめて都市的で美しく，飼育管理の機能性を最重要視した誠実なデザインであったが，現代の動物園展示の感覚からすると，動物と建築物との違和感は否めない．戦後ヒュー・カッソンのデザインにより1965年にオープンした厚皮獣館は，曲線を重視したデザイン，屋内への採光などの工夫はあるものの，素材はコンクリートで固められた当時流行のブルータリズム建築であり，まったくの人工空間である．デイヴィッド・ハンコックスは，この建築スタイルと上野動物園のゾウ舎（1968）のデザインとの類似性を指摘したが，上野のゴリラ舎（1969），東山動物園のアフリカゾウ舎や多摩動物公園のアフリカゾウ舎，さらにはブロンクス動物園の鳥類館ワールド・オブ・バーズなど，同時期に作られた展示の外観はロンドンの厚皮獣館ときわめて似ている．

ただし，外見の類似性と展示の中身とは別の話で，ブロンクスの鳥類館内の展示はジオラマさながらに自然環境を模し，遠雷に続けてスコールが降る通り抜けの展示もあった．また，ロンドンの厚皮獣館と同じ年にオープンしたチューリッヒ動物園の厚皮獣館「アフリカ・ハウス」も外見は同じコンクリートだが，屋内のデザインは注目に値する．その指揮をしたのはほかならぬハイニ・ヘディガー園長で，それまでの常識的な建築デザインのアプローチではなく，自然のあり方を踏襲した展示を作ることを意図した．立方体は自然には存在しない，自然には直角も水平な平面もないとして，直角を排し，曲線やスロープを用いた．コンクリートの壁面を木材で被い，植物を多用し，ただ1種で暮らす動物はいないといって，サイとウシツツキやアマサギなどを一緒に飼育展示して共生のようすを見せた（図7.5）．アフリカ・ハウスは今日でもほとんど姿を変えていないし，古さも感じられないが，なぜかこの展示手法は広まらなかった．

建築家は，基本的に構造物で自己表現をする職業であるから，放っておくとどうしても動物舎で自己表現をしてしまう．自然環境を念頭に置いても，人工物を排除するのではなく，建築家が自然の景観を自分なりに再解釈をしたデザインで置き換えることが珍しくない．一部の欧米の動物園長の間では，「動物園で一番危険な動物は建築家である」「動物園長の最大の敵は建築家である」と

いうジョークが昔からある．デイヴィッド・ハンコックスは，自著 "Animals and Architecture" でこのように述べた；「…動物園における最良の建築とは展示を損ねない建築であろう．動物園の動物は展示の主体であって客体ではない．建築家はデザインにあたって慎みと自制を保ち，自らの作品で環境を支配してはならない．」優れた動物園展示をつくるためには，建築家が自らの欲求を殺して自分の建造物を脇役にとどめるよう指示・監督をしなければならないのだ．

7.1.2 ハーゲンベックの革命

さて，時計を再び19世紀末に戻そう．建築主体の展示に支配されていた動物園展示に革命をもたらしたのは，ドイツのカール・ハーゲンベックである．魚屋の父親が趣味同然で扱っていた動物商いを世界有数の規模に育てたカールは，1896年に，鰭脚類，ホッキョクグマに南半球のペンギンまで加えて，雪と氷に覆われた1つの極地の風景として展示する「北極のパノラマ」というスペクタクルをハンブルク市内に作った．このパノラマで，カールは2つの革命を一度にやってのけた．

まずその1つは，動物と観覧者の仕切りを檻ではなく堀（モート）にしたことである．この手法は，ヨーロッパの庭園で遠景との視覚的な境界線を作らずに家畜が庭園に入らないようにするために使われていた段差にヒントを得たもので，イギリスでは ha-ha と呼ばれている（図7.6左）．ハーゲンベック商会ではクライアント教育のため動物の馴致・訓練法の学校を設け，その流れでサーカスまで興行するに至ったので，カールは常に動物を身近に扱う機会があり，肉を吊るすなどの実験をして動物の跳躍能力を検証し，モートの構造を決定したのだ．もう1つの革命は，動物どうしの仕切りにもモートを利用して複数の動物展示をひとまとまりの壮大な景観として構成したことである．この際，寝室などはすべて擬岩の背後に配置されて観覧者の目から隠された．

この手法により，展示イコール建築物，ないしは展示が建築物に内包されるという図式が逆転し，建築物が展示に内包されあるいは隠されるデザインが生まれたことになる．

このパノラマでドイツの特許を取得したカールは，「北極のパノラマ」や，さらに大規模なパノラマの巡回展で大成功し，1907年には2つのパノラマをもつ動物園を恒久施設としてハンブルク郊外に開設した．パノラマの1つは，北極のパノラマを拡張したもので，手前のプールにはセイウチの群れのほかさまざまな鰭脚類や水鳥が行き交い，その奥には若いホッキョクグマが数頭あそび，その左手にはトナカイの群れがいる，というものだった．

もう1つのメイン・パノラマはいっそう大規模で，現在でも張家界を思わせるような岩山のふもとに，上からバーバリシープ，ライオン，草食獣，水鳥池がひな壇状に並ぶ．これを1つの風景として一望できるだけでなく，各階層ごとに園路があってそれぞれの展示を観覧することができると同時に，上の階層にいる観覧者は下からは見えないよう巧みに設計されている（図7.6右およびp.7図2.4）．岩山の形はドイツロマン主義を

図7.6 ハーハー（ha-ha）の原理（左）と，ハーゲンベックのメイン・パノラマの構造の模式図（右）
こうして模式図を描いてみただけでも，いかに緻密な計算に基づいてつくられたかがよくわかる．

思わせるもので，アフリカの風景とはほど遠いが，明らかな境界や寝室のような人工的建築物なしにひと続きに見えるこの景観は今日でも迫力をもつ．それまで檻の中にいるライオンしか知らなかった人々にとって，水堀越しに見るライオンは飛び出してくるのではないかというスリルもあり，ハーゲンベック動物園は人気を博した．

一般大衆には大歓迎されたパノラマだが，それがすぐさま動物園界で広く認められたわけでもなければ，パノラマがすべての動物園展示の中心的なスタイルになったわけでもなかった．そもそもオープン当時のメイン・パノラマはまったくの雑居展示で，有蹄獣は野生動物も家畜もアフリカもアメリカも一緒，猛獣はライオンとトラが同居していた．「アフリカ・パノラマ」となるのはカールの死後，開園から10年以上経ってからのことである．じつは，カールがパノラマに託したものは自然の風景の忠実な再現ではなかった．ハンブルクの中心部では手狭になった動物商の「集荷場」がハーゲンベック動物園の実体の一面であり，カールの意図は，出荷を待つ動物たちを利用して少しでも収入を得ると同時に，寒いハンブルクで熱帯産の動物が自由に屋外を歩き回る展示を見せることにより，動物を気候に馴化させれば高価で特別な暖房施設に投資せずに飼育展示できるということを宣伝することにあった．パノラマは，カールの信じた飼育管理ポリシー（現代の動物園の飼育管理ポリシーの原典といえる）の証明のため，そして動物商としての広告塔として作られたのだ．

ただでさえ分類群別の展示こそが科学的な展示であるという考えをもっていた当時のドイツの動物園長たちは，大衆受けばかりを狙っているとして，この展示方式をこぞって批判した．ベルリン動物園ではハーゲンベックの「未来の動物園」という巨大パノラマの特別展を設置したにもかかわらず，園長のルードヴィッヒ・ヘックは分類群別の展示配列にこだわり，前項で述べたように異国趣味の建物を造り続けた．

ハーゲンベック商会は世界各地の動物園に動物を供給するかたわら，展示デザインの指導も行なったので，モートを利用した展示は国際的スタンダードとなったが，複数の展示を1つの景として見せるパノラマ展示は，規模と造形の点でハーゲンベック動物園のそれに比肩するような本格的なものは例外的だったようだ．ミルウォーキー郡動物園はパノラマ展示を幅広く採用したが，造形的にはブルータリズムに通ずるモダナイズされたコンクリートの擬岩の人工的な印象が強い．上野動物園では昭和初期のホッキョクグマ舎とオットセイ池をパノラマで見せようという意図があり，また，戦後の西園拡張で作られたアフリカ生態園は，園長の古賀忠道がハーゲンベックのパノラマを意識してデザインした．アフリカ生態園は，回廊状の観覧園路の下に動物の寝室を配置するなど古賀の工夫が見られたが，観覧者は動物を隔てて見合うかたちとなり，ホッキョクグマとともに残念ながらパノラマ効果は十分にあがらなかった．その理由は，設計・施工の技術的な水準の問題のように推察される．

7.1.3 ニューヨークとジオラマ的動物展示の起源

カール・ハーゲンベックが北極のパノラマで特許を取得した頃，大西洋の反対側ではニューヨーク動物学公園（ブロンクス動物園）開設のためニューヨーク動物学協会が設立され，ウイリアム・テンプル・ホーナデイが初代園長となるべく計画策定に招聘された．ホーナデイはもともとワシントンDCのスミソニアン協会が運営する国立自然史博物館で剥製制作の主任を務めていた．今でいうジオラマ展示の第一人者だったホーナデイは，その手法を動物園の展示に持ち込み，自然の風景の中に動物を置く展示手法の1つの基礎を築いたといえる．

現在ジオラマとして知られる，動物の剥製を自

然の生息環境のなかに展示する手法は，アメリカとスウェーデンで並行して発展し，アメリカではおもに「ハビタット・グループ」と呼ばれていた．それまでただ1点ずつで標本を陳列するのが常識だった博物館展示にハビタット・グループが登場した背景には，分類学を圧倒的な基盤としてきた生物学の視点が，より生態学的な視点，また進化学的な視点へと方向が変わったことがあげられる．ハーゲンベックのパノラマもまた，カールの意図にかかわらず，この転換を告げるものであった．同時に，ことさら20世紀初頭のアメリカでハビタット・グループが発展を遂げた裏には，博物館の役割の認識が，もっぱら科学者を対象の中心に据えた展示から一般市民を意識した展示へと舵を切ったこと，アメリカでは新しい博物館が次々と建築され，ハビタット・グループに必要な空間を念頭に入れた設計が可能であったこと，そして，アメリカでは原始の自然を守ろうという自然保護運動が生まれたこと，などの要素がある．同じ要素は，博物館だけでなく動物園でもまた並行して作用したことは明らかであり，アメリカの動物園の展示の方向性にも影響を及ぼしたと考えられる．

その影響は，ニューヨークにおいてとりわけ顕著である．博物館の世界ではカール・エイクリーがホーナデイをはるかに凌駕する技術でその手法を完成させ，ニューヨークのアメリカ自然史博物館に白眉といえるアフリカ・ホールを作った．エイクリーにハビタット・グループの第一人者の座を明け渡したホーナデイは，ブロンクス動物園で生きた動物をジオラマのように見せることを目指した．

彼は，展示環境について，動物が囲われの身であることを忘れさせるような広さをもつと同時に，広すぎて動物が見えなくなったり小さすぎたりすることもない，というバランスを理想とした．ハーゲンベックのパノラマのインパクトを評価しながらも，モートによって動物が遠くなってしまうこと，また大規模で高価な展示を作ることでコレクション全体の種数を減らさなければいけなくなることをおそれ，自らはこれをよしとしなかった．また，剥製師としての技量が示唆するように，ホーナデイは，動物が一番素晴らしく見える姿勢，あるいはその種にふさわしい背景や，1頭か家族群かというような動物のイメージについてきわめて厳密な基準をもっていたようだ．自分の理想と違うイメージを持ち帰られることを嫌った彼は，来園者が写真を撮ることを禁じることまでした．

ブロンクス動物園とアメリカ自然史博物館は，ともにニューヨーク市の施設として同じ理事や資金援助者，支持者を戴いていたのであり，展示のあり方・理念は，単にテクニックの問題にとどまらず深層で否応なく結びついていたと考えられる．ホーナデイの時代から現在に至るまで，自然環境を模して作られた数々の動物園展示を博物館のハビタット・グループと見比べると，その明らかな起源と関連性を見て取ることができるが，特にブロンクス動物園とアメリカ自然史博物館の間で明瞭である．また同時に，イギリスでは博物館のハビタット・グループも自然環境を模した動物園展示も熱心に取り入れられることがなかったことは注目に値する．動物園の展示は，人間の作るものである以上，その時代，場所，思想の表象であることを免れない．

ブロンクス動物園は，その後アフリカ平原の展示で，はじめて野生の景観を忠実に再現したパノラマ展示を作る（1941）．ウィリアム・コンウェイが園長となってからは，水生鳥類館（1964改修），ワールド・オブ・バーズ（前出），ワールド・オブ・ダークネス（夜行獣館，1969），など画期的な展示を作り続ける．

7.1.4 アリゾナ・ソノーラ砂漠博物館からランドスケープ・イマージョンへ

ブロンクス動物園と並んで自然環境を再現する

図7.7 ブロンクス動物園「ジャングル・ワールド」のマレーバク
左端に来園者が見える．テナガザルや多数の鳥類，オオコウモリなどが同居している．

図7.8 ランドスケープ・イマージョンの例（ブロンクス動物園「バブーン・リザーヴ」）
来園者スペースを現地の環境に模して作るのがランドスケープ・イマージョン．意図的に見通しを悪くするため，園路も狭く蛇行している．

テクニックに大きく貢献したのが，アリゾナ州ツーソン郊外のアリゾナ・ソノーラ砂漠博物館で，1960年代の終わりから1970年代を通じてそのテクニックが磨かれた．この立役者の1人が展示のキューレーターから園長となったマーヴ・ラーソンである．その後園長職を失ったラーソンは，それまでの常識とは比べ物にならない精巧な擬木や擬岩を作るテクニックをたずさえて展示施工会社を興し，「熱帯雨林展示の軍拡競争」とまで表現された熱帯雨林展示ブームの技術的な基盤を提供した．その競争に火をつけたのは，ブロンクス動物園のジャングル・ワールド（1985）で，現在でもこれに比肩する熱帯雨林の展示は希有といえる（図7.7）．

残念ながら，本当の意味で「自然環境を再現する」ことを目指すデザインは現実には稀で，多くの場合はよその展示の物まねの繰り返しの域を出ず，全体の修景のデザインや擬木・擬岩の質はまちまちだ．本物の植物や地学上のディテールとは似ても似つかない醜悪な展示が今日でも作られ続けている．また，自然環境の再現にいかに注力しても，来園者の歩く空間と展示動物のいる空間との境界はおおむね歴然としていた．

このパターンを打ち破ったのが，ランドスケープ・イマージョンである．ランドスケープ・イマージョンがそれまでの展示と一線を画する点は，動物展示にあるのではなく，来園者スペースのデザインにある．ランドスケープ・イマージョンが求めたのは，来園者の空間と動物がいる空間を連続的な1つの景観としてデザインし，くねくねと曲がってどこへ続くか分からない小径をたどって行くと突然目の前に動物が現れる，という，本当の野生動物との出会いの体験を再現することにあった．したがって，動物のスペースの修景ではなく，来園者スペースの修景こそがランドスケープ・イマージョンの手法の特徴なのだ．ランドスケープ（景観）に浸す（イマージョン）のは，動物ではなく来園者なのである（図7.8）．

ランドスケープ・イマージョンの手法は，シアトルのウッドランドパーク動物園のマスタープラン策定の過程で生まれた．この目的でイギリスから呼ばれたデイヴィッド・ハンコックスは自ら建築家ではあるが"Animals and Architecture"を著し，動物と人間の関係，動物の福祉などに深い関心をもっていた．彼はそれまでの常識を破って，建築家ではなくランドスケープ・アーキテクトに実際のデザイン作業を任せることを決め，地元のジョーンズ・アンド・ジョーンズ社を雇った．これがランドスケープ・イマージョンの背後にあったデザインプロセス上の革命である．建築家は建物をデザインする職業であり，どこまでい

っても建物を離れることができない．一方，ランドスケープ・アーキテクトは景観をデザインする職業である．ここで動物園展示は建物の呪縛から解き放たれる1つの道を得たのであった．

　園内の細かい環境条件の分布に応じて動物を生息環境ごとに配列・展示することを考えたハンコックスは，ジョーンズ・アンド・ジョーンズ社に環境調査を指示した．この過程でジョーンズ・アンド・ジョーンズ社が来園者を動物ごと自然環境にすっぽり包み込む手法を考え，与えた名前が「ランドスケープ・イマージョン」であり，このとき同社で多くの実作業を行ったのが，ジョン・コウである．ハンコックスはただ単に審美的な理由だけで自然の景観を再現しようとしたのではなく，動物たちに極力自然と同じ体験を与えたいと考えた．つまり，土の上，草の上を歩き，高木に登り，砂の上を転がり，穴を掘り，…という，野生で当たり前にする行動をそのまま動物園でもできる環境を与えようとしたのである．寝室にしても管理の利便性一辺倒ではなく，動物にとってなるべく快適な環境を与えようと考えた．これはハンコックスが単独でウッドランドパーク動物園に持ち込んだ考え方ではなく，彼と同じように考える同園の職員は，カラカルの展示に砂礫や火山岩，流木などを入れてその効果を検証するような努力をすでに始めていたのである．

　こうした動物福祉最優先の哲学がランドスケープ・イマージョンの一部として報告されたため，日本ではこちらの方が来園者部分の景観デザインよりも強い印象を与え，動物福祉に適した展示手法である，という勘違いを生んでしまった．展示の手法という点では，ランドスケープ・イマージョンの特徴は，あくまでも「来園者スペースと動物のスペースが一体となってその境界の区別がつかない」ということにあることを，ここで強調しておきたい．

　この動物福祉最優先とランドスケープ・イマージョンの手法にもとづいて，ハンコックス以下ウッドランドパークのチームはゴリラの展示の作成に取りかかった．当初ほかの動物園長たちの間では，植物がもたない，木が倒れてゴリラが怪我をしたらどうする，来園者部分にそんなに植栽をするのは金の無駄遣いだ，等々，懐疑的あるいは否定的な意見の方が強かった．しかし，その後ランドスケープ・イマージョンは大流行となる．ところがここでまた模倣の模倣の悲劇が繰り返される．

　修景に関しては，生息環境の忠実な再現ではなく，それまで同様作り手の勝手な解釈やハリウッドのような演出が加えられたりして，結果的に醜悪な展示が作られ続けた．また，ハンコックスらは極力動物たちを自然の植物に触れさせることを目指し，だめになったらまた植え替えればいい，という考え方だったが，管理のコストと手間を嫌って，近年の多くの展示では電柵などで植物を保護し，ただのお飾りにしてしまった．エンリッチメントの器具との親和性の悪さもあり，ランドスケープ・イマージョンは手法としては袋小路に入った感がある．

7.1.5 ストーリー性とテーマパーク化

　こうした動きには，かつて建物イコール展示であった時代，モニュメントとしての建造物が人間による自然の支配を意識・無意識に反映していた時代から，人間を包み込む自然の景観を作ろうという視点の転換がある．この視点の変換，モニュメントの否定・破壊を最も強く意識して展示をつくってきた動物園がブロンクス動物園である．ジャングル・ワールドは，ベトナム戦争の記憶や「緑の地獄」というような表現が消えやらぬ時代に，熱帯雨林の素晴らしさを感覚的に知ってもらおうという意図でつくられた．動物園が野生生物保護の機関であるという認識を確立した立役者であるコンウェイが，展示デザインでは知識ではなく心に訴えることと審美性を最重要視したことは特筆すべきである．

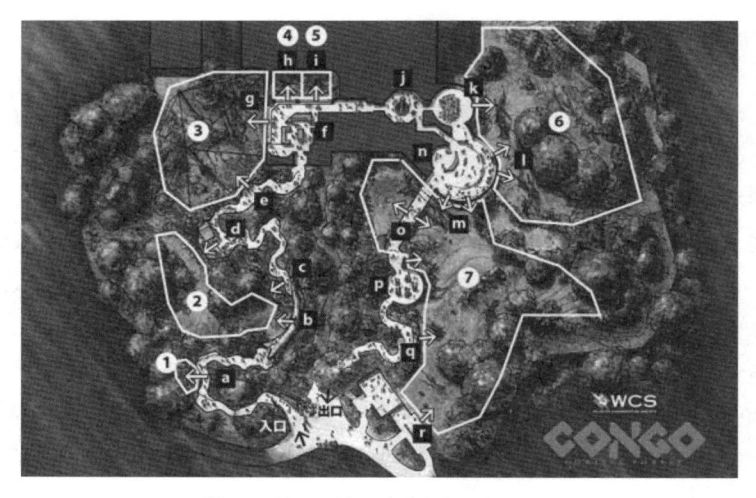

図 7.9 「コンゴ」の大まかなレイアウト

数字と白い囲み線は大きな放飼場，アルファベットと矢印はおもな観覧ポイントと展示スペースを示す．1/a はコロブス，2/bcd はオカピ，3/eg はカワイノシシとマンドリル，4/h はウォルフグエノン，5/i はコンゴクジャクなどの鳥類と魚類，6/kl および 7/moqr はゴリラ，という対応となる．観覧はじめの a〜e と最後の q だけがランドスケープ・イマージョンで，ほかは建築スペース内からの観覧となる．f は両生爬虫類，節足動物，魚類などの生きた動物をミュージアム型の展示で見せるスペース，j は生きた動物のいない解説展示，k は映画を見せるシアターで，映画が終わるとスクリーンが上がり，背後のカーテンが開いてゴリラの屋外展示が現れる．n はピグミーマーモセットと解説展示，そして p がコンゴ入場料の使途の選択をするギャラリー．順を追って展示を体験するので，映画のカット，シーン，ストーリーと同じように，個々の展示と全体の構成が1つのストーリーとなるよう，空間のスケールや展示の密度の変化まで緻密に計算されている．r は別料金なしのゴリラの観覧スペース．図面上部のグレーの部分は寝室などの管理スペース，f から n に至るグレーの部分の階上は教育プログラムなどのための多目的スペース．

　もう1つ，コンウェイは 1968 年に「ウシガエルの展示の仕方」という有名な小文を書いたが，このタイトルはじつはインチキで，ウシガエルというあたりまえの種を軸にして，さまざまなカエルや生き物を1つのストーリーとして展示する手法を「夢想」という形で表現したものだった．ウシガエルをゴリラに置き換え，「ウシガエルの展示の仕方」を壮大なスケールで実現したのが「コンゴ」（1999）で，動物園展示の1つの頂点といえる（図 7.9）．ジャングル・ワールドでは最後に建物を出ると，凄まじいスピードで増えていく世界の人口のカウンターと，消え行く熱帯雨林の面積のカウンターが冷水を浴びせかけた．その後の自然破壊に対する認知度の変化と保全心理学の萌芽に伴い，「コンゴ」では3ドルの別料金をとってこれをすべて現地の保護活動に充てるという画期的な方法をとった．来園者はクライマックスのゴリラ2群を見た後に，入り口で払った別料金をコンゴ盆地の野生生物保護でどのように使ってほしいか，動物種と内容（調査・研究，保護，地元住民の啓発）をタッチスクリーンで選択できる．ただ動物を並べればいい，という時代から，複数の展示を有機的に配列し，そこで大きなストーリーを作る，という手法がブロンクスのスタンダードとなっているが，共感と理解の醸成のためにストーリー性はきわめて効果的だという認識が一般社会で近年高まっている．

　スイスのチューリッヒ動物園につくられた「マショアラ」（2003）は，1万 1000 m^2 の温室状の建家の中にマダガスカルのマショアラ半島の熱帯雨林を再現しようとしたもので，熱帯雨林展示とランドスケープ・イマージョンを融合させた形態

といえる．植物はほぼすべて本物で，水も，落ち葉や枯れ木なども基本的にすべてこの施設の中で浄化・堆肥化されてリサイクルされている．稀に木が搬出されるような場合は，こうした枝や樹木などを利用している地元の発電所に持ち込んで，環境に優しい施設を体現している．さらにパーティーなどに貸し出し，その収益を本当のマショアラの保全活動に充てている．こうした点で，展示と実際の自然保護活動の融合の方法を示した1つのモデルといえる．ただ，自然環境の再現にこだわり，展示のストーリーはなく，解説はほぼすべて別スペースに押し込めたのは，「コンゴ」と対照的である．

こうして20世紀末から21世紀にかけて，動物園の展示はより大規模化する傾向にあるが，特に21世紀に入ってからは，その多くがテーマパーク化してかなり芝居がかった手法をとっている．その背景には，世界的な税収悪化に伴う収益性向上へのプレッシャーがあると考えられる．ドイツのハノーファー動物園は1つの典型で，リニューアルにあたってテーマパークのようにデザインされた．アラスカのセクション「ユーコン・ベイ」は，開拓地の町という設定である．アシカ・アザラシやホッキョクグマの巨大なプールは北の海の暗い藍色で，造波装置で波立ち，そこを泳ぐ動物たちは素晴らしいが，開拓地の廃屋や巨大なクレーン，沈没船などの舞台装置に縁取られている（図7.10）．人間に支配された風景に暮らす21世紀の野生動物の実態を伝える，という意図ならそれは成功しているかもしれないが，そのような問題提起をした解説があるわけではない．ここで南半球のペンギンを展示するために，ペンギンをたくさん載せた興行師の船が難破したというバックストーリーまでわざわざ作っているが，入園券には「カナダへ行こう！」というコピーとともに水中のペンギンの写真が印刷されており，無理なバックストーリーは組織内ですでに破綻している．また，カウボーイや酒場の踊り子のショーなど

図7.10　ドイツ・ハノーファー動物園の「ユーコン・ベイ」ホッキョクグマの展示．造波装置で水が波打つ迫力はすごいが，テーマ化された人工物の展示に占める比重が極端に大きい．

は，ディズニーだけでなく，世界各地の先住民族もアトラクションにしたハーゲンベックの伝統を思い起こさせる．

同じドイツのライプツィッヒ動物園は，世界各地の熱帯雨林を温室内に作った「ゴンドワナランド」をオープンした．コンセプトとしてはヘンリー・ドゥーリー動物園（アメリカのネブラスカ州オマハ）の「ライド・ジャングル（Leid Jungle）」と似ているが，徒歩で回るルートのほかにボートに乗って回ることもできるようになっている．どうも動物園は娯楽施設への逆戻りの道をたどりつつあるようにみえる．　　　　　〔本田公夫〕

文　献

Bridges, W.（1974）：*Gathering of Animals*, Harper & Row.

Guillery, P.（1993）：*The Buildings of London Zoo*, Royal Commission on the Historical Monuments of England.

Hancocks, D.（1971）：*Animals and Architecture*, Hugh Evelyn.

Hancocks, D.（2001）：*A Different Nature*, University of California Press.

Hanson, E.（2002）：*Animal Attractions*, Princeton University Press.
Hoage, R.F., Deiss, W.A., eds（1996）：*New Worlds, New Animals*, The Johns Hopkins University Press.
Rothfels, N.（2002）：*Savages and Beasts*, The Johns Hopkins University Press.
Wonders, K.（1993）：*Habitat Dioramas*, Uppsala University Press.

7.2　各　　　論

7.2.1　日本の展示文化

　動物園，博物館ともに，もともと日本には同様の施設が存在せず，幕末に日本人がヨーロッパを訪れた結果日本にもたらされた輸入コンセプトである．近代ヨーロッパの自然科学の背景には，造物主たる神の意図を自然界に求める世界観があり，造物主の意図の物証である自然物の体系的収集と研究が行われてきた．封建社会に富と権力の証として存在した収集・展示と，この科学的収集・展示が融合し，施設化・制度化された博物館として市民社会へと受け継がれていく．

　他方，日本でこれに近いものは18世紀に始まった物産会（薬品会，本草会）があるが，人間生活に直接効用のあるもの，あるいはよほど珍奇なものが対象で，個人が趣味で収集したものを持ち寄ってごく時限的イベントとして展示したという点で，博物館と本質的に異なる．同時に物産会のフォーマットはそのまま博覧会へと受け継がれ，幕府も明治政府も博覧会の展示物の収集・展示に関して素直に取り組んだ．にもかかわらず博物館の設立はひと筋縄では行かなかった．これは，そのコンセプトそのものが日本の伝統文化にとって異質であったためと考えられる．

　わが国には，蔵に保存された収蔵品の中から主（あるじ）がキューレーターとして展示物を選び床の間に展示する，という伝統があるが，これもきわめて個人的で様式化している．いずれをとっても，長期の保存と研究のために通俗的な好奇心とは別次元の具体的な基準に沿って資料を収集し，その中から展示意図に基づいて展示品を一般に公開・展示する恒久的施設である博物館とは根本的な違いがあり，この概念が日本になかった，という違いが，現代に至るまで日本のミュージアムや動物園とその展示技術の成長・発展に長く暗い影を落としている．

7.2.2　媒体としての展示を考える

　動物園の基本的な役割の1つとして，国際的に教育が認知されているが，この「教育」が具体的に何を意味するのか，その定義については議論が不足しているように思われる．知育と徳育が動物園の教育機能の主たる関係領域と考えられるが，環境教育にしても情操教育にしても，具体的にどのような効果を期待してどのような方法をとるのか，特に日本では教育学などの専門的知識をもつ教育担当者を動物園に置くという伝統がないため，数多くの熱心な動物園関係者の努力にもかかわらず，議論に深まりと広がりがみられない．展示施設との関連においてこの傾向はいっそう強い．これは，展示意図についての議論がほとんど不在という実態と不可分の関係にある．

　最近のアメリカの調査によれば，動物園を家族で利用する人が動物園の利用価値として認める3つの要素として，家族の絆を強めること（たとえば親は動物が嫌いでもこどもが喜ぶなら親としての満足を得ることができる），こどもが生きた動物をじかに見て生き物や自然とのつながりを感じる機会が得られること，そして，こどもの道徳観・倫理観の形成に役立つこと，が浮かび上がった．一方，1970年代にアメリカ人の動物観についての膨大な調査を行ったスティーヴン・ケラートのデータをみると，動物園の利用者は，農業従事者と比べて外国産の動物についてのいわゆる耳学問には長けているが，実際の自然環境の働きに関する知識は限られている．動物園はあくまでも都市の装置であり，典型的な利用者は都市生活者

であることを裏付けているといえよう．

これらを総合すると，動物園の利用者は，動物園の利用体験を主として既存の知識や道徳観の追認・強化に使っているのではないかという仮説が成立する．テレビや本で見た知識をもとに，動物園で会話を交わす．あるいは動物園で見た動物どうしのかかわり合いや飼育担当者と動物とのかかわり合いを通じて，家族間の思いやりや世話をしてやることの大切さをこどもに伝える．これまでの動物園の展示の多くは，このようにただ動物を観覧に供し，その解釈については来園者が自らもってくる知識や価値観に依存して，新たな知識や意味の形成を助ける積極的な努力を行わないという，美術館的な手法をずっと踏襲してきたといえる．

この裏には，来園者の解釈能力についての動物園側の思い込みがある．たとえば動物園の観点から書かれた動物園の歴史では，「メナジェリー」から「動物園」への転換があったとするのが通説だが，どれほど不連続的な「転換」があったのかははなはだ疑わしい．展示手法に際立った分岐点があるという証拠もなければ，分類群別に展示を配列した結果一般大衆の分類の知識の取得に役立ったという証拠もない．地理別配列も，予備知識をもたない一般大衆に生物地理学の視点を伝えるのに有効かどうか考えると，むしろたとえばライオン，トラ，ヒョウ，ピューマ，ジャガーなどを並べてそれぞれがどこに生息するかを解説した方がわかりやすいのではないだろうか．配列そのものに意味があると考えるのは，あらかじめその意味を知っている計画者の錯誤であって，来園者が必要な予備知識をもっていなければ配列の意味を見いだすことはできない．普通は解説などでよほどの工夫をしなければ，そうした配列の意味についての理解は得られない．

解説サインで，来園者に観察をうながし，何か特定の答えを見つけ出させようという手法はしばしばみられるが，これも多くの場合答えを見つけ

図7.11 展示例（ブロンクス動物園）
リカオンの展示の観覧エリアの1つに，高いところから放飼場をみることができる場所をつくり，リカオンの実物大の切り抜きを配置して，高いところから獲物や危険を見張るということが体験できるようにした．こうした解説手法は，展示の造園・建築などのデザインだけが先行しては実現不可能である．家族で一緒に体験しているということにも注目すべき．

るには相応の予備知識を要するということをサインを計画する側が気づいていないし，ヒントを与えすぎれば観察は不要となってしまう．一番いけないのは答えを与えないことで，なぜかは，正解を言わないクイズ番組のことを想像すればわかるだろう．こういう場合は，来園者が目にするであろう行動・事物をもとに質問を発し，パネルを開くなどの行為の結果答えと解説が得られるという方法をとった方が効果的である．「観察」「発見」といっても，観察するには時間を要する．動物が何かよほど特別な行動でもしていない限り，来園者が1つの展示にとどまる時間は1分にも満たない．さらに発見というのはそれぞれの人の過去の知識や経験との関係性で発現するきわめて個人的なプロセスで，偶発的なものなので，それを動物園展示のコンテクストで万人向けに演出するのは困難だ．

このように，動物園は教育機会と材料の提供の場としては機能してきたかもしれないが，動物と展示を使って積極的に教育するということに関しては，あまりきちんと考えてこなかったのである．動物園が自ら「教育」を語るとき，はたしてこのような消極的な内容をはっきりと自覚しているであろうか．アメリカの動物園水族館協会で

は,「スポーツを観戦に来る人の数よりも多くの人が来る動物園は環境教育に膨大な貢献をしている」という主張を繰り返してきたが,これも機会を効果と錯誤した言明だろう.この点を見抜いたケラートは,動物園の実際の教育効果の程度ははなはだ疑わしく,環境教育の担い手としては,動物園はいまだ「眠れる巨人」である,と何年も前に指摘している.

展示の教育効果を本気で考えるならば,まず第一に展示意図を明確に定義し,解説プログラムをきちんと作り,それらに従って施設や解説展示などのデザインと施工を進めなければならない.そのためには,インフォーマル・エデュケーション(学外・日常の学習と教育)や展示デザインの専門的知識と経験が必要なのだが,日本の動物園では組織構成と運営体系のなかにこうした機能が欠落しているのが実情だ.

7.2.3 デザインのプロセスと役割分担

展示を作る必要はさまざまな理由から生じるが,その直接の契機にかかわらず,展示を作ることにより何を達成したいのかということを,きちんと整理して考えておく必要がある.展示意図が明確ならば,解説の仕方,修景の仕方,建築デザインの仕方なども方向づけられる.それでなければメナジェリーから一歩も出ていない.期待される効果が明確に定義されていなければ,その施設が意図された機能を果たしているかどうかを評価することもまた不可能である.しかし,日本の動物園の展示デザインは,一般に飼育施設の建築プロジェクトとしてとらえられ,組織とプロセスも「展示」として取り組むことが難しいシステムとなっている.

こうした構造的な欠落を補い得るひとつのツールとして,デザイン・ブリーフないしクリエイティヴ・ブリーフというものがある.なるべく短く簡潔にそのプロジェクトのデザイン(計画・設計の意味を含む)の要件をまとめた文書だ.日本で

は広告業界で使われることが多いが,建築や工業デザインなどの分野でも使われる.動物園の展示の場合,期待する結果・成果(飼育動物,来園者,飼育管理者・経営陣のそれぞれについて検討),望まれるデザインの方針,予測される問題・障害,立地,参加部署・役職,想定されるコストとスケジュール,などが必要最小限の項目として考えられる.決まった書式があるわけではないので,それ以上の内容については適宜検討すればよい.

来園者向けの展示意図については,ミュージアムの世界に"The Big Idea"というコンセプトがある.簡単にいえばテーマといっても差し支えないが,漠然としたテーマではなく,展示の内容が推察できる程度に具体的で,その体験がその人にとってどういう意味をもつことが望まれるかというところまで記述されていることが肝要である.どんなに面白い要素でも,この The Big Idea と関連づけられないものは,展示から排除する,という物差し,フィルターとしても機能する.

展示意図を決めてからその意図の実現に向けてデザインを進めるということを大前提として,筆者の職場をモデルに本格的な動物園展示デザインチームの構成を大まかに図示したのが図 7.12 である.すべての機能を網羅的に示したわけではな

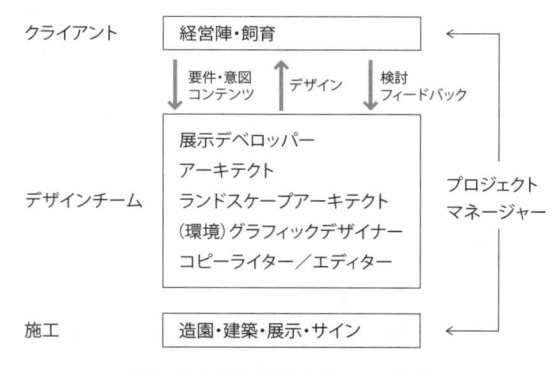

クライアント	経営陣・飼育	
	↓要件・意図 デザイン ↓検討 コンテンツ フィードバック	
デザインチーム	展示デベロッパー アーキテクト ランドスケープアーキテクト (環境)グラフィックデザイナー コピーライター／エディター	プロジェクトマネージャー
施工	造園・建築・展示・サイン	

図 7.12 展示デザインチームの概念図
すべての機能を網羅的に示したものではなく,また,図示した役割それぞれに別々の人間があたらなければいけないということでもないが,デザインにかかわる基本的要素だけをとってもこれだけ多様であるということは,日本の動物園では明確に理解されていないように思われる.

いが，それでもかかわる分野は多岐にわたるということがわかるだろう．この機能それぞれが別の人間である必要はないが，同時に，専門家でない人間ができる範囲の限界にも察しがつくと思う．

このうち日本でもっともわかりにくいのが「展示デベロッパー」という部分に違いない．展示デベロッパーは，教育担当者ないしは学芸員と言い換えることもできるが，展示体験を通じて何を伝えるかというプログラムを組むのが仕事だ．その展示意図がぶれることなく展示が作られるよう，ほかのチームメンバーとやり取りをしながら舵取りをする非常に重要な役割を担う．

デザインのプロセスとしては構造上大きなものから順番に進んでいくのが一般的だが，問題が多い．アーキテクトなりランドスケープ・アーキテクトなりが構造的なデザインをして，その過程で解説サインなどの設置場所や，場合によってはサインのデザインの方向性まで決めてしまうこともある．しかし，建築家というのは構築物で自己表現をする職業であり，しばしば解説サインを夾雑物として扱うので，建築家やランドスケープ・アーキテクトが指定したサインの設置場所が来園者にとって機能的である保証はない．事前に解説プログラムが組まれていなければ，いざ解説のデザインになってから，空間・構造上の制約が障害となることもある．同時に，展示意図は解説サインなどだけが担うものではなく，来園者が体験するすべてがその媒体となるべきもので，閉塞感や開放感，不安や興奮など感情に直接訴える演出効果は多くを建築空間や景観のデザインに負うものだ．

そこで筆者の職場では，デザインのはじめに展示意図と解説の方向を決め，建築空間や景観のデザインもまた媒体であると考えて，はじめからデザインチームのすべてが協働でデザインに取り組むことを原則としている．それぞれがアイディアを持ち寄っては調整するという作業を繰り返すので，複雑なプロセスであり必ずしも効率的とはいえないが，建築や修景のデザインが修正不能なところまで先走ってしまうという状況を未然に防ぎ，体験すべてが1つの展示意図を伝えるデザインを実現するには，不可欠の方法であるといえる．

7.2.4 解説サイン

解説も何もなく，ただそこに腰掛けて動物のいる美しい風景を満喫する，という展示はおおいにあるべきで，むしろそのような耽美的な体験ができるほど美しい展示が滅多にないことは動物園が大いに反省すべき点だが，稀少動物を展示する以上，展示動物や生息環境について相応の理解をうながす努力もなければ動物園の存在を正当化することはできない．そのためには，ガイドなど人を介した解説が最も効果的だが，解説サインも必要である．動物園の解説のデザインはミュージアムとはまた条件が異なるが，この事実は洋の東西を問わず十分考慮されていない．

まず設置場所だが，立ち止まって動物を見ているときに見やすい位置に魅力的なサインがある，というのが解説機能の確保に必須の条件である．そのサインは造形的に展示の景観・環境と調和していることが望ましい．建築・造園の設計の段階で解説サインの設置の仕方をきちんと考えてお け

図7.13 展示例（セントラルパーク動物園）
ユキヒョウの展示の解説で，おもな獲物であるアイベックスの角のレプリカを含めることだけで訴求力が愕然と変わる．子どもがさわることによって知識が触感からも入るだけでなく，父子の対話が生まれていることがうかがわれる．手で触れることができるモデルを設置することは，視覚障がい者にとっても楽しめる展示を提供することでもある．

ば，混雑すると後ろの人が見えないとか，観覧体験の夾雑物になるという問題は起こらない．観覧スペース以外の場所は，来園者にとっては通過点でしかなく，サインを設置しても地下道のポスターと同じことになる．動物がいない場所に解説展示やサインを配置する場合は，立ち止まらずにはいられないほどの魅力と訴求力をその解説自体が備えているか，目をひくと同時に一瞬で内容が飲み込めるデザインでなければ，効果はないと思って間違いない．

　内容はなるべく視覚化し，一瞥しただけでポイントがわかるようにイラストや写真，大見出し，小見出しなどのヒエラルキーを考えてデザインすることが肝要である．文字情報に飢えている文化圏の人は，びっしりと文字を組んでも読んでくれるが，日本では文章量を少なくしなければ通用しない．文章自体も，読者像を想定し対象に合った文字と言葉を使って書く．難解な言葉にふりがなをふっても意味がない．大人に読ませる場合，親が子どもに読み聞かせてそのまま理解できるように書くか，あるいは親が読んですぐに子どもに説明できる程度に噛み砕かれていることが必要である．ユーモアも重要だ．また，誰の視点で書くのか，園として書くのか，飼育担当者の言葉なのか，それぞれの言葉遣いはどうするのか，などということも，行き当たりばったりではなく，原則を整理しておかなければ来園者が混乱し得る．必要に応じてコピーライターを参加させるのが理想だ．

　しかし，平成になったころから日本の動物園の解説サインは飼育担当者が手作りで設置するのが当たり前となった．もともとデザイン担当者がいないということもあるが，日本の動物園では新規工事の予算でサインをまかない，年間予算にはサイン制作・設置の項目がないことも理由の1つと考えられる．展示動物が変わることが不可避であることを考えれば，これははなはだ理不尽で，施設を「展示」として管理するという考えがはじめから運営上抜け落ちていることの証拠である．手作りのサインは，きちんとデザインしたサインよりも注意を引き，親しみやすく，また，飼育担当者の視点から作られていると感情移入もしやすいという利点がある．飼育担当といえども，プロのデザイナー顔負けのアイディアをもっている人がいるのも事実だ．が，個人がそれぞれ勝手に作っていたのでは，展示意図やスタイル，質の良し悪しが作った人の数だけあるということにもなりかねず，来園者の理解やブランドイメージの構築にはマイナスとなる．

　さらに，編集責任の所在と著作権侵害の危険性という大きな問題が存在する．日本では水族館のサインは館長がチェックするということが珍しくないようだが，動物園ではこの編集チェック機能がまったく不在のように見受けられる．水産学系出身者と獣医・農学系出身者の間の展示種に対する知識の違いによるのだろうか．間違ったことを書いてあるからといって大問題になる可能性はあまりなさそうだが，教育施設としてはお粗末な状況としかいいようがない．

　また，担当任せにしておくと，写真やイラストなどをどこから持ってくるかわからない．インターネット上には著作権者や被写体の許諾なく掲載されている画像が多いから危険だし，本からコピーでもすれば明らかに著作権侵害である．著作権や肖像権の侵害は，訴訟問題になる可能性があり，担当者が勝手にやりました，だけではすまされない問題のはずだ．動物園が教育と研究を基本的な役割のなかに掲げ，知識を生み出すべき立場にある以上，組織として恥ずかしくない対応が必要だ．

7.2.5　景観デザイン

ランドスケープ・イマージョンを生み出すプロセスにかかわったジョン・コウは，その後，動物園を訪れる人が野生動物や自然環境に対して望ましい態度を学ぶことを期待するならば，人間の潜

在的な心理を考慮に入れた展示デザインが必要であると指摘した．コウは，観覧者が動物をぐるりと取り囲む従来型の展示をマサイの戦士たちが槍を持ってライオンを取り囲むようすになぞらえ，また，見下ろすことは見下すことに，見上げることは敬い尊ぶことにつながることを例に，動物と来園者の相対的な位置関係の重視性を指摘，園路にしても幾何学的な道路ではなく，植栽の間を蛇行させるなど，動物園体験そのものが自然体験を反映するように演出することが重要であると主張した．

欧米，特にアメリカではこうした考え方を反映した展示があちこちで作られるようになったが，下手な模倣に終わっているものも多い．日本の動物園でも来園者への心理的効果はほとんど理解されておらず，既存の施設を参考にするばかりなので，来園者はあくまで舗装された園路にいて，動物との間は鋼鉄の人止め柵とイヌツゲやツツジのような均質の植栽に隔てられている，というパターンはほとんど変わっていない．動物のいる空間を自然に見せる努力は昔から存在するが，近年は手が込んでいるけれど醜悪な擬木や擬岩が作られるようになって，効果はむしろ後退している感がある．かつては素朴な建築素材や自然石，自然木，自然の植栽がソフトな環境を作っていたし，上野動物園の猛獣プロムナード（1974）で試みられたような，自然石から型取りした繊維強化プラスチックの擬岩と自然石との組合せのような手法は忘れ去られているかのようである．

醜悪さを生む原因は，洋の東西を問わず，デザイン・施工に際して頭の中で架空の風景を作ることにある．動物園では，自然にはあり得ないような岩石・風景が当たり前で，英語圏の動物園関係者の間ではこれを揶揄して"zoo rock"という表現も使われている（図7.14）．信憑性の高い景観を作るためには，生息地に実在する景観をモデルに選び，これを忠実に再現することを目指すのが最も望ましい．そうすれば，自然地理学や生態

図7.14　展示例（北米）
Zoo rock の最たるもの（ライオンの展示）．子どもの粘土細工を思わせる．誰かの解釈を経た結果の人工的な造形であって自然にはあり得ない岩石（？）と地形，ウインドウは四角いフレームをそのままのぞかせていて，これでは擬岩などに金と手間をかける意味がない．

学，特に地形学，地質学，植物地理学などを援用して，地形にしても岩石や植物の種類にしても，適切な種類を具体的に選択し，施工をすることができる．ただし，奇岩，奇観に類するような景観は，実在するものでも再現すると嘘に見えるので，施工技術や来園者の予備知識の程度などをよほど慎重に検討しなければならない．

植物に関しては気候の違いなどで原生地の植物相をそのまま再現することは困難な場合が多いが，まず原生地の植物相を特定することにより，形態などが良く似た植物を選ぶことができる．植物は，良い動物園展示，さらには良い動物園をつくるうえで非常に重要な要素である．欧米には動物園の植物のデザインと管理を扱う専門分野（Zoo Horticulture）が小なりといえども存在するが，日本では公園の造園の，それも最低レベルで管理されている場合が多い．これも日本でパッとした動物展示ができない理由の1つである．

日本のように，小さな動物園に万単位の来園者が来る日があるような状況では，来園者を自然の景観の中にどっぷり浸すランドスケープ・イマージョンの手法を実現することは難しい．ピーク時の来園者数に見合った園路幅を確保するだけで，自然環境を効果的に演出することは難しくなる．しかし，動物と来園者の境界の存在感を和らげる

図7.15 多摩動物公園の開園時にできたトラの展示（1970年撮影）
動物の展示を自然に見せようという努力は決して新しいものでもなければ外国の専売特許でもない．ただ，原生息地を忠実に再現するための情報と技術が限られていたのと，来園者スペースはあくまでも「公園」の体裁を固持していたことが，ランドスケープ・イマージョンとの違いといえる．

図7.17 展示例（ブロンクス動物園）
適切なメッシュの種類の選定，ケージ内からケージ外への連続的な修景，適切な背景画などにより，ケージの物理的なスペース以上の広がりをもった展示空間を演出することが比較的容易にできる．

図7.16 展示例（ブロンクス動物園）
ブロンクス動物園の「コンゴ」の展示の一コマ．動物側の地面が高く見下ろしにならないこと，どこまでも続くかのような動物のスペースの修景，動物の観覧と一体化した解説サインの配置，観客側が建家の中で暗くなっていることによりガラス面の反射を極小化していることなどに注目されたい．

ことはかなり簡単にできる．動物展示の景観を来園者側にこぼれ出させるのがその方法である．たとえば，ケージ内の植栽を外まで連続させる．あるいは擬岩を動物側と来園者側で連続的に造形する．この程度のことで，イメージはがらりと変わる．倒木が動物側から来園者側に達しているというような要素を加えることは，効果をいっそう高める効果をもち得る．また，境界の構造物自体を自然物として作る，たとえば大きな木がネットなりガラスなりの支柱となっているというような方法も有効である．ただし，有効となるためにはデザインと施工がハイレベルであること，すなわち，木なら木が必然性をもって存在し，擬木の場合は形態・質感とも本物と見まごうほどであることが必要である．最悪なのは，ネットやガラスのフレームの構造物をわけのわからない「擬岩状のもの」で覆う手法で，たいていウインドウの長方形はそのまま残されている．こんなことをするくらいなら，構造物は人工の素材のまま，なるべくすっきりと目立たない処理にした方がよほど利口だ．支柱の前に幹がくるように木を植える方法もある．

メッシュやガラスなどを使う場合，2つの大原則がある．1つは，動物側を観覧側より明るくすることで，動物側が観客側より明るくないと動物が見づらい．動物が見えにくいときは，動物には観客がよく見えているので動物のためにも好ましくない．もう1つは，メッシュやガラスに直接光が当たってしまうとメッシュやガラスそのものが光を反射して光るので，直接光が当たることを極力避ける工夫をするということだ．ガラスの場合は，直接光が当たらなくても反射の課題があるので，観覧スペースを東屋のようなもので暗く覆ってしまうのが間違いのない方法である．日照とガラスの向きによって，遠くの園路が反射してしまうということもあるので，状況に応じてシェルタ

ーの入り口に角度をつけるなどの必要も生じる．ガラスを垂直ではなく暗い面に向けて仰角や俯角をつける場合もある．さらに動物の衝突の問題がある．素通しで見た目がいいので，屋内展示の手すりなどにもガラスを使う場合があるが，追いかけ合った鳥が衝突して死亡する場合があり，ブロンクス動物園では閉園とともに飼育担当者が布を手すりに掛けて回る展示もある．また，ガラスはきれいにしておくのが大変であり，維持管理のことを考えておく必要がある．

7.2.6 展示の評価

展示の建設の事情はさまざまだが，展示する以上は，その展示意図は何か，来園者に何を受け取ってもらいたいかをきちんと考えてデザインすることが基本である．明確な展示意図がなければ，メナジェリーと何ら変わるところはない．日本の動物園を測る物差しがいつまでたっても来園者数にのみ終始しているのは，展示意図をはじめとして，動物園として果たすべき具体的な役割を熟慮し，その役割に応じた計測指標を設定するという基本姿勢の不在によると考えられる．

アメリカの場合，公共放送からミュージアムにいたるまで「いろいろ税金を使って助成をしているが，ほんとうに効果が上がっているのか？」という議会からのプレッシャーにこたえるかたちで，効果測定としての評価が重要視されるようになった．ここでいう評価は，漠然とした満足度や感想のことではなく，特定の機能をどれだけ果たしているかを計量化するためのツールである．展示の評価にはデザインの過程に応じて大きく次の3種類がある．

- 事前評価（front-end evaluation）
- 中間評価（formative evaluation）
- 結果評価（summative evaluation）

事前評価は市場調査で，一般の利用者はどのような知識と興味をもっているのかを知ることにより，何をどのように伝えるかを考える指針を得る．利用者の知識度や興味について，意外な事実がわかることもある．その結果，動物園側が伝えるべき内容を検討し，それを効果的に伝えるには，どこに接点を求めればよいのかの指標が得られるだけでなく，利用者の側の知識や思い込みを逆手にとって意外性を演出することもできる．

種名ラベルにしても，紋切り型のものを惰性で作り続けるのではなく，利用者の関心に応じて内容とレイアウトを考えることができる．ブルックリンの動物園で地図情報の理解度についての調査を行った結果，国→大陸→世界と表示範囲を大きくするほど認知度が上がること，男女で結果に著しい差があることなどがわかった．このためサインのデザインではなるべく世界地図を見せ，解説に関連する大陸にはなるべく大陸名を添えるということを心がけるようになった．また，ブロンクス動物園のトラの展示の事前評価では，一般利用者はトラが絶滅危惧種であることや減少の理由については正しい認識をもっているのに，半数がトラはアフリカの動物と思っていることがわかった．この結果，トラの保全の問題に関する解説はすぐ核心に切り込んでも大丈夫だが，トラはアジアの動物だということをまず強調しなければならないという指針が得られた．

事前評価の結果をもとに解説・デザインの方針を決定，あるいは修正し，ある程度デザインが進んだ段階で，その機能性を検証するのが中間評価である．内容のわかりやすさ，デザインのスタイル，インタラクティヴの操作性など，さまざまな事柄を対象とすることができる．検証しようとする内容と，評価に割ける費用と時間によって，模造紙に手書きの簡便なサインでも実施することができるし，大規模な模擬展示を作る場合もある．ニューヨーク水族館でクラゲを中心とした刺胞動物の展示を作る際に，模擬展示をつくり，その解説の手法を3種類用意して来園者の反応をテストした（図7.18）．同じ内容を，正攻法のイラストと文章でデザインしたもの（a），漫画的でユーモ

図7.18 ニューヨーク水族館で刺胞動物の展示デザインのために行なった中間評価の模擬展示
3種の異なる解説手法（(a)〜(c)）を日を変えて用意し，展示効果に差異があるかを検証した．これは比較的大規模な設定で，評価の内容によっては模造紙に手書きした程度のものでも有用なデータを得ることができる．[© Wildlife Conservation Society]

アを交えたイラストと文章でデザインしたもの(b)，そして環境保護のメッセージを前面に押し出したもの(c)を比較したところ，正攻法を好む人は高学歴の人が多い一方，低学歴の人は，正攻法のものや環境保護を強調したものを「自分ではなくだれか他人向けのもの」という印象をもち，くだけた方を好むという結果が出た．このため，それぞれのスタイルを折衷的に使う方法を考え，以後，ほかの展示にも同様の手法を敷衍して利用するようになった．

中間評価でデザインの方向性を確認し修正を行って，いざ展示ができあがったら，結果評価によって，本当に意図した通り展示が機能しているかどうかを検証する．アメリカのミュージアムの来館者は平均して展示の3分の1程度しか見ていないという調査結果があり，1つの目安となっている．もしこの結果評価で大きな問題が見つかったときは展示オープン後でも修正を行うのが理想だが，いうまでもなく実際にはなかなか難しい．もしこの修正を前提として結果評価する場合は，これを改善用評価（remedial evaluation）と呼ぶ場合もある．

このように，評価や来園者調査は単に結果の効果測定だけでなく，より効果的な結果を実現するためにきわめて重要なツールである．同時に，評価は万能でもない．そもそも計測可能なものしか計測できない．計測の条件や評価手法の設定の巧拙によって，得られるデータの価値も変わってくるし，展示体験の前と後の比較や経時的な追跡調査のように評価するのが技術的に難しい内容もある．結果のデータをどう解釈してどのようにデザインに反映させるかというのもまた別の話である．評価ツールを使えば映画にしても小説にしても名作ができるというわけにはいかないのと同様，評価を使えば素晴らしい展示ができるという保証はない．効果的な展示には，解説以前にまず感情移入や感動があることが重要だが，審美性などは計量化が難しいものの最右翼である．ただ，うかつな失敗を未然に防ぐのには非常に有効であり，うまく利用すれば展示の質の飛躍的な向上も可能となる．近年は，ランドスケープ・アーキテクチュアの分野でも修景と心理効果の関係の測定が試みられるようになっている．動物園全体の質の向上のために，社会的役割を具体的に指標化してその達成度を測定する評価の手法を今後積極的に取り入れることが望まれる．

手法自体はそれほど難しいことではなく，大学の心理学科などで行動科学として何十年も扱われている．そうした研究室と協力すれば，評価の内容にもよるが，実施は難しくないのではないかと考えられる．基本をつかめば，かなりの部分は専門家の力を借りずにできる．

7.2.7 ユニバーサルデザインと動物園

障がいのあるこどもたちとその家族のための

「ドリームナイト・アット・ザ・ズー」のような企画が日本の動物園でも実施されるようになったが，これまで動物園は障がいのある人たちにどのような体験を提供するかということをあまり真剣に考えてこなかった．とりあえず利便性だけを考えても，券売，売店，飲食サービスなど，やり取りが発生するところでは，文字，音声，点字の併用や，カウンターやサインの高さ，位置など，コミュニーケーションモードも空間デザインもあらゆる種類の障がい者を想定したデザインがなされていることが必要である．

ユニバーサルデザインの観点に立てば，障がいの有無だけでなく，年齢，性別などに応じて誰もがそれぞれのやり方で楽しく体験できる動物園，という包括的かつ積極的な立場からデザインを考えることができる．単に動物を展示するだけでなく，音，触覚，においなど，できるだけ多様な感覚を使う体験を提供すれば，障がいのある人には体験の可能性を広げ，健常者にとってもより強い印象を与え，記憶に残る体験となる．こうした考え方を，展示デザインに積極的に反映させる努力が望まれる（7.2.9項参照）．

日本は先進諸国のなかでも少子高齢化が進んでいることは周知の事実であり，ユニバーサルデザインを考えることは，これからの高齢化社会における日本の動物園のあり方を考えることでもある．読みやすさ，操作のしやすさ，移動手段などの物理的な条件はもちろんのこと，園のコンセプト自体も，こども連れの家族だけを念頭に置くのではなく，多様な利用者像を想定した展示コンセプトに転換しなければ，動物園の未来は暗いといっても過言ではないだろう．

7.2.8 動物展示を越えて

近年，税収の減少とともに公共施設の経営収支が焦点となり，宣伝・広告，企業スポンサー，ネイミングライツのような収入源が注目されている．それ自体は重要なことだが，動物園はミュージアムと同様にコレクションと展示を通じた独自性をもつ存在なので，その独自性や本来の役割を脅かすような本末転倒の短絡的な議論が大半なのは問題である．本来は，各動物園が自らの独自性を確立しそのブランド性を高めることにより，その動物園に寄付したりその動物園の名前を出すことが企業や製品のイメージ向上につながる．金を出してでもその動物園の名前を使わせてほしい，そういう状況を作り出すのが理想だ．旭山動物園がそのような状況を作り出したといえばわかるだろう．

そのためには，展示体験，解説サイン，ショップ，レストラン，トイレ，インターネット上の存在，そしてロゴなど，一般市民が接するあらゆる面で統一したイメージ作りが必要であり，総合的なデザインの視点が求められる．ブランドとはロゴのことでもなければどこかに転がっているものではなく，人の頭の中に連想を通じて形成されるイメージだからだ．

また，ミュージアムの世界では常設展以外に特別展を定期的に開くことで，来館者数を維持するビジネスモデルを開拓した．動物園は生き物のコレクションであって，生き物で特別展を用意することはなかなか難しいが，モントレイ湾水族館では3年周期で変わる特別展のプログラムを作っている．日本の動物園や水族館でも特別展を用意することが珍しくなくなりつつある．来園者数の減少を防ぎ，リピーターを増やし，事業収益もあげるためには，動物園としてのミッションに沿った特別展やパーティーへの貸し出しなどができるスペースを用意し，企画を考える人材を育てることが必要である．こうした多目的スペースの考え方は，事業収支だけでなく，野生生物を保護する意識を高める場を設けるためにも必須である．

考えれば当たり前のことなのだが，いくら保全についての知識を提供しても，それが行動の変化には直結しないということがアメリカ動物園水族館協会の調査でわかっている．行動が変わるには

展示における解説計画と課題

・ミュージアムにおける解説計画

　一般にミュージアムでは，解説計画はミュージアム全体のコミュニケーションポリシーを受けて，具現化されるものと位置づけられている．ミュージアムにおける解説計画は，狭義では解説パネルやキャプション（解説ラベル）を指すが，広義にとらえれば，ビジュアル・アインディティティ（VI）・建築のサイン・展示・広報などすべてを含める場合もある．つまり，解説計画とは，作り手や送り手側のメッセージを伝える手段を企画・制作・実施することをいう．

・展示における解説計画

　ミュージアムにおける展示は，実物・標本・レプリカ・文字・図・写真・映像・模型のほか，人による解説やワークシート，情報端末などさまざまな手段を構成要素として用い，それらを組み合わせることによって解説計画の検討がなされている．企画・制作された展示物や学習支援ツールは，単なるハードではなく，伝えたいメッセージや情報（ソフト／コンテンツ）を内包しているコミュケーション・メディアとして機能することが求められている．

　展示における解説計画は，まず展示のねらいやメッセージ，それを伝えるにふさわしい内容やストーリーラインなどのソフトを吟味することから始まる．次にソフトやコンテンツを伝えるためにふさわしい手段を検討し，計画・設計・施工と進めていくのが基本的な作業フローである．展示開発は，学芸員を中心に研究者・デザイナー・エデュケーター・エヴァリエーターなど，多くの専門家が集まってチームを組み，時間をかけて作り上げていくものである．そのため，展示は建築とは切り離して計画・設計・施工が進められる．ただし，建築のサイン計画は展示と同じ解説計画の範疇にあるため，展示とすりあわせをしつつ進められる．

・公立動物園における解説計画の課題

　しかし，動物園における解説計画には，一般のミュージアムのように進めることができない課題が潜んでいる．公立動物園の場合，公園を造り管理する部局の所管であることが多い．そのため，動物園の設計・施工は，造園・建築の種目で発注され，ハードだけが対象になり，ソフトを含む解説計画がないがしろにされている傾向がみられる．また，計画策定は動物園担当がまとめるが，設計・施工は整備担当に所管が移り，設計段階からソフトを詰める体制が脆弱になることも課題の1つといえる．こうした状況下にあるため，解説パネルもハードの1つとして制作され，内容を充分に検討する予算や時間は投入されないまま開園してしまうケースが散見される．開園後，サインや解説パネルは改善あるいは作り直されることも多く，飼育係や教育普及担当が手作りで付け加えていくことが多いのが現状である．

　公立動物園を整備・運営する自治体は，これまでの設計施工時における体制や発注形態を一刻も早く見直し，動物園を公園やレジャー施設でなく，ソフト／コンテンツを伝えるためのミュージアムの1つであると認識を改めるべきだ．造園や建築の種目だけでなく，展示を独立させ，効果的な解説計画をつくりあげていくシステム（体制や発注形態，進め方など）を構築していく必要性を強く感じている．

〔村井良子〕

その行動が容易であること，容易でなくても変えたいと思うだけの動機があることが必要だ．このような意味で，市民が保全活動に参加できる機会を動物園が提供することが最短の道の1つといえる．ボルチモアの水族館ではアマモを植えるツアーを実施している．フロリダのブラヴァード動物園では，マングローブの苗を家庭に提供し，育ったら動物園に持参させ，希望者は植え付けにも参加させるというプログラムを実施している．日本でも動物園や水族館とは限らないが，ウミガメの保護などで似たような市民参加のモデルが古くからあるので，やりようはあるはずだ．

　保全心理学が確立するにつれ，幼時の自然体験と成人後の自然環境への関心との相関性や，こどもの発達段階に応じた体験や知識の提供の重要性が近年注目されている．動物園が市民の自然保護に対する意識を高めて本当に自然保護・野生生物保護の担い手となるためには，ビオトープを設けたり，虫捕り，バードウォッチングのような自然体験を提供することを今後真剣に考える必要がある．動物展示を作ってなるべく多くの人に均質の体験を与えるという悪平等のコンセプトで立ち止まらず，高質の展示体験を基礎に，希望と関心に応じてより深い体験を提供し，動物園の展示の場を越えた自然体験への門戸となることこそが，21世紀の動物園の使命である．　　〔本田公夫〕

文　献

Coe, J.C. (2005)：Design and Perception：Making the Zoo Experience Real. *Zoo Biology*, **4**：197-208

Conway, W. (1968)：How to Exhibit a Bullfrog：A Bed-Time Story for Zoo Men. *Curator*, **11**：310-318

Fraser, J., Sickler, J. (2009)：Measuring the Cultural Impact of Zoos and Aquriums. *Int. Zoo Yearbook*, **43**：103-112.

Kellert, S.R. (1979)：Zoological Parks in American Society. *AAZPA 1979 Annual Conference Proceedings*, 88-126.

西村三郎（1999）：文明の中の博物学，紀伊國屋書店．

関　秀夫（2005）：博物館の誕生（岩波新書），岩波書店．

7.2.9　動物園での体験型展示

a．より魅力的に，よりわかりやすく動物のことを伝える手法

　動物園では生きている動物そのものが多様なメッセージを発信している．展示の前で足を止めてじっくりと動物を観察すれば，たくさんの発見があり，多くのメッセージを受け取ることができるだろう．しかし，残念ながら，ただ漫然と動物を見て終わってしまったり，展示の前を素通りしてしまったりする来園者が少なくない．展示前の解説パネルや音声ガイドシステムは，動物の発するメッセージを少しでも伝えようと用意されている．解説パネルだけではない．展示の隣に博物館的な展示スペースを設ける動物園もある．ペンギンの展示水槽の隣に並ぶ羽毛や嘴，卵殻などの標本，野生のペンギンの現状を紹介する映像は，来園者がより深くペンギンの生態や現状を理解する手助けとなるだろう．そして，近年，これらの展示物に「hands-on」と呼ばれる手法が取り入れられるようになった．「hands-on」は1964年にボストンこども博物館のマイケル・スポック館長が，「博物館は人のためにあり，物のためにあるのではない」と，展示物をガラスの陳列ケースから取り出し，子どもが体験しながら学習できる場に持ち出したのが始まりといわれている．その後，1960〜1980年代の欧米で，こども博物館や自然科学博物館の発展とととに広まり，ただ眺めるだけの展示から脱却し，より多くの人に楽しみながら理解を深めてもらう展示手法として発展してきた．動物園にも，めくり式の解説パネル，さわって大きさや形を確かめられる動物の像，ボタンを押すと動物の鳴き声が聞こえる機械，動物の知識を深められる複雑なコンピュータゲームな

どがみられる．動物のことをより魅力的にわかりやすく伝える手法として普及しつつあるのだ．

b. ことばの整理

ところで，博物館の世界には「hands-on」のほかにも「participatory」や「interactive」と呼ばれる展示手法がある．エクスプロラトリウムのキャサリン・マックリーンやジャクソンビル大学のスティーヴン・ビットグッドは，この３つのことばが似たような意味で，もしくは置き換えて使用されており，そのことが混乱や誤用を引き起こしていると述べている．たとえば，ビットグッドは，毛皮にさわる，ゴリラの彫像に登るといったものは「simple hands-on」，カメの骨格を組み立てる，ピューマと跳躍力を競うといった手法は「participatory」，そして「interactive」といえるのは利用者の働きかけによって，展示に何らかの変化が起きるものであるとし，めくり式ラベルや複雑なコンピュータゲームがあてはまるとしている．一方で，マックリーンは真の「interactive」とは，利用者と展示との間に双方向性のやりとりがあるもので，誰が操作しても同じ情報しか得られないめくり式ラベルはあてはまらないとしている．これら３つのことばの概念や分類はいまだ明確にはなっていないようだ．日本で一般に普及している「ハンズ・オン」という訳語がさす展示形態も幅広く，英語の意味そのままに「さわれる展示」とする誤解も多い．ここで３つのことばを整理することはできないが，これらを包括する訳語があるのが望ましいと考える．「参加型」ということばを使う例もあるが，ここでは「体験型」ということばを使うこととする．利用者がただ眺めるだけでなく，能動的にさわったり，（音を）聞いたり，選んだり，遊んだり，何らかの物理的・心理的働きかけを通して，事柄や事象の本質を理解することを促すような展示である．

c. 体験型展示の実践

では，動物園でどのように体験型展示を実践していけばいいのだろう．各動物園の事例を取り上げるやり方もあるが，ここでは筆者が勤める動物園での経験をもとに，体験型展示を企画・デザイン・製作する過程や考慮すべき点にふれたい．井の頭自然文化園では展示動物の不思議を楽しみながら学んでもらうことを目的に2011年から2012年にかけて２回の企画展を開催し，約40種の体験型展示を作った．表7.1でそのいくつかを紹介する．会場は約87 m²という小規模な屋内展示であること，ほとんどがスタッフの手作りにより低予算で作ったものであること，年間来園者が70万人ほどで利用者による展示への負荷がそれほど大きくない状況での取り組みであることを了承願いたい．

ところで，体験型展示を作る前に考慮すべきこ

表7.1 「wonder hut～どうぶつの不思議がいっぱい」で作った体験型展示の一部

さわってみようBOX（ハリネズミの剝製，ダチョウの卵等）	立方体の木箱の上面に円形の穴をあけ，排水口用ゴムカバーで覆い，そこから手を入れて中のものを探る．上面の板には蝶番がついていて，開けて中身を確認することができる．
どうぶつのエサづくり	動物園でのエサを３種類の動物について予想する．テーブルに並べられた候補のエサから品目を選んでカゴに入れる．カゴをコンピュータの前に置くと，回答ビデオが再生して答え合わせができる．隣にはその３種類の動物の野生でのエサを予想する「たべものばらんすけ～る」がある．
脱皮ヌイグルミ（ヘビ・アメリカザリガニ・ダンゴムシ）	なるべく実際の脱皮と同じように脱げる工夫をしたヌイグルミ．
消化管コロコロ（カモシカ・ヤマネコ）	木製の板に消化管を模した溝を掘り，金属球を口からお尻まで転がす．草食動物と肉食動物の消化管のしくみを比べる．
カエル鉄砲	カエルの舌を模したゴムひもを的の昆虫に当てる．うまく当たると鈴が鳴る．
キツツキの虫さがし	丸太に開けた多数の穴から，虫に模したおもちゃを磁石がついたキツツキ形の道具でつり出す．キツツキのエサのとりかたを再現．
魚を目でつかまえよう	渦状の水流をつけた水槽に多数の青い魚の模型と１つの赤い魚の模型を流し，青い魚は赤い魚よりも目で追いにくいことを実感させる．群れの効果を学べる．
どうぶつのおもさ当て	それぞれの動物の重さに合わせた袋がバスケットに入れてある．中の袋を持ち上げるとどの動物かがわかる．

とがある．体験型展示は来園者を引きつけ，楽しくわかりやすく動物のことを伝えられる可能性をもっている．小さな子どもが多く訪れる動物園にとって有効な展示手法の1つになり得るだろう．しかし，体験型展示を作ること自体が目的になってしまうと，メッセージ性のない「おもちゃ」ができあがってしまう危険性がある．本来は伝えたいメッセージがあり，それを魅力的にわかりやすく伝える手法がないか検討し，その結果，体験型という1つの選択肢にたどりつくものだ．必ずしもすべてのメッセージに体験型展示が適するわけでない．マックリーンは「interactive」展示に最適なのは現象を見せるもの，比べるといった活動を提供するもの，変化の過程を示すものと述べている．もう1つは，体験型展示を積極的に取り入れている科学館や博物館と異なるのは，動物園の展示のメインはあくまでも生きている動物であり，体験型展示は動物展示をより生かすための，補助的なものとして位置づけられる点だ．

つまり，最も重要なのは，展示を通して動物の何を学んで欲しいのか，何を感じて欲しいのかが，明確にあることだ．たとえば表7.1の「どうぶつのエサづくり」という展示は，「エサは魅力的なテーマ，動物に関心をもつきっかけとしても良い」，「どんなエサを与えているのか，なぜそれを与えているのか知ってほしい」「野生での食べ物を考慮してエサを選ぶことを伝えたい」「どうやって食べるかも伝えたい」というように，まず「動物のエサ」という大テーマをあげ，さらに利用者に受け取ってほしい具体的なメッセージを絞りこんでいった．

メッセージが決まったら，それを伝えるには展示をどのようにデザインするかを練っていく．前述の動物のエサをテーマにした展示では，「動物園で使用するエサを商店のように並べて見せる」，「エサ作りの疑似体験ができる」「野生での食べ物と動物園でのエサを買い物するように選んでカゴに入れる」，「ICカードとコンピュータを使っ

図7.19 「どうぶつのエサづくり」
3種類の動物のエサを予想し，並んだ候補のなかから選んでカゴに入れる．カゴをコンピュータの前に置くと，ICカードによって答えと動物がそのエサを食べるようすが映像で流れる．野生での食べ物を予想する展示や，動物園で使っているエサを並べた展示も同じスペースに配置した．

て答えを伝える」，「正解ならば，その動物がエサを食べるようすが映像で流れる」というように，そのメッセージを伝えるための展示アイディアをできる限りたくさん出していった（図7.19）．その後，博物館や科学館の展示や欧米の知育おもちゃを参考にしたり，試作品を作ったりして，それぞれのアイディアの実現性や有効性を検討した．この作業は時間をかければかけるほど良い．デザインに失敗すれば，メッセージが伝わらないどころか，間違ったメッセージを伝えてしまう可能性もある．我々のかけた時間はせいぜい数ヶ月だが，欧米のこども博物館や自然系博物館は，企画段階評価や制作途中評価により対象とする利用者の意識調査や試行模型を作って利用者の反応を調査し，その結果をうけて改善を繰り返し，何年もかけてデザインを検討するという．

また，体験型展示をデザインする際は次のことも考慮しなくてはいけない．

(1) 体験型展示は利用されなくては意味がない

使い方がわかりにくい展示は間違った使われ方をされたり，利用されなかったりする．完成後の行動調査からは，利用者のほとんどは解説を読まずにまずは使ってみることがわかった．つまり，直感的に使い方がわかるものほど良く，そのため

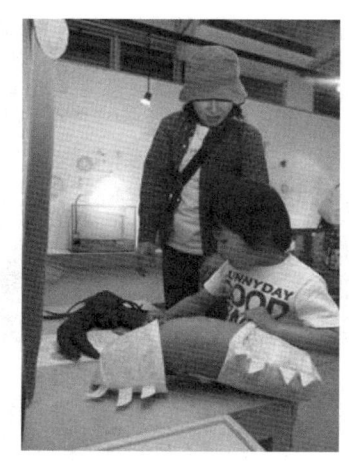

図 7.20 「脱皮ヌイグルミ」
脱がせやすく，破れにくい造りや素材選びが難しく，何度も作り直した．会期中も何回か補修した．

には解説も図やイラストを用いて，目をひく，わかりやすいデザインにすることが大切だ．

(2) 体験型展示は丈夫で壊れにくいこと，壊れたとしてもメンテナンスが容易でなくてはいけない

完成後も定期的に点検し，壊れていればすぐに修理できるように，修理に費用がかかる場合は前もって予算を確保しておく必要がある．高価な展示が修理費用がないのか壊れたまま放置されている例をよくみかける．特にコンピュータを用いたものは性能が短期間で良くなることから，数年で更新することを計画しておくべきだ．また，入園者が多い動物園であれば，展示への負荷が大きくなり，その分，丈夫なつくりや頻繁な補修が求められる．

(3) 体験型展示は誰もが安全に気持ちよく使えるものでなくてはいけない

マックリーンは利用者の行動は必ずしも作り手が意図するものと一致しないことを覚悟すべきだと述べている．予想外の使われ方も考慮し，事前にその安全性を確認すべきだろう．また，気持ちよく使ってもらうためには，色遣い，材料，形などにも気を配ることが重要である．我々は，手触りがやさしく使い心地のよい木や布などの材料を使ったり，内装やパネルなどをやさしくわくわく感を誘うパステル調の色遣いに統一した．

(4) 体験型展示は，完成したら終わりではない

オープン後，実際に展示物がどのように利用されるのか，こちらの意図したメッセージが伝わっているのかを知ることがとても重要だ．もちろんきちんとした評価を行うことが望ましいが，時間があるときに利用者のようすを観察するだけでも，展示の改善やその後の開発に役立つ有益な情報を得ることができるはずだ．

d. 体験型展示の有効性

次に，完成後に行なった利用者の行動調査やアンケート調査の結果からわかったこと，動物園での体験型展示の有効性について考察する．

・体験型展示を主とした企画展の利用者は8割が幼児や小学生を含む家族であった．展示物によって利用者の滞在時間は異なるが，「どうぶつのエサづくり」など特定の展示物では30分以上も滞在する例があった．魅力的な体験型展示には利用者を引きつける力があることがわかった．

・体験型展示を利用しているときの利用者間の会話は活発で，展示物や動物に関する会話が多く聞かれた．また，親が子どもに対して展示物の使い方を説明したり，解説パネルを読み上げたりする行動が観察され，親がインタープリターの役を果たしていることがわかった．

・一方で，子どもがひたすら展示装置を操作し続ける（ボタンを押し続けるなど）だけの行動が観察され，適切なガイドがなければ，ただのおもちゃになっている展示物があることがわかった．

・アンケート調査で「おもしろい展示」としてあげられた展示物は，操作自体が楽しいものやゲーム的要素の強いものが多かった．一方，「動物の不思議がわかった展示」，つまりこちらの意図したメッセージを受け取ったと思われる展

図 7.21 「カエル鉄砲」（左）と「消化管コロコロ」（右）

「カエル鉄砲」は，おもしろい展示の上位にあがっていたが，カエルのエサの捕獲について理解した人はそれほど多くなかった．一方で動物の腸の長さを示した展示（体験型ではない）や「消化管コロコロ」については，おもしろい展示とあげた人はいなかったが，わかった不思議として上位にあがっていた．

示物は動物の大きさや重さ，色，模様といった単純なメッセージが上位を占めた．展示物の魅力（おもしろさ）とメッセージの伝わりやすさは必ずしも一致しないことがわかった．
・企画展の最終的なねらいは，展示動物の観察へつなぐことであった．アンケート調査で「利用後に実物をみたいと思ったか」という質問には9割以上の利用者が「みたい」と答えた．なかには「ゾウの耳の重さがわかったので，改めて実物をみたい」，「カエルが虫を舌でとらえることがわかったので，実際にそのようすをみたい」というように，一部の体験型展示が動物の観察への動機づけになったことがわかった．

このように，展示物によってはこちらの意図したメッセージを受け取ってもらえなかったり，ただのおもちゃになっていたり，ということが明らかになった．こちらの意図した通りに使ってもらい，こちらが伝えようとしたメッセージを受け取ってもらうには，優れたデザインが求められる．しかし，よくできた体験型展示は，来園者を引きつけ，足を止め，たくさんの会話を生み出し，動物のおもしろさや不思議さを伝え，動物（実物）を見たいと思わせる力がある．体験型展示を作るのは簡単ではない．しかし，利用者が展示を楽しみながら利用するようすを想像しながら，ああでもない，こうでもないと試行錯誤しながら展示を作っていくのも，体験型展示を作るおもしろさの1つといえるだろう．

〔天野未知〕

文　　献

Mclean, K. 著，井島真知・芦谷美奈子訳（1993）：博物館をみせる―人々のための展示プランニング，玉川大学出版部．

Caulton, T.著，染川香澄ほか訳（1998）：ハンズ・オンとこれからの博物館―インタラクティブ系博物館・科学館に学ぶ理念と経営，東海大学出版会．

Falk, J. H., Dierking, L. D. (2000) : *Lerning from Museums*, Altamira Press.

Bitgood, S. (1991) : Suggested guidelines for designing interactive exhibits. *Visitor Behavior*, Winter 1991 : 4-11.

Miles, R.S. (1988) : *The design of educational exhibits*, British Museum London.

8

動物園の教育学

8.1 概論

　世界動物園水族館協会（WAZA）によると，動物園・水族館には，世界で年間7億人を超える人々が訪れ，そのうち，日本では年間約7000万人の来園（館）者数となっている（日本動物園水族館協会の統計）．動物園の多くが屋外施設であることも影響しているが，単純に計算すれば，1施設あたり約40万人となり，他の博物館諸施設が約5万人であることと比べると，圧倒的に多い（文部科学省の平成22年度調査）．このことは，動物園教育の大きな可能性を示唆する反面，いっそうの工夫が必要となることも示している．本章では，はじめに動物園教育の目的を，そして，実際の「プログラム」および「すすめ方」について，最後に「レクリエーション機能」をどう考えるべきかについて述べる．

8.1.1 動物園教育の目的―持続可能な社会構築のための人づくり

　2002年に国連のヨハネスブルグサミットで日本政府が提案した「持続可能な開発のための教育の10年」は，2014年に名古屋で開催される予定である．日本政府は，それに先立ち，「環境教育促進法」を定めた．そこでは，人権教育や開発教育，国際理解教育，そして福祉教育など，学校教育はもちろん，あらゆる生涯教育の機会において環境教育はとり組まれるべきだとされた．またWAZAでは，教育コンセプトの中核に，持続可能性（sustainability）を位置づけ，動物園が行うべき環境教育の目標を持続可能な社会の構築に置いている．

　このように，どの動物園も，それぞれの地域における環境教育の機関としての役割を発揮することが期待されており，とりわけ，持続可能な社会の構築に向けた教育が求められていることは銘記したい．したがって，動物園教育の目的の第一は，野生生物との共存を志向し，生物多様性の保全と持続可能な社会構築に貢献する人間づくりにあると考える．この目的につながるすべての活動を，動物園ならではの教育実践として，意識的に位置づけていく必要がある．

　また，生物多様性の保全と持続可能な社会構築とは不可分である．地史とともに連綿と築かれてきた生物多様性を維持することなしに，生命の循環を条件とする持続可能性は築けない．そこには，生物の生存を可能にする諸条件の解明を含む，生命現象の科学的理解が不可欠であると同時に，生物の生活は我々人間の生産活動や経済活動のありようとも深い関連のもとで営まれており，その知識や理解も重要である．たしかに，国連のブルントラント委員会報告に端を発した，持続可能な発展とはどういうことかについて，我々はまだ，考え始めたにすぎないが，文化的多様性を認め合う社会については，多くの人々が，おぼろげながらイメージをもち始めている（上原，2005）．人々の行動変化を引き起こすまでには至っていないという指摘もあるが（Schultz, 2011），ESD（持続可能な発展のための教育）概念は，行動目

標も含め，動物園教育の方向を明確に示している．実際，国際動物園教育者協会（IZE）は2005年，動物園における保全教育の目的を ESD の実践においた．

8.1.2 動物教育と動物園教育の関係

一方で，動物園は，動物のすばらしさを実感してもらう「動物（実物）教育」の場であるという主張もある．たしかに，みごとに環境適応をとげた野生動物に感動する人は少なくない．形態と行動の対応的関係を，進化の証としてとらえるうえで，間近で動物を見ることができるということは動物園の利点である．

しかし同時に，そのように形態や行動と結びついている「環境条件」は，今や大きく変化し，そのため生存の条件すら危うくなってきていること，しかも，それらの多くが，人間のさまざまな生産活動・経済活動と結びついていることを知ることも重要である．実際，「野生動物を守るには，自然生息地での研究や保全だけでなく，人工繁殖や環境教育など，動物園や水族館での研究・保全・教育を推進することが必要…」という意見にみられるように（幸島，2010），保全のための実践的な活動と教育が，動物園に期待されているのである．

8.1.3 対象とプログラム
a. 「不特定多数」から「その人」へ

従来，動物園にはさまざまな人が訪れるという意味での「不特定多数の来園者」という表現がなされてきたが，じつは「不特定多数」という「人」はいない．動物園教育に限らず，教育の対象は，名前と個性をもった「人」である．人はそれぞれの背景をもち，前知識を動員して展示にかかわる．我々にとってはそのかかわりかたをどう変化させていけるかが課題となる（菊田，2008）．

一方，多くの来園者にとって，動物園は基本的には屋外のレクリエーションの場として認識され，「楽しくすごせる」ことへの期待は大きい．しかし，この「楽しさ」についても，それぞれが描き期待する楽しさについての我々の理解が必要だろう．このことは，博物館研究における「来館者理解」にならい，次に述べるように，「来園者を理解すること」と言い換えることができる．年齢，利用形態（学校利用か，家族・友人，単独かどうかなど），それまでの動物園体験や，日常的に利用する生涯学習施設での体験なども影響して，それぞれが動物園ですごす時間に持ち込む期待の程度や内容はさまざまである．

b. 来園者を理解するために

博物館教育の研究においては，個人的コンテクスト・物理的コンテクスト・社会的コンテクストそれぞれの重なり具合において，来館者の博物館体験の内容が異なることが知られているが（フォーク・ディアーキング，1996），動物園来園者の「動物園体験」について考える際にも，これら3つのコンテクストをとらえることは有用である．

・個人的コンテクスト：来園動機・来園目的，それまでの動物園体験においてその人なりにかたちづくられたイメージなど．それらの変化や影響が含まれる．

・物理的コンテクスト：博物館の場合は，展示されている「もの」とのかかわりの意味であるが，動物園の場合は，加えて，出会う「動物たち」や解説パネルなどの「サイン類」が含まれる．さらに，体験を核とするようなプログラムの場合は，場を構成しているさまざまな要素（使用した道具，動物のにおい，声や音，記録用紙など）とのかかわりも含まれる．

・社会的コンテクスト：人々のコミュニケーションを意味する．家族や友人が一般的ではあるが，そのかかわった人々のなかに，動物園側の教育実施者とのやりとりもこのなかに含まれる．また，参加型の学習プログラムでいっしょに何かに取り組んだときなどの，やりとりも含まれる．

これら3つのコンテクストの重なりから，来園者の動物園訪問時のさまざまな体験の意味はかたちづくられる．「その個人」は，なぜ動物園を訪問先に選び，そこで何ができると期待し，その体験は，後にどのように想起されて日常の暮らしに影響するのか．それらをていねいに探求していくことが重要である．

c. 実際のプログラム

動物園の目指すこと（生物多様性の保全）にかかわる「すべての活動」は，動物園教育として位置づけることが可能である．たとえば，「動物を見る」行為であっても，「どのように見るか」へのヒントの提供は充分に教育的であり，詳しく観察することが多様性理解の基礎となろう．見ることに加えて，手を動かしてスケッチする，あるいは声や音を聞くなど，他の感覚を用いて，より深い観察に取り組むなどは，参加者の関心と，動物の種類や展示の物理的な特徴によってさまざまに組み合わせていくことができる．

日本の動物園と水族館で展開しているおもなプログラムとしては，飼育体験を含むもの，展示動物および施設内野生動物の観察会，小動物とのふれあいなどがあげられる（日本動物園水族館協会，2000）．家畜類を置いている動物園では，ブラッシングや，糞掃除，水やり，餌の準備や給餌体験などができる工夫がされているところもある．また，学校の児童対象には，国語，理科，社会，生活科，総合学習など，学校の教科と関連させたものや，事前授業として，生きた動物や派生物をもって，学校にスタッフが出向き，教師と協力してテーマに沿った多様な活動が展開される（詳細は本章の各論参照）．友の会や，サポーター，あるいは事前募集性のプログラムとしては，講演会やワークショップも行われている．ワークショップは，参加型学習とも呼ばれ，アイスブレイク（顔合わせのイベント），テーマに沿った何らかの体験学習，相互討議や「振り返り」を行うというものである．さらに，例は少ないが，動物解説員を置いている園では，解説員が展示動物の前で行動や形態について紹介し，参加者と一緒に「詳しく見る」ことを目的とした，観察プログラムもみられる．

海外では，幼児を含む家族連れに対しては，アニマルコンタクト（ハムスターやモルモットなどを用いた，簡単な運動場づくりや行動の観察・給餌）といって，日本の「ふれあい」よりも，テーマ性をもったプログラムがみられ，事前受付制をとっていることが多い．動物シアター（パペットや着ぐるみを用いて，基本的な動物の特徴を知らせる）や，親子でいっしょに，小さな箱庭のようなところに植物を植えて，擬似的とはいえ，自然環境再現をするようなワークショップもある．さらに，作品作りを通じて，動物をよく見たり，感じたことを表現し，参加者で体験を分かち合うアートプログラムもみられる．

日本と海外を比較すると，日本では獣医師と飼育係員がおもな実施者であり，海外のように教育担当者がおかれて実施者となっているところは非常に少ない．今後の課題として，プログラム作りの専門家との共同開発も必要となろう．

d. プログラミング・プロセスと進め方

教育の方法を決めるうえでは，「誰が参加者であるのか」を明確に意識し，「形のあるプログラム」をもとにして組み立てていくことが有効である．「形」があるからこそ，どう工夫するとよいか，参加者の状況を判断しながら変形させ，アレンジすることが可能となる．たとえば，著名な環境教育プログラム「プロジェクト・ワイルド」などを取り入れるのも，その一例である．

これらのプログラムは，通常，①その園の学習リソースの探索，②そのリソースに基づいて，スタッフと資源（予算や場所）で可能なことを抽出する，③目的との関連を精査する，④試行する（記録をとる），⑤試行時の評価，⑥想定される対象者を明瞭にして，再度の試行，⑦実施，⑧評価，といったプロセスを経る．その行程で最も重

要なことは，動物園教育のそもそもの目的（持続可能な社会構築のための人材づくり）との関連を考えることであろう．そうでないと，プログラムを作ることが目的になってしまい，動物園という場や機能を使用する意味がなくなってしまう．リソース探索や手法の開発も，目的を意識しつつ行うべきである．

また，こうした教育活動の頻度を高めていくには，動物園側のスタッフのみでは不可能である．動物園教育の目的を共有できるさまざまなボランティアグループや市民との協働関係や，学校教育と連携を深めていくことは，「活動の対象と目的」を明瞭に意識し，動物園の教育上の役割が認識されていくうえで重要である．動物園のもつ潜在的な教育的価値について，あらゆる観点から追究していけるような，試行的な活動も，こうした協働関係のもとで進むだろう．

また，それらの活動の評価についても，目標と照らしながら，協働で行っていくことが望ましい．多様な組織との連携作りは，動物園教育の可能性を押し拡げるために有効である．

e．レクリエーション機能と動物園教育の関係

レクリエーションは，古くは，労働者の勤労意識を高めるための余暇時間という意味であったが，現在では，自発的で創造的な人間活動へと変化しつつある．動物園ですごす時間が，創造的な人間活動という意味であるとすれば，動物園教育の目的と合致しているかにみえるが，残念ながら，「動物園はレクリエーション施設である」という表現におけるレクリエーションは，楽しい時間を与えてくれる場所以上の意味にはなりにくい．一方，持続可能な社会構築を動物園教育の目的に置いたとき，親しい人と楽しくすごすのは，別の意味において重要である．それは，自分の感じたこと知ったことを交換しあう，その相互の語りのトピックのなかに，「持続可能性の問題意識」を入れることができるからである．身の回りのできごとや，人々とのかかわりの価値を発見し，少し先の未来から「今」をみつめ，日常の生活態度を少しでも変化させようという気持になってもらう，あるいは，遠い世界の出会ったこともないような人々の暮らしや，逆に身近なのに今まで知らなかった「その生きもの」の新しい面を見直すなど，自己の変化を意識的に創り出せるのなら，それは上記の動物園教育の目的につながるといえよう．必要なのは，人間としての創造性発揮の場として動物園のさまざまな可能性を見いだし，拡げていくことである．

〔並木美砂子〕

文　献

上原有紀子（2005）：「国連・持続可能な開発のための教育の10年」をめぐって．レファレンス，平成17年3月号：63-82．

菊田　融（2008）：動物園の社会教育施設としての可能性．社会教育研究，26：43-57．

幸島司郎（2010）：野生動物研究センターCOP10パートナーシップ事業第15回京都大学国際シンポジウム報告，p.2．

日本動物園水族館協会（2000）：動物園・水族館における生涯学習活動を充実させるための調査研究．

J.フォーク・L.ディアーキング著，高橋順一訳（1996）：博物館体験，雄山閣出版．

Schultz, P.W. (2011): Conservation Means Behavior, *Conservation Biology*, 25(6): 1080-1083.

子ども動物園

現在，ほとんどの動物園で，規模や内容が若干異なってはいるが「子ども動物園」が開設され活動している．その形態と機能の基本的なものは動物と同じ空間に人間がいる，柵やガラスやモート

（堀）で人と動物とが隔離された普通の動物園とは一線を画す構造になっている．それによって直接動物に触れ五感で動物を感じるものになっているのが基本である．そのような「子ども動物園スタイル」ができた経緯を日本で最初に作った上野動物園の資料から，作られた時代背景や作った人々の思いなどを探ってみた．

　長い戦争が終わり，その戦争の反省から，子どもたちの教育に力を入れなければならないと，当時の上野動物園の園長古賀忠道氏が敗戦の年の3年後に創り出したのが「子ども動物園」であった．

　その開園時のパンフレットの中の文章を紹介する．

　「皆さんへのお願い！

　この子供動物園は　皆さんと　動物の子供たちの　たのしい遊び場です．動物たちは　物が言えない　弱いものです．皆さん　どうか　このか弱い，動物たちを　可愛がってください．しかしもし　皆さんが少しでも　動物たちを　いじめるようなことがあると　動物たちは皆さんとなか良くなりません．決して　動物たちを　おっぱらったり　むりにつかまえようとしたりしないでください．

　ここでは　時々皆さんの遊んでいる所に動物たちのおうちから出して遊ばせることがあります．

　又時には　皆さんのうちから　動物の運動場に入って　動物を可愛がっていただくこともあります．しかし　そんなことは日本では　初めてのこころみです．

　この動物園が　うまく　やってゆけるかどうかは　皆さんが　ほんとうに　心から動物たちを可愛がって下さるか　どうかできまります．

　平和な　子ども動物園は　平和な　日本のさきがけです．皆さんは　皆でいっしょになって　子供動物園を　そだて上げて下さい．」（23・4・10）

　開設当初から6年間かかわった村野孫太郎は，開設から8年後に回想し次のように開設当時を振り返っている．

　「今その当時の世態（ママ）を追憶すると，人心は亡者のようにすさんでいて，なまかぢりの民主主義が提唱された時でした．（中略）此のなげかわしい時代にあって，国民の心を高雅な方向に導くの方途には一体何があるだろうか，それにはこの森羅万象を相手に，しかも正直そのものの動物に親しませる以外には，なにものもないとの意図を明らかに表示した結果が，この子供動物園の誕生になったのであります．従ってこの子供動物園には，子供それ自身に親しまれるやさしい動物ばかりをえらんで，人止め柵のない獣舎に入れたり，放し飼いしたりして，ある時はえさをやり，またあるときはなでたりだいたりかかえたりして，一緒に遊ぶことができるようにしておいたら，子供はその中の人になって，教えなくとも動物そのものの特徴・習性を体得した上に，やがては之が社会科・理科の生きた教材ともなり，将来成人の暁には，円満な人格を備えた文化人となって，当時の人によって唱えられた文化国家建設の礎が，ここに築きあげられことになるだろうという百年の計を，この子供動物園を足場として発足したものであります」（『どうぶつと動物園』1955年5月1日号）

　開園した昭和23（1948）年に飼われていた動物は，子ウシ，ロバ，ウサギ，サル，リス，ヤギ，ヒツジ，ブタ，カンガルー，ニワトリやアヒルの雛，オウム，小鳥，金魚などと，小さいおとなしい時期の子グマなどであった．人間の子どものための動物園だが，動物の子どもを飼う動物園でも

あったのである．日本最初の施設であったので，飼育動物も含め，試行錯誤の連続だったのだろう．

ところが使用する段階で問題がたくさん出て，猛獣などの幼獣の使用はなくなってきた．その部分を補うために使用するようになったのが，現在まで続いている家畜なのだ．家畜は長い人間とのかかわりでできあがってきたものであるから，人間との付き合い方がわかっているのである．

よくなれた家畜を使って，ごく近くに動物がいる環境を作り出すことによって，動物を五感をもって理解することが可能になる．今の子どもたちを取り巻く環境のなかにペット以外の動物とのかかわりを探すことはひどく難しくなってきている．ただただ可愛いだけの動物ではなく，付き合い方を間違えると人間が怪我をしてしまうこともあることを知る必要があるのだ．そのような健全な対動物感を作るのは，実物を肌感覚で感じる必要がある．動物を実物大で理解するための尺度・スケールを作ることができるのが，身近に動物のすべてを体で感じることのできる「子ども動物園」なのである．

〔高藤　彰〕

8.2　各　　　論

8.2.1　学校教育との連携

a．学社連携の動きと意義

近年，学校教育と社会教育との連携（学社連携）が重要視されている．たとえば生涯学習審議会の答申（1996年）では，両者が一体となって取り組む「学社融合」が提唱され，また，改正された教育基本法（2006年）では，生涯学習の実現を目指して，社会教育施設と学校，家庭などとの相互連携及び協力に努めるよう示している．

このような動きは，今日の学校教育において，児童・生徒が自ら考え，判断し，行動する能力を培うことに重点を置き，体験学習を促すことと関係する．2002年から施行された「総合的な学習の時間」では，自ら課題を見つけ解決する「生きる力」の育成を目標とし，地域の学習機関を積極的に活用することが学習指導要領に盛り込まれた．社会教育施設の1つである動物園においても，学校教育と連携した教育活動の推進が求められている．

ここで学校が社会教育施設を利用する意義を考えてみたい．大堀（1999）は社会教育の特徴を「自発性」「多様性」「現実性」と要約し，個人の主体的な活動，多様なニーズへの対応，実生活に即した学習が展開できるとしている．子どもたちが学校外の場所や人に触れ，具体的な対象とかかわり，自分の興味に基づく探求を行うことで，実感を伴う学習を進められることが社会教育のメリットといえるだろう．動物園では世界中の生きている動物との出会いがあり，生命や動物の多様さを実感できる．その体験から，各子どもたちの関心や疑問をいかに引き出し，広げ，継続的に深めるかが重要で，ここにかかわる人たちの協働に，学社連携の意義があると筆者は考える．

b．学校利用の実態

（1）学校利用数の推移

総合的な学習の時間が導入された以降の5年間（2007年調査）で，日本動物園水族館協会に加盟する全国の動物園・水族館（$n=157$）における学校団体による利用回数がどう推移したかの調査結果を図8.1に示す．利用数が増加したと回答した施設の割合を学校別にみると，小学校39.5%，中学校27.4%，高等学校19.8%であった．そして残りの6～8割が変わらない・減少したと回答している．学校による動物園の利用が，あまり増加していないことがうかがえる．

（2）教師と動物園側が期待すること

動物園利用により，学校の子どもたちにどのよ

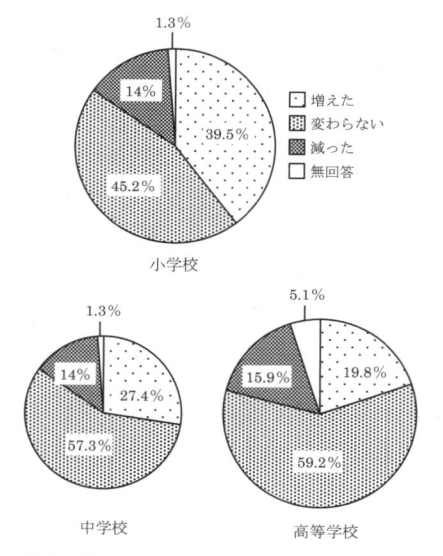

図 8.1 過去 5 年間における学校団体の利用件数の推移 [日本動物園水族館協会, 2008 を一部改変]

うな教育効果を期待するかを，1998 年に日本動物園水族館協会に加盟する全国の動物園・水族館（$n=111$）と，遠足などで園館を利用した小学校教師（$n=199$）に調査した（松本・森, 2002）. 教育目標項目を無制限に複数個選択してもらった結果，教師は「感動や驚き」「動物への愛情や親しみ」「新たな発見」の期待値が高く，一方で「科学的思考」「生態」「多様性」「人とのかかわり」理解などへの期待は動物園側の方が有意に高い値だった（図 8.2）. 動物園側は科学教育や環境教育に関する項目への期待が高く，教師は感動や気づき，愛情，生命の理解に期待を示し，両者の意識に離齬があった．両者の目標を共有し，関連づけることで，教育の可能性は高まるだろう．

そして，実際の利用により目標が達成できたかの満足度については，動物園・教師ともに各項目において期待値を大きく下回った（図 8.3）. 動物園での教育の可能性は期待するものの，有効な活用がなされていない実態がわかる．

なお，その後の日本理科教育学会全国大会（2011）でのワークショップ「テーマで学ぶ動物園」では，参加した小学校高学年や中学校・高校の担任教師から，動物園を活用して，「なぜ？と疑問をもたせたい」「観察する視点や科学的な見方を身につけさせたい」などの要望があった．しかし何から手をつけてよいかわからないという意見が複数あり，連携を図るためには，具体的な学習方法の提示が求められる．

c. 理科授業と連携した観察プログラム

前述の問題点を踏まえて，筆者は今まで，学校

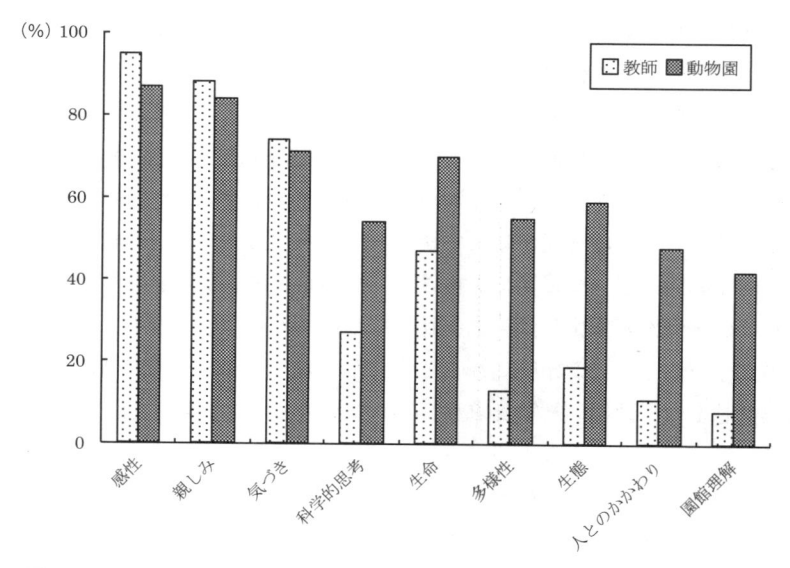

図 8.2 小学校の動物園利用による教育効果の期待（1998 年調査）[松本・森, 2002]

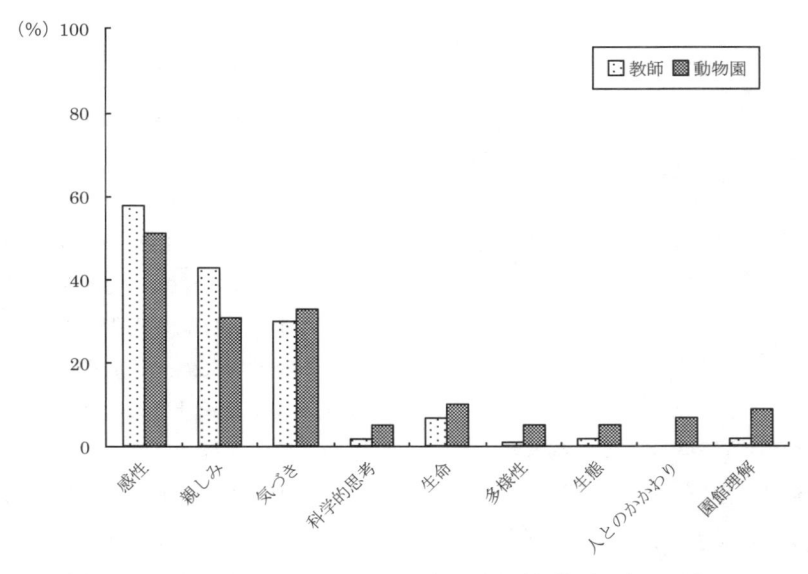

図 8.3 実際の動物園利用による満足度（1998 年調査）[松本・森, 2002]

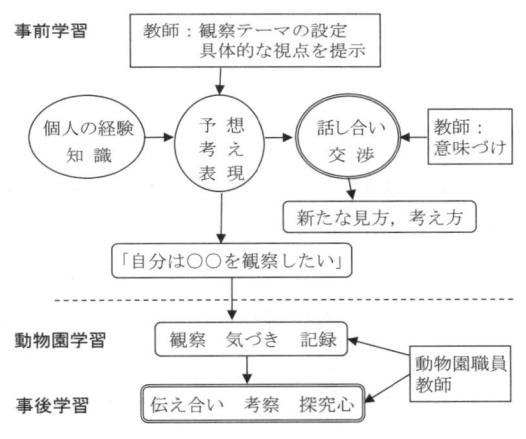

図 8.4 動物園を活用した理科授業の流れ

の理科授業と動物園での観察学習を連携させたプログラムの作成と試行を行なってきた（松本, 2012）．子どもが主体的に動物を観察し，多くの気づきを得て探究心を高めるには，各子どもが「この動物の，○○を見たい」と自らの問題意識を喚起する事前学習が有効である．多摩動物公園で開発した学校団体向け貸し出し用教材（松本・草野・小泉, 1996）も，その点において効果を発揮し，学校の教師からの需要も高かった．

動物園を活用した理科授業の流れを図 8.4 に示す．

【事前学習】 学校で具体的な観察テーマを提示し，動機付けを行い，クラスで予想したり考えを交渉しあったりして，各子どもが自らの課題を見出す．

【動物園学習】 実物を観察し記録する．事前学習で自分の課題があらかじめ明確であれば，当日の観察では子どもは見通しをもって意欲的に取り組む．

【事後学習】 気づいたことを表現し伝え合う．見方や考え方を広げる．

・プログラムの事例：「動物の食べ方を調べよう」
　前述の流れで実践した事例―小学校 6 年生「食べ物と体つき」関連プログラム―を紹介する（松本ほか, 2004）．事前学習で「歯の形と顎の動き」に視点を絞り，ヒントカード（図 8.5）と教具（図 8.6）を用いて，ゾウ，ヤギ，ウマ，ライオンの食べ方を，班で話し合いをしながら予想した．ゾウは奥歯で「ガツンと押しつぶす」と「擦り合わせる」とで意見が分かれたり，「食べ物によって食べ方が違うのでは」という考えが出たりした．そして自分が確かめたい課題を観察シートに記し，動物園で食性が異なる複数の種類を観察した．事後学習で作成した新聞には，顎の動きだ

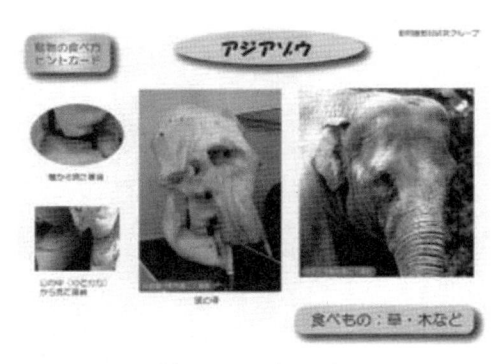

図8.5 ヒントカード

図8.6 教具を用いて食べ方を予想する

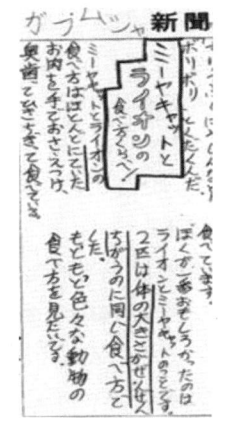

図8.7 事後学習で作成した新聞

けでなく，脚の使い方，舌の色など，他の体の部位にも着目したり，食事に要する時間や，食べ方が似る種類（ライオンとミーアキャット）という気づきも見いだされたりしていた（図8.7）．担当教師からは，「観察ポイントを絞る観察は学校ではほとんどないので魅力的．観ることでイメージや受けとめ方に幅が出て，学びにふくらみをも

たせられる．理科好きにする」という評価をいただいた．今後はこのようなプログラムの汎用性をいかに高めるかが課題である．

d. 連携の強化に向けて

(1) 教師と動物園職員との協働

b.の(2)で述べたような，教師と施設職員の意識の違いは，「博学連携ワークショップ in 宮崎」の報告（日高，2012）にもある．ワークショップで展示物に関する発問カードを作成し合った結果，学校関係者はおもに知識を問い，博物館関係者は技能や思考に関する発問が多かった．博物館は科学的な見方や考え方を楽しく学ぶ場であることを，教師に実感してもらうことが重要で，その必要感を認識しないと連携は進まないとしている．そのために，両者が協働して作業したり，教員研修の場を動物園に設けたりする機会は有効と考える．

(2) 第三者のかかわり

学校の教師と動物園職員はそれぞれ現場での仕事を抱え，連携にかけられる時間や人材に限りがある（日本動物園水族館協会，2008）．筆者は両者をコーディネートする立場だが，今後はこのような第三者の養成や支援者を結ぶしくみづくりが求められるだろう．

和歌山公園動物園では，教育活動を行う市民ガイドボランティアが，学校連携の支援も行なっている（松本，2012）．支援に際しては，先に知識を与えないよう配慮して，一緒に動物を観察し，子どものつぶやきを繰り返したり（確認），「どのようにしている？」と問いかけたり（具体化）して，子どもが自分で気づき，見方を広げるよう助言した．このような，子どもが実感を伴う学びを実現するための効果的な支援のあり方については，動物園職員も含め支援者すべてが検討し，共有することが大切と思われる．

(3) 教育効果の評価と共有

学校教育との連携は手段であり，目的ではない．学校がなぜ動物園を利用するのか，連携によ

って子どもたちにどのような効果がもたらされるかを評価，共有することが今後の重要な課題と考える．学校教育の評価枠を広げ，動物園だからこのような活動が提供できる，新たな学力が身につく，教育の可能性を広げられるという評価基準を示せると，連携の意義が共有され，実践の具体化にも進んでいくだろう．評価は個々の子どもたちのさまざまな活動や表現の総体を多角的にとらえ吟味すること（松下，2007）なので，教師と連携をして，動物園教育の効果や課題を計ることが求められる．

e. 連携で目指す教育の目標

おわりに，連携は子どもにとっての学びを常に検討し，より有意味な学習機会を創造するうえで必要と考える．動物園は1970年代から科学教育や環境教育の使命があると示され（遠藤・広瀬，1985；中川，1975），今日に継承されている．生物多様性保全の理解や科学的リテラシーを身につけることなどは動物園で行う重要な教育課題といえる．また学校教育では，生きる力の育成を目指し，問題を解決する思考力・判断力・表現力を身につけることに重きを置いている．

次世代の子どもたちが将来健全に生きていくために，豊かな環境の保全と持続可能な社会の構築に向けて，動物園教育と学校教育の機能をいかに位置づけ，関連づけるかが，連携を促す重要な視点となるだろう．　　　　　　　　〔松本朱実〕

文　　　献

大堀　哲（1999）：生涯学習と博物館活動（新版博物館学講座10），p.4-10，雄山閣出版．

日本動物園水族館協会（2008）：日本の動物園水族館総合報告書，日本動物園水族館協会．

松本朱実・森　一夫（2002）：動物園利用による教育的意義と効果的指導法のあり方．理科教育学研究，42(2)：51-61．

松本朱実（2012）：動物園を活用した理科授業．理科の教育，61(720)：23-26．

松本朱実・草野晴美・小泉佑里（1996）：動物ふしぎ発見ポケット．どうぶつと動物園（東京動物園友の会会誌），48(9)：4-7．

松本朱実ほか（2004）：動物園を活用した理科教育支援プログラムの開発―動物たちの食べ方を調べよう―．日本理科教育学会第54回全国大会発表論文集第2号，p.223．

日高俊一郎（2012）：「博学連携ワークショップ in 宮崎」で何が得られたか．理科の教育，61(720)：31-34．

松下佳代（2007）：パフォーマンス評価（日本標準ブックレット Np.7）．

遠藤悟朗・広瀬　鎮（1985）：動物園教育―日本動物園教育研究会10年の歩み―，p.1-7，日本動物園水族館教育研究会．

中川志郎（1975）：動物園学ことはじめ，玉川大学出版部．

動物園でのガイド―インタープリテーションの心得

・ガイドのねらい

　動物園に暮らす生きた動物や豊富な情報資源を介して，来園者の興味や知的好奇心を引き出す．そして動物や環境に対する関心を高め認識や理解を深める．

・心得

　展示動物を前にして，図鑑に書いてあるような知識を説明しても参加者の心には響かない．まず

はインタープリター自身がその動物をよく観察して，その動物の魅力や特徴，生態について理解を深めることが準備として必要である．そして自分が面白いと思ったこと，不思議だと感じたことに情報や知識を肉付けして話題提供するのが望ましい．実体験に基づく解説が参加者の共感を得る．

参加者に動物をじっくり楽しんで見てもらうよう心がける．インタープリテーションは一方向的な知識伝達ではなく，参加者の興味や知的好奇心を引き出すための支援である．したがっていかに動物の面白さや不思議さに気づいてもらうか，そのきっかけづくりや視点の提供が重要である．そのために，常に動物のそのときのようすと，参加者の興味に即した柔軟な対応を行う．

参加者が普段動物や動物園，または環境問題に対してどのようなことを感じているか，疑問に思っているかを把握したうえで，その人の関心に合った話題提供やさらに認識を深めてもらう支援を行う．そのために，参加者との対話を心がける．

参加者が，「あれ？どうしてだろう？」「どうなっているのだろう？」と，自分なりに予測したり疑問に思ったりするための工夫は，関心を高めるのに有効である．たとえばクイズ（例：フラミンゴのかかとはどこ？）を取り入れたり，テーマを設定（例：食べ物と体つき）したりすると視点が絞れ，気づきをうながす．クイズの答えは参加者が実物を見て確かめられる内容にする．また触る，においを嗅ぐ，音声を聞くなどの五感を通した体験も取り入れられると，参加者の記憶に残る効果が期待できる．

展示動物は，自然界の生態系を構成する一員（種）の代表者という認識で，その個体→種→野生の生態に視野を広げるような解説を心がける．そして，他の動物と自分（人間活動）とのかかわりにも関心をもってもらうような働きかけを行う．動物園での体験を非日常的なものに終わらせないよう，参加者が家に帰った後も引き続き動物に関心をもち，かかわり方を考え，保全に関与してもらうことを目標にする．

インタープリターの動物や環境に対する価値観や態度が，インタープリテーションの効果に大きく影響する．参加者にとって心に残る体験は動物に関するものだけでなく，ともに動物を見て共感した他者（インタープリター，同行者，他の参加者）とのかかわりも大きな要素となる．

〔松本朱実〕

8.2.2 参加型プログラム

動物園で展開される教育は，野生動物の生息地の破壊が深刻化するのに伴い，目的や手段が変化していった．分類や生態，生理などの正しい知識を得るだけではなく，その知識を発展，他の情報と統合させて，いかに行動につなげていくかが重要視されるようになっていったのである．

このような教育の実現を考えるにあたり，参加型というプログラムの形態が注目されている．動物園で目の前に現れた動物と私たちが，じつはつながっているということは実生活ではなかなか実感できない．参加型という手法は，教育を受動的に享受するだけでなく，自らが主体的にかかわり当事者となり，動物たちと来園者との距離を縮めるために有効な教育である．このような視点で横浜市の動物園で行った3種のプログラムを紹介する．参加することで，どのように当事者意識が育まれていくのだろうか．

a. 環境が減っていく野生動物の立場を体験する

生息地が破壊されると動物たちはどうなるのか．生息地の破壊は野生生物の一番の脅威であるが，実際にはスケールが大きすぎてなかなか実感がわかない．オランウータンを例にして考えてみ

図 8.8 環境が減っていく野生動物の立場を体験する．りんごの梱包材を森に見立て，オランウータンの気持ちで森を歩き回る．

よう．動物園のパネルで「オランウータンの暮らす熱帯雨林の80%がすでに消失した」と読めば，誰しも状況の甚大さに驚愕する．しかし多くの来園者にとって，4000 kmも離れた森で起こっていることへの当事者意識は喚起しにくい．そこで，オランウータンの生息地が破壊されているということと，それによりオランウータンに何が起こっているのかを体感し，自分なりの関与の仕方を考えるため，環境教育ゲーム「生息地分断ゲーム」を考案し，よこはま動物園ズーラシアで実施した（図8.8）．

このプログラムの参加対象は小学生20〜30人ほどを基本としている．このゲームの前段で，参加者はまず動物園のオランウータンを観察する．そして，オランウータンが単独生活者であること，樹上生活者であること，果実食者であることなどを発見していく．

続いて，野生のオランウータンに何が起こっているのか，飼育員からのレクチャーを受ける．オランウータンのすむ森は，アブラヤシのプランテーションへと姿を変えている．枝がないから移動することもできず，おいしい果物も実らないアブラヤシの森は，オランウータンにとっては価値がない．しかし，アブラヤシのプランテーションは無秩序に増え続け，オランウータンのすむ森は分断されてしまった．住む場所が消失してしまっただけでなく，単独生活をしているオランウータンどうしが出会う機会が激減してしまったのである．

子どもたちはオランウータンとして，まずは50 cm^{2}のリンゴの梱包材を敷き詰めて見立てた森にやってくる．このリンゴの梱包材の森の上を，おいしい果物を探して，今日の寝床はどこにしよう，などと想像力を膨らませながらオランウータンとして子どもたちが自由に歩き回る．動物園のスタッフはプランテーションの経営者となり，無秩序にリンゴの梱包材を取り除き，そこにはお菓子のパックなどをおいていく．すると，子どもたちはお菓子のパックで分断されたいくつかの森へと取り残されてしまう．

この森でしばらく生きていけそうか，子どもたちに問いかける．「森が小さすぎて餌がない」「オスしかいないから繁殖できない」など，問題点が子どもたちの口から出てくる．ではどうしたらいいのか．再度子どもたちに問いかけると，「森をつなぐ橋を架ける」「オランウータンを捕まえて違う森に放す」「木を植える」などアイディアが出てくる．どうしたらそれができるのか，もう一度子どもたちに問いかける．するとどのアイディアも多くの困難が待ち受けていることに子どもたちが自力で気がついていく．まわりを見渡すと，森を分断しているのはお菓子の袋．このプランテーションで産出されたヤシ油は，お菓子や食品などの原材料として私たちの日常生活にとけ込んでいる．壊してしまった森をもとに戻すのは途方もないことと，この森を壊している原因の一端は自分たちの生活にあると実感する．私たちの生活と動物たちの生活の接点が実感できた子どもたちのなかに，大きな問題が出現する．一緒に参加している子どもたちが悩みながらも意見を言っていくなかで，1人で立ち向かうには大きすぎるこの問題に，誰でもが一歩を踏み出せる存在であることもまた知るのである．

図8.9 動物を巡る多様な価値観を知るアフリカクルーズツアーに参加する来園者.

b. 動物を巡る多様な価値観を知る

環境問題の解決が容易には進まないのは，多様な価値観が複雑に絡み合いながら形成されていった文化があるからである．次に紹介するのは，動物たちとそのまわりで生活する人々との関係から野生生物のあり方を考察するロールプレイの環境教育プログラムである．このプログラムは，対象とする地域や動物種を変えて何度も実施しているが，そのうちのウガンダからの研修生とともに企画した「アフリカクルーズ」を紹介する（図8.9）．

舞台となった野毛山動物園は，アフリカの大自然だと仮定する．ウガンダからの研修生はツアーガイドと呪術師に，動物園のスタッフは通訳や現地の人々に，参加者は現地ツアーに参加するツーリストとなる．参加者は，ツアーガイドの解説を聞きながら動物園を巡り，動物とそのまわりに暮らす人々に出会っていく．動物を捕まえるため，毒入りの餌を撒く農民に出会い，密猟者には毛皮やキリンのしっぽの毛で作ったブレスレットを買ってほしいと頼まれる．ツアーガイドからは買うのは違法だと止められるが，密猟者は生活に困っているという．国立公園のレンジャーは，動物が見えるポイントを案内し，保護活動の必要性を訴える．近くの村では村人が家を装飾するためにダチョウの卵を巣から持ち去っていた．ヘビを殺そうとしている現場に出くわし，ツアーガイドがヘビの生態系のなかでの重要性を村人に伝える．森を見上げ，サルが葉っぱを食べることで光を森の下の方まで入れ，果実を食べてその種を糞とともにあちこちに散布して森を育てている話をしているところで，先住民がアビシニアコロブスの毛皮をまとって踊り始める．動物とともに暮らしてきた人々は，ときには神として，ときには大切な食べ物として，動物を敬い，暮らしてきた．人と動物の間には，何千年にもわたって育まれた文化があるにもかかわらず，環境破壊が脅威のスピードで進行してしまったため，文化が追いついていないのである．チンパンジーの展示場の前でツアーガイドがクイズを出した——「なぜチンパンジーは絶滅の危機にあるのか」．選択肢は3つ；①肉を食べるために殺されている，②生息地が破壊されている，③ペットとして飼うために捕まえられている．すべて正解のこの選択肢により，動物たちが私たちの生活の犠牲となっていることが明白となる．

ウガンダの研修生から聞き取り，作成した台本は，今もアフリカのどこかで起こっている現実である．このツアーの後でディスカッションを行う場合もある．密猟者や先住民の言い分を聞き，誰なら賛同できるか参加者どうしで意見を出し合うと，参加者は一様に悩み始める．「お金がなくて密猟者が困っているなら，支援をしてあげよう」と1人の子どもが言うと，「そのお金でもっといい銃や罠を買って，もっとたくさん野生動物をとったりしたら困るよね」と答える子どもがいる．問題は，お金だけでは解決できない．それぞれの立場を理解することから始まるのである．原因をさらに突き詰めていくと，買う人がいるから密猟をする人がいるということに気がつく．そして私たちは，買う側の文化圏に生きているのである．

c. 身の回りの生き物とのつながりを実感する

もっと身近な環境に目を向けると，私たちの身のまわりの生き物も，そのまわりの生き物や私た

ちの生活とも密接にかかわっている．身近な生き物のつながりを実感するためによこはま動物園ズーラシアで企画したのが，シジュウカラの暮らしを見守る連続プログラム「小鳥のくらしをのぞいてみよう」である．

参加対象は，小学生とその保護者の50名程度．第1回目のプログラムでは，12月に巣箱を作製し，木に取り付けるところまでを行う．まずは，動物園の中にある森を歩きながら，シジュウカラの暮らしについて学ぶ．シジュウカラが巣を作ることができそうな樹洞があるかをチェックしながら森を一周する．落葉樹の葉も落ち，見通しの良い12月の森の中で見ても，樹洞はほとんど見当たらない．巣箱は，森が育つまでの仮住まいとしてシジュウカラに必要そうである．しかし，どんな環境だと暮らしやすいのだろう？ シジュウカラの巣はほとんどが苔でできている．主食は虫，ヘビやカラスや木登りのできる哺乳類には注意が必要である．彼らは巣箱をこじ開けて，卵や雛を食べてしまうかもしれない．巣箱を作った参加者は，シジュウカラの気持ちになって森を見つめ，注意深く巣箱を取り付ける木を決める．

2回目のプログラムでは，シジュウカラの子育てのシーズンである5月に行われる．前回のプログラムからのおよそ5ヶ月間，参加者は動物園に来て自分の取り付けた巣箱に鳥が出入りしているか，観察することができる．寝床としてのみ使われていた巣箱は木から取り外され，利用状況を参加者と確認する．寒さをしのぐために使用された巣箱には，糞がたくさん残っている．そして，まさに子育てが行われている巣箱は，距離をおいて双眼鏡を用いて観察する．親鳥は観察している間，繰り返し虫をくちばしにくわえ，雛に運び続ける．巣箱の中のようすは，巣箱の中に事前に取り付けたカメラで確認する（図8.10）．雛が体を寄せ合い，巣立ちまでの2週間，ぐんぐんと成長を遂げるのである．

しかし，子育てがうまくいっている巣箱ばかりとは限らない．ある巣箱はふたをこじ開けられ，中では親鳥の羽が散乱していた．巣箱の出入り口がかじられて広がり，中に卵が置き去りになっている巣箱もあった．卵を飲み込んだヘビが巣箱から出られなくなっているのを目撃したこともある．参加者は，自分が取り付けた巣箱で子育てがうまくいっていないと，ショックを受ける．しかし，これは自然の中のほんの一部分が映し出されているにすぎない．実際，私たちの目に見えていないだけで，どのいきものも他の生命をいただき，生きている．巣箱を襲った生きものも，シジュウカラと同じく子育て中だったのかもしれない．子育てをしているからといって自然の中では優遇されない．むしろ，危険に身をさらしているのである．運良く成長中の雛であっても，このうちの一割程度しか成鳥になれないといわれている．しかし，命は無駄に失われることなく，誰かの命となって巡っているのである．

最終回のプログラムでは，巣立ちの終わった巣の分解をする．シジュウカラの巣は，苔がぶ厚く敷き詰められた上に，綿のような素材で産座が作られているとてもていねいな巣で，よくぞあの小さなくちばしで作ったと感心させられる．そして，細かく分解していくと，動物の毛や羽が混ざっていることに気がつく．特徴的な毛であれば園内のどの動物なのかを同定でき，小さな鳥がどこまで巣材を集めに行っているのか，ある程度の見当をつけることができる．こうして1年間，シジ

図8.10 身の回りの生き物とのつながりを実感する
巣箱の中で子育てをするシジュウカラ．

ュウカラの生活を観察していると，体重が20g ほどしかないこの小さな1つの命であっても，いかに多くの生きものに支えられ，いかに多くの生きものとかかわっているのかが実感できる．そして，それはどこの国のどの動物でも同じなのである．

　ここで紹介した参加型プログラムは，いずれも少し時間をかけて参加をする，特別なプログラムである．一方で，飼育係の行うガイドや飼育体験など，動物園で標準的に行われているプログラムについても参加性を高める配慮がなされている．飼育員の行うガイドでは，その動物についての知識を伝えるにとどまらず，骨や羽，毛皮などを触る，うんちのにおいを嗅ぐ，鳴き声を聞く，ハズバンダリートレーニングや環境エンリッチメントにより引き出された行動を見るなど，五感に訴えるさまざまな工夫が凝らさている．これらの活動は飼育係との参加者との距離を縮め，再来園の大きなモチベーションともなる．来園者もこのようなきっかけで，プログラムへの主体的な参加を促され，よく観察するなどの行動へとつながっていく．

　動物園への一度の来園がきっかけで，大きな環境行動につながる必要はない．動物園がもっと身近なもっと気軽な存在となり，何度も訪れ，さまざまなステージのプログラムに参加することにより，自分の生き方に思いを巡らせる場所となるのが理想である．参加型プログラムは，その大きな原動力として存在するのである．

〔長倉かすみ〕

動物の写真撮影法

　動物を撮影する際に留意すべき点を以下に記す．

・目的を決める

　使用目的を最初に決めておかないと，必要な時に使用できる写真がなくて困ることがある．まず，どのような用途で使うのか，どのような写真が必要なのかを考え，プランを立ててから撮影にのぞむことが大切だ．

・カメラの選び方

　一眼レフカメラは，ほとんどの場合しっかりとした写真が撮影できる．しかし，どのような場面にも対応できる万能のカメラはない．レンズが小さい，シャッター音を消すことができるなど，コンパクトカメラの特性が役立つこともある．撮影場面と使用目的を考えてカメラを選びたい．同じ目的で撮影している写真の上手い人からアドバイスを受けるとよいだろう．

・一に観察，二に観察

　動物は種として独特の動き，さらに一頭一頭が個性ある動きをする．それを知るためにはよく「観察」する以外に手段はない．カメラをかまえていないときも，できるだけ観察を続ける．動物が次にどんな行動を見せるのか，予測し，撮影し

図 8.11　トラ（ズーラシアにて撮影）
撮りたい一瞬前でシャッターは切る．

たい場面が見える一瞬前にシャッターを切る．観察の時間に比例して写真は良くなる．

・尊厳と感謝

　動物は自分の意志で行動していることを忘れてはいけない．動物が撮影者を気にいらなければ，こちらが希望する写真は撮影できないだろう．人間と同じ仲間であるという意識，動物への尊厳の気持ち，さらに日常生活を見せてもらっている，という感謝の気持ちが必要だ．動物は初めて会う人間を警戒する．ましてや，武器にも見えるカメラを持っている．まずは，危害を与えない気持ちが動物に伝わる態度と行動をとろう．

・安全と安心

　動物にも人間にも，安全で安心な状態で撮影を行いたい．許可をもらって動物に近づく場合には，必ず担当飼育係の指示に従う．動物は新しい物や者には，触って確認したくなる．檻から動物の手が出るような施設では，飼育係の立ち合いのもとで，安全な撮影場所を確認する．安全距離を確保することは，動物によけいなストレスをかけないためにも大切な配慮だ．飼育係が「なでても大丈夫」と言っても，遠慮した方が無難．相互の感染症予防のためと，動物が撮影者から離れなくなり，撮影不能になる可能性があるからだ．

・伝わる写真を作る

　写真は記録として優れた表現手段である．何が写っているのか，説明文なしで，見る人に伝わる写真を作るように心がける．背景はシンプルに，見せたい部分に目がいくような画面構成が望ましい．自分が表現したい写真のイメージを想い描いて，それが実現できるように撮影する．撮影者が見せたい写真と見る人が見たい写真は違う，ということを意識して，できあがった写真を「見る人」の視点で使用する写真を選びたい．

〔さとうあきら〕

9

動物園の福祉学

9.1 概論—動物園動物の福祉と倫理

9.1.1 「動物福祉」が指していること

人間が占有あるいは所有する動物は，目的によって展示動物，愛玩動物，産業動物，実験動物などに分けることができる．「動物福祉」とは，人間の直接の影響下にあるこうした動物に対処する際の1つの考え方であるとともにその方法でもある．この用語は，"Animal Welfare" の訳語として日本に定着してきた経緯があるが，「福祉」という言葉が日本においては「公的扶助やサービスによる生活の安定，充足」（広辞苑）という意味合いが強いため，本来の意味と異なり誤解を招くおそれがあるとして，「動物福利」あるいは「アニマルウェルフェア」と呼ぶこともある．

動物福祉は，動物について物理的な環境面および心理的な面における良好な状態の維持を目的とする人間の行為である．つまり，動物の立場に立って個々の動物の生活の質を高め，それを維持するように人間が飼育していくことを指している．国際獣疫事務局（World Organization for Animal Health：OIE）が策定した Terrestrial Animal Health Code においては，動物福祉が動物の取り扱いに適用されるとし，次のように指摘している．

・動物福祉とは，動物をその暮らしている状況にいかに対処させるかということを意味しており，動物が良い福祉の状態にあるということは，動物が健康であり，快適であり，よく飼育されており，安全であり，先天的な行動を発現することができるとともに，苦しみ，恐れ，苦痛といった不快な状況に苦しむことがないことをいう．

・良い動物福祉には，病気の予防と適切な獣医学の処置，収容場所，管理と栄養物の提供，思いやりのある取り扱いと思いやりのある屠畜あるいは殺処分が必要である．

9.1.2 動物福祉という思想

動物福祉の考え方は，動物愛護運動や動物権利運動によって影響を受けてきた．また，これらの運動の内容は変化をしてきていると同時に，それを成り立たせている理論的な枠組みも変化しつつある．この理論的な枠組みが「動物倫理」である．動物倫理とは，人間が動物に対処する際の規範あるいは原理であり，動物と人間との関係をかたちづくる具体的な方法として提案される動物福祉の根拠を示すものとなっている．たとえば，開発によって野生動物が著しく生息数を減らす可能性がある場合に，野生動物を保護すべきであるか，あるいは，どの種を優先して保護する対象に選ぶかということは動物倫理に関する問題となり，どのような方法で保護していくかを考え，実行していくのが動物福祉にあたる．つまり，何を目標にするかは倫理の問題であるとともに，いかなる目標が到達可能であるかは動物福祉の技術的な問題であり，両者は表裏一体の関係にある．

畜産産業や動物実験のように人間が動物との関係をもつ場合はもちろん，野生動物への対応のよ

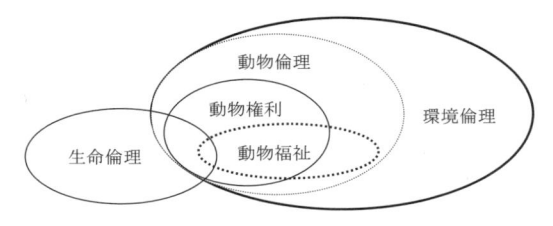

図9.1 動物倫理と動物福祉の関係

うに何らかの影響を与えるなどの関係がある場合にも，人間には動物の存在とはこういうものだという一定の前提があり，意識するかしないかにかかわらずその前提をもとに動物の扱い方や対応の仕方を決めている．したがって，具体的に動物福祉を考えるうえでは，動物に対応する際の行動の規範である動物倫理や動物権利運動の考え方を踏まえておくことは必須である．

動物福祉の考え方を支える動物倫理は，応用倫理学の一部であるとともに，環境に対して人間がふるまうべき規範に関する倫理である環境倫理の一部を構成しており，相互に密接な関係がある．また，近年の生物学の進歩によって可能となった最新先端技術に対処するための生命倫理とも一部では関係している（図9.1）．

9.1.3 動物福祉の流れ

今日の動物福祉の考え方は，18世紀末から19世紀前半にかけてのイギリスにおける動物愛護運動を発端とする．この運動は，動物は人間と同様に苦しむことができるから動物の苦痛も道徳的配慮の対象としなければならない，という考え方によっている．その理論的根拠が，当時のイギリスの哲学者ジェレミー・ベンサムが唱えた功利主義であり，個々の気持ちよさといった幸福を増やすことは良いことであり，その総和が少しでも大きくなる選択肢を選ぶべきであるということが基本原理である．個人の幸福や苦痛などの問題が社会的に拡大され，動物に対しても適用されたのが動物愛護運動である．その考え方は一定の支持を集め，1822年には最初の動物愛護法（Act to Prevent the Cruel and Improper Treatment of Cattle）がイギリスで成立している．当初に愛護運動の対象となっていたのは，スポーツに使われていた動物や家畜である．19世紀半ばにフランスにおいて動物実験の手法が確立され，それがイギリスに導入されると実験動物が動物愛護運動の対象となり，動物実験への規制が取り入れられた1876年動物愛護法（Cruelty to Animals Act）が成立するとともに，この動きはヨーロッパ各国に波及していった．

1950～1960年代にかけて，イギリスをはじめとする欧米諸国で動物実験を行う研究者による動物福祉の動きがあった．これらを受け，アメリカにおける1966年の動物福祉法（Animal Welfare Act）など実験動物の福祉に関する法律が各国で成立する．1975年には倫理学者ピーター・シンガーが『動物の解放（*Animal Liberation*）』という本をまとめたが，動物の扱いを考える上での枠組みとして「種差別（speciesism）」という概念が紹介されている．この著作にきっかけに，動物の権利を守るための運動団体が英語圏の国々などに結成されていった．

日本においては1973年に「動物の保護及び管理に関する法律」が制定されている．その後，1999年に改正されて「動物の愛護及び管理に関する法律」と名称が変わり，基本原則に「動物が命あるものであること」，「人と動物の共生に配慮すること」が盛り込まれたほか，規定の追加が行われた．さらに，2005年にも展示動物の福祉の向上，ペット等の販売・繁殖施設等における飼養等の適正化などの視点から，その一部が改正されている．

9.1.4 環境倫理と動物倫理

動物の権利をどのように考えるかは，動物倫理上の今日的な課題である．1970年代末以降にアメリカやイギリスを中心として起こった「動物権利運動（animal right movement）」なども動物倫

理に含まれるが，動物倫理は環境倫理の一部としてとらえるべきである．

環境倫理はその考え方において大きく3つの立場をとっている．第一は，人間だけではなく他の生物の種などにも生存の権利を認め，人間が勝手にそれを否定すべきではないとする立場である．動物権利運動では，人間と同じように幸福や苦痛を感じる動物を権利という概念によって守られるべき範疇に入れるべきであるとする考え方を根拠にしているが，権利を物事の理にかなったこととしてとらえるならば，人間と同様に進化のなかでともに生まれてきた動物にも一定の権利があるとすることが妥当である．

第二は，現代の世代は未来の世代の生存可能性を維持するための責任があるという立場である．地球環境問題の本質は地球を持続させることにあり，ここでは未来の世代への配慮も重要な要素となっている．他者への危害が生み出されない限り個人は自由だという自由主義の原理においても，他者に未来の世代を含めるべきである．

第三は，地球全体を視野に入れた判断をするという立場である．地球の生態系は閉じた世界であり，利用可能な物質とエネルギーの総量は有限である．地球の中で現代の世代や未来の世代が生存し続けて行くためには，いかなる場合においても物質やエネルギーの配分を考慮しなくてはならず，利用にあたっては優先権という判断が必要となる．

環境倫理においては，人間が個人的に行う行為とその行為が環境に与える影響との関係は表裏一体としてとらえられる．平等あるいは自由主義の原理を実際に適用するにしても，地球の有限性を基本として考え，それへの配慮を優先する価値判断が最も重要となっている．動物に関しても，生態系を維持するという視点からその存在の意義をとらえていかなくてはならないし，人間は動物およびその生態系の意義を守るように行為するという価値判断をもつことが必要である．自然の生態系を守ることは人間を守ることであり，野生動物の絶滅の危機を回避するような行動を選択しなくてはならない．

9.1.5 動物園動物の倫理と福祉

倫理は，同じようなことについては同じような判断を下さなくてはならないという普遍性をもっており，次のような判断の過程からは，何らかの形で動物を配慮の対象とすべきという結果になる．

・遺伝的差異自体は差別をする理由とはならない．
・動物も人間と同じように苦しむ．
・動物には契約能力がないが，認知能力や契約能力などがない人間は存在する．
・認知能力や契約能力などがない人間にも人権があり，危害を加えてはならない．

動物の苦痛の有無から考えると，それを感じる動物個体が保護の対象になるが，進化の過程において生まれてきたすべての動物を基本的に配慮の対象とすべきであり，何らかの権利があると認めることが重要である．

この場合，動物の権利といっても，すべて人間と同様にするということではない．これは，種は人為的な破壊から守られるべきであり，人間の恣意的な利用を止めるという考え方であり，人間が生存に必要である以上の行為を行おうとする場合には，自然保護のために人間の権利とされるものも制限されることを指している．動物に対して何らかの権利を認めるという動物倫理は，動物園動物に対しても適応されなくてはならない．

欧米の自然保護においては，日本と比較すると基準の意識が明確であるとともに，保護の対象を種におく考え方が強い．また，各々の個体の扱い方が問題とされるが，これは価値判断の原点に苦痛の回避，快楽の追求に置く功利主義が採用されているからである．したがって，動物に死が理解できないのだとすれば，まったく痛みや恐怖を感

じさせずに殺すことができるなら，動物を殺すことは認容されることになるなど，日本との相違点も大きい．動物園動物の福祉において課題となるのは，その具体的内容についての判断と，その判断を人間の行為の指針とどう結びつけるかという点である．

〔土居利光〕

動物慰霊碑

　人々は元気はつらつと動き回る動物を期待して動物園にやってくる．かわいい動物の赤ちゃんが生まれれば，明るいニュースとして取り上げられることも多く，次の休みに動物園に遊びに行ってみようと思われる方も多い．しかし，動物園で働けばすぐにわかることだが，動物の命には限りがあり，生まれるものもいれば死ぬものもいる．動物園で飼育されている動物のほとんどは人の寿命より短い．毎年，動物園では飼育動物の10〜20％の動物が生まれては死んでいる．動物園の職員は日常的に動物の死に立ち会うことになる．

　動物園で亡くなった動物は焼却されるか，剥製標本や骨格標本として活用される．動物のお墓はないが，感謝の気持ちを表すため園内に慰霊碑を建て，お彼岸などに慰霊祭を催す動物園が多い．大阪市天王寺動物園の動物慰霊碑の前に建立理由が次のように記されている．

　「この動物慰霊塔は私たちのためにその一生を捧げてくれた動物や家畜たちに感謝し，その霊を弔うために建てたものです．この塔を通じて物言わぬ動物に対するいたわりのきもちがさらに多くの人たちの心の中に伸び育ってゆくならばこの上の喜びはありません．」

　日本人なら違和感なく心にすっと入ってくる文章であろう．飼育動物の霊を慰める動物慰霊碑の形はさまざまである．最もシンプルなものは石碑である．明治時代から大正時代にかけて動物園も併設していた東京の浅草・花やしきには石に直接「鳥獣供養碑」と彫った慰霊碑が現存している．大正12（1923）年9月の建立で，関東大震災で亡くなった飼育動物の霊を慰めるために建てられたものだという．動物園では昭和7（1932）年8月に建立された京都市動物園の慰霊碑が最も古いと思われる（図9.2）．こちらも石に直接「萬霊塔」と彫ってある．「動物慰霊碑」と記した銘板を石にはめ込んだものも多く，盛岡市動物園や井の頭自然文化園で見ることができる．これらシンプルな慰霊碑から進化して装飾性を増したのが動物の姿をレリーフで表した慰霊碑である．福岡市動物園，神戸市王子動物園，大阪市天王寺動物園，名古屋市東山動植物園などで見ることができる．動物の姿を立体像で現した慰霊碑はしものせき水族館海響館や鴨川シーワールドなど水族館に多い．

　ところで，動物慰霊碑は日本特有なもののようだ．外国の動物園人に動物慰霊碑を案内すると「これは動物のお墓か？」と聞かれ，このようなものは彼らの動物園にはないと言われる．

図9.2 京都市動物園の動物慰霊碑

> 実際，東南アジアや欧米の動物園を見学しても園内に動物慰霊碑を見つけることはできなかった．日本の動物園に動物慰霊碑があるのは，動物に霊を感じ，私たちの役にたってくれた動物たちに感謝の気持ちをささげたいという日本人古来の自然観が背景にあるのだろう．　〔成島悦雄〕

9.2　各　　論

9.2.1　動物園の倫理

a.　動物園の倫理とは何か

　動物園では，基本的に野生動物が飼育されており，社会の動向に合わせてその保全を中心的な課題として設定するようになってきた．現代においては近代化や都市化の進展に伴って，人間は環境問題への具体的な対応をせざるを得ない状況ともなっている．しかし，問題に対する一種の麻痺感覚が人々に間に浸透してきているのも事実である．こうした状況において，動物園には自然への共感を呼び起こすという社会的な役割が付加されるようになっている．この共感とは，人間が地球という環境における一員であるという意識と実感である．動物園の倫理とは，飼育動物に対する規範であるとともに，共感を呼び起こす行動の規範としての側面ももっている．動物園の倫理は，環境倫理や動物倫理を根拠とする動物福祉の実現にあり，動物園はすべての動物が一定の生存権をもつことを認識しなければならない．

　動物福祉を図っていくうえでは，動物の生活の質，つまり動物の快適性を確保することが最も重要である．国際獣疫事務局（World Organization for Animal Health：OIE）が策定した陸生動物衛生規約（Terrestrial Animal Health Code）から，動物園における動物福祉に関係する指針の一部をあげると次の通りである．

・国際的に認知されている5つの解放（空腹・渇き・栄養失調からの解放，恐怖と苦痛からの解放，身体的および温度的な不快からの解放，痛み・負傷・疾病からの解放，常同行動の発現からの解放）は，動物福祉における価値ある指標である．

・農業や教育および研究における動物の利用，また，愛玩やレクリエーションおよび娯楽のための動物の利用は，人間の幸福に大きく貢献する．

　加えて，心理学的幸福の概念も重要である．心理学的幸福とは，動物が適切な環境下でその種に特有の行動を発現し，飼育下で日常的な問題を処理でき，病的な行動が発現しないような行動を指すとされ，現在では多くの場合，人間以外の霊長類に適用されている．功利主義の立場からは動物福祉の対象となる動物は，痛みなどを感じることができる動物（sentient being）ということになり，ある動物を配慮の対象になるかならないか判断する際には，その動物自身が幸福であるとか不幸であるとかを感じる能力があるかどうかが基準とされる．つまり，痛みなどを感じることができる動物の場合には，心理学的幸福の達成も1つの基準となる．

b.　動物園の倫理への道筋

　他人に危害を加えてはならない，という原理を動物にも適用することには合理性がある．また，すでに人間に対して当てはめている道徳的な規範を検討し，それらを動物にも適用できるように具体的な内容を決定していく過程が，動物福祉の実現への具体的な手続きに際して必要である．

　本来，動物は進化の過程において，限定された生育場所に自らの適応度を改善させ，特化することによって生存してきた．したがって，生物にとっての環境とは，その生物の生活に関与し，その生活と連関する外的な条件や影響の全体であるとともに，生物の生活現象に関与する限りでの機能的環境である．野生動物には，その種にとっての環境が存在するのである．したがって動物園など

の環境へ動物を適応させるためには，野生状態での行動を発現できるような環境を用意することが第一である．さらに，各動物個体の個性を重視することも重要である．適正な環境を確保するためには，次の3つの基準を念頭に置かなければならない．

- 対象とする動物種が生息している環境における物理的条件を確保し，生理的な行動が満たされるようにする．
- 対象とする動物種が本来もっているさまざまな行動をできるだけ発現できるように空間を確保するか，そのための工夫をする．
- 対象とする動物種が発現するさまざまな行動の時間配分をできるだけ本来のそれに近づけるようにする．

アメリカの動物福祉法（Animal Welfare Act）においては，1985年の修正によって人間以外の霊長類に対する psychological well-being（心理学的幸福）の規定が設けられ，そのための環境を整備することが明確化されている．現在，この法の規則においては，飼育などにあたって少なくとも，個体を隔離する場合など集団に関すること，環境エンリッチメント，幼児などに対する特別な配慮，拘束の原則禁止などについての計画を定めることとされている．

動物園における動物福祉の実践においては，野生における動物の状況を知ることが不可欠である．また，具体的な手法は，給餌回数や時間，飼育場所の植樹と樹種，代替の人工物の造作など多岐に及ぶとともに，種によって，あるいは個体によって一時行動や社会行動なども異なっていることから，きわめて個別的な問題ともなっている．今後，具体的な動物福祉の手法に対して，動物がとる行動の自発性に焦点を当てた評価が大きな意味をもってくるし，動物園の倫理を実践していく際の主要な課題である．〔土居利光〕

文献

伊勢田哲治（2008）：動物からの倫理学入門，名古屋大学出版会．
加藤尚武（1991）：環境倫理学のすすめ，丸善．
加藤尚武（2005）：新 環境倫理学のすすめ，丸善．
佐藤衆介（2005）：アニマルウェルフェア，東京大学出版会．
松沢哲郎（1996）：心理学的幸福：動物福祉の新たな視点を考える．動物心理学研究，46(1)：31-33．
森村成樹（2000）：飼育動物における心理学的幸福の確立：展示動物を中心に．動物心理学研究，50(1)：183-191．

9.2.2 環境エンリッチメント

近代動物園が次々と開園し，野生動物を飼育展示することに対し，動物園は施設や栄養学的な面で，ある程度の水準まで達成できるようになっていった．しかし，展示場で右往左往するクマや自分の毛を抜くサルたち，終日鼻を振り続けるゾウに対し，飼育者や観客は疑問を抱くようになる．

普通とは思えないこれらの行動に対して，動物を取り巻く環境を変化させることで動物の行動を豊かにしていこうという思いが湧き出てきた．1980年代に欧米を中心に論じられるようになったこの「エンリッチメント」という考えは，1990年に入ると多くの動物園で試行錯誤が行われるようになり，日本でも2000年ごろから「環境エンリッチメント」という言葉が認識されるようになった．2001年には NPO 法人 市民ズーネットワークが環境エンリッチメントの推進を中心とした活動を始めている．

環境エンリッチメントとは，飼育下に置かれている動物の環境に対し，追加あるいは変更を加えて野生での自然な行動を引き起こし，それが動物福祉につながるという考えである．

このエンリッチメントという言葉が確立する以前にも，飼育の現場では展示室の空間を複雑に利

用できるように木を組んだり，遊具を投入したりしていたが，近年はこれらをエンリッチメントとしてとらえ，さらに科学的な評価をすることが重要であるとし，飼育方法を論じるなかで必須なものとして確立してきている．

a. エンリッチメントの種類

野生動物は広く複雑な空間で生き延びるために，多くの選択肢の中から必須のものを選び生活している．これに対し，飼育下の動物はすべてにおいて「限られている」．飼育者は，その環境，生活を豊かにするために，限度はあるが，できるだけ多くの選択肢を与えることが重要である．

その手法は以下のようにいくつかに分類されるが，これらは複雑に組み合わせ使用することで飼育下におけるエンリッチメントの幅が広がる．

(1) 道具によるエンリッチメント

低価格で一番簡単な方法として，自然物や人工物を飼育環境に追加することがあげられる．これにより，動物の興味行動を引き出し行動量を増加させる．自然物としては，生の枝葉，乾草，花，土など，人工物としては，タイヤやボール，さまざまなプラスチック製品などが使用される．しかし，いずれもすぐに飽きてしまうことが多く，投入の時間や時期，方法などを変化させていく必要がある．特に日常的に巣やねぐらを作る動物にとっては，巣材として利用可能な多種多様なものを用意すると有効である．

また，チンパンジーやオランウータンに対するエンリッチメントとして，餌のジュースとの組合せによる人工アリ塚が有名である．穴に差し入れるための枝やワラなどいろいろな素材を用意することでさらに選択肢の幅が広がる．

(2) 居住空間によるエンリッチメント

施設新設や拡充の際に，エンリッチメントを目的としてプールや池，ボール，土や砂の山など，複雑な地形を設置することも生活を豊かにする一員となるが，大規模で高価なものになることが多い．種ごとの特徴をよく理解し，慎重に計画する必要があるだろう．動物の行動の質だけを考えれば，より複雑なものが望ましいが，動物園である以上観客の目線を考慮し設計しなければいけない．

樹上で生活することが多いレッサーパンダやカナダヤマアラシ，ナマケモノなどを観客側の樹木へ自由に行けるようにすることは比較的簡単にでき，動物の行動の質と量を増加させ，さらに動物と空間を共有しているという感覚は観客への絶大なアピールにもなる．

(3) 餌によるエンリッチメント

動物がすごす時間の大半は餌を探す時間に費やされているため，餌を使ったエンリッチメントはとても有効である．餌を与える時間，回数に変化を与える，餌の内容を日や季節で変える，餌の切り方や加工方法を変える，置く場所を変えたりばらまく，隠す，包む，または狩猟本能を刺激するために餌を動かす，生餌を与える，などさまざまな方法がとられる．雑食，草食獣では少量の餌を多くの回数でとることが多く，時間の許す範囲で給餌回数を増やすだけでも有効な方法となる．

特に類人猿やサル類では紙袋に包んで隠す，餌の場所を毎日変えるなど工夫をこらすことが大切で，肥満防止や精神的安定のためにも努めて実施すべきであろう．また，オオアリクイなどでは，餌を透明な筒に入れたり，中がのぞける人工アリ塚を設置することで，探索と舌を使う時間を増やし，観客にとってもその動物の生態を理解する助けとなる．

(4) 五感刺激によるエンリッチメント

野生動物は，餌を探すため，繁殖して子孫を残すため，自分の身を守るため，日々の生活のなかで，常に視覚，聴覚，味覚，嗅覚，触覚の五感を研ぎ澄ませていなければならない．しかし，動物園において天敵もなく，餌を探す必要もない状況では，本来の動物の行動は失われてしまう．そのため，いろいろな餌のにおいを展示室内につけたり，天敵となる動物や異性の糞を置いたりと，動

物本来の感覚を取り戻し活性化させる試みがなされている．また，栄養学的に十分満足のいく餌であっても，ドライフードだけでは嚙む，引きちぎる，裂くといった行動は失われてしまう．餌の硬さ，形状，においといったものも餌によるエンリッチメントとの複合で大切な要素になる．

（5）社会的構造によるエンリッチメント

種によって，単独で生活しているものから大きな群を作るものまで，その社会的構造はさまざまである．また，雌雄間の行動，さらには他種との関係など複雑な構造が存在する．これに反する飼育方法をとると，闘争や食欲の減退，繁殖率の低下などを引き起こす．

社会的環境に関して正しいエンリッチメントを行うには，野生での生活を知る必要があり，フィールドでの観察や文献から情報を得る努力も行うべきである．また，野生の研究者とも連携を取り，お互いの情報を交換することも重要であろう．

b. 常同行動

エンリッチメントの対極にあるものとして，同じ行動を繰り返す常同行動がある．これは，狭い環境（野生に比べればどこでも狭い）で自分なりに行動の転移を図った結果出現するものであるが，必ずしも悪ではないと感じる場面もときどきある．かつてアイアイにおいて樹上での「くるくる回り」という常同行動を抑制したところ，他のエンリッチメントを駆使しても落ち着いて子育てをしなくなったことがあり，あえて常同行動をさせるよう枝組みを戻した．見た目は悪いが，人間における貧乏ゆすりと同じことで，手足を痛めず終日行わないのであれば，ある程度は許容してもよいのではないかと思う．

c. エンリッチメントの問題点

これまで，環境エンリッチメントの手法としてさまざまな試行がなされているが，実施にあたっては，動物と人間両面での安全を十分考慮する必要がある．

また，単に過程を複雑にすることでエンリッチメントを行っていると一方的に考え満足することも危険であり，果たして本当にその手法が動物にとって本来の行動を引き起こし，苦痛を与えていないかを慎重に考える必要があるだろう．環境エンリッチメントという考えが，それだけで独走することがないよう，科学的に評価する手法を確立し，日常の作業として実践できる飼育者側の環境づくりも着実に行っていく必要があるだろう．

環境エンリッチメントはすばらしいものではあるが，実際，日々改良し，実践することはとても難しい．

いずれにせよ，環境エンリッチメントのゴールは，その動物独特の行動をなるべく多く引き出し，動物にとって快適なものになることであろう．

〔細田孝久〕

動物園で働くには

動物園で働く（就職する）方法や手段を一概に述べるのは難しい．公立や私立，さらに個々の動物園の立場や考え方よって異なるからである．そのことを念頭に置いて以下の文章を就職活動の参考にしていただきたい．

・学歴と技能

個々の動物園によって大きく異なる採用条件である．大卒以上を採用条件とする動物園もあれば，即戦力に注目して専門学校の卒業生を採用している動物園もある．大卒の場合は，農学系など

動物関連分野の卒業者に限定される場合もあるし，最近では学位取得者を受け入れる動物園も少なくない．一方，動物園獣医師の場合は，獣医師免許を取得する必要があるため，獣医系大学を卒業しておくことが必須である．男女雇用機会均等法の制定以降，採用に際して性別を問題にする動物園は原則として存在しない．たとえば，よこはま動物園ズーラシアの場合，飼育係の53％は女性で占められている．いずれにしても，就職を決める数年前から，さまざまな動物園の募集要項によく目を通しておくことが大切である．なお，ときとして動物の繁殖に特異な技術をもっていることが有利に働く場合もあるかもしれないが，動物とは関係のないイラストの才能が着目された例もあるようだ．動物園が解説版の作成もできる飼育係を求めていたからだ．

・採用試験

　動物園就職の競争倍率は，100倍を超えることが稀ではない．筆記試験を経て幾度も面接が行われる場合がある．その面接の際に，「小さな頃から動物が好きでした」という自己紹介をする受験者が少なからずいる．しかし，動物が好きなことは動物園で働くうえでの基本であるから，おそらく採点では重要視されないだろう．一方，「人付き合いが苦手だから動物園の飼育係にでもなって…」という発言は，大きな減点対象となるかもしれない．動物園も他の企業と異なることなく，もしくは普通の企業以上に人間関係を重要視する職場である．それは職場の人間関係のみならず来園者との関係にも及ぶ．飼育係や獣医師との間で協調性が保てなければ，動物園を健康に飼育し繁殖させることは望まれない．来園者とのコミュニケーションも大切な仕事である（図9.3）．つまり，動物園での仕事では，上手な人付き合いが求められる．

図9.3
動物園では，動物ガイドなどの来園者サービスを提供することが多くなっている．来園者とのコミュニケーションも求められるため，動物との触れ合いだけを期待して就職を希望するなら再考の余地がある．

・就職前の努力

　動物園で働くことを考えている人は，おそらく全国で数十万人以上いるのではないかと思う．そのうち，淡い思いではなく真剣に考えている人は1/10以下で，実際に行動に移す人は，さらにその1/10程度かもしれない．その行動とは，たとえば動物園で職業体験するための実習もしくはインターンシップであったり，動物園活動の一部を手伝うボランティアであったりする．動物園の仕事を体験学習するなかで，飼育作業の厳しさや現実を知ることができるので，それなりに意義はある．また，実習中に築かれた人的ネットワークは，就職情報を得るうえでも役立つかもしれない．

・最後に―動物園就職希望者へのエール

　動物園への就職を目指すなら，動物園で働くことに対する夢と情熱と意志を失わないで欲しい．もし幸運にも職員となった場合には，それらをずっと持ち続けてもらいたい．　　〔村田浩一〕

10

動物園の経営学

10.1 概　　論

10.1.1 動物園と経営

　動物園は，動物を見て楽しみながら学ぶ場を提供し，また，培った飼育展示技術で種の保存や環境教育にも寄与してきた．動物という「いのち」の展示を通して，社会への働きかけを果たしつつ，動物園の存在意義も高めてきた．その裏には，動物園事業評価の1つの目安となる入園者確保の努力，展示の充実や施設整備実現のための財源確保，多様化する社会の要請に応えるための体制整備や人材育成など，さまざまな課題への対応がある．

　動物園は自らが掲げた目的達成のため直面する課題解決にエネルギーを費やし続けてきたが，それは，変化する社会や時代や環境に合わせた動物園の生き残りと成長のための努力であり，それはまさに動物園経営である．

　動物園は，設立経緯や背景，公営，民営などの経営形態，飼育や施設規模，利用者や組織，予算規模などで千差万別である．経営状態や地域社会の要請で拡充する動物園もあれば，さまざまな要因などで，縮小が余儀なくされたり，経営が他組織に引き継がれたりすることもある．しかし，経営形態や規模の違いにかかわらず，多くの動物園は継続と発展のために，常に経営努力がなされ，維持されている．

　経営形態の違いや規模の差とは関係なく，それぞれの動物園は，それぞれの目標を掲げ，「ヒト，モノ，カネ，情報」の4つの資源を効率的，効果的に活かし，その達成と事業成果をあげるため，動物園組織が円滑に活動できるように，努力が払われなければならない．動物園での経営管理で最も大事なことはこの組織管理である．

　経営という言葉は，会社の金儲けイメージのように取られがちであるが，そうではない．民間会社であろうと地方自治体やNPO団体であろうと，組織がある以上，「ヒト，モノ，カネ，情報」の4つの経営資源を調達し，効率的かつ効果的な配分と適切な組合せで，理念を追求し，設定した目標実現のため努力が払われている．このこと自体が動物園の経営である．ただし多くの動物園が公営の管理であり，ことさら経営学あるいは経営管理を意識した運営はなされてこなかった．

　近年の厳しい経済情勢，激しく変化する社会環境のなかにあって，国や地方公共団体自体の経営事情も厳しさを増している．その影響は動物園経営にも及び，経営改善でのコスト削減，収益増への努力が求められるようになった．さらに地方自治法の改正により，指定管理者制度の運用が各地で始まるなど，動物園の運営，経営環境の変化は著しい．

　反面，動物園には子どもの心を育む場，あるいは生涯学習の場など社会からの要請が多様化し，あるいは地域の観光振興や街のにぎわいづくりへの役割なども強調されるようになってきた．さらに，近年では自然環境の破壊が進むなか，動物の絶滅危惧が加速するなど，動物園での種保存は生息域内保全への寄与までも期待されるようにもな

った．

　厳しい状況下にありながら，こうしたさまざまな要請に的確に応え，社会で一定の役割を果たすとき，社会での動物園の存在感をますます高いものに押し上げていくことにつながる．こうした努力とプロセスは，動物園を成長させていくためには不可欠であり，公営，民営問わず，高い動物園の理念を追求し，時代にあった役割を果たしていくことこそが，動物園経営そのものである．

　動物園を取り巻く環境が厳しくなるなか，動物園の未来を見据えたあり方を考えていくうえで，動物園経営学はきわめて重要になる．動物園の経営管理学は，動物園経営の新しい分野と考えられるが，動物園の運営で当然のように努力されてきたものである．この分野は，動物園組織を円滑かつ効率的で効果的な活かす技法（理論）と解釈し展開したいが，体系的にまとめ得ないまでも，新分野として議論の火種になることを期待したい．

10.1.2　動物園経営と目標設定

　経営を考えるとき，最も上位に置くべきものは，経営理念（目的）と当面の目標設定であり，これは経営管理を考えていくうえでも重要なポイントと言える．動物園の経営は，前述のごとく動物園の規模や経営形態で，その考え方は自ずと異なるが，重要なことは，公営，民営を問わず，動物園は「いのち」ある動物が生きる場であり，その先に自然が見えていることである．動物園経営の根底に，ある種の崇高な観念と倫理観，さらに日本人が抱く動物や自然との共生意識が内包されていることを目標設定の際，配慮する必要がある．

　動物園経営の始まりは，動物園自身が実現性のある目標を設定することであり，それは，すでに存在する動物園の設置理念や設立目的に添ったものであるべきだ．経営は目標達成のため，「ヒト，モノ，カネ，情報」を駆使し，組織（動物園・ヒトの集団）を円滑に運営し良い結果を出すことである．動物園にとっての良い結果とは，公営，民営では当然差はあるが，前述した崇高な倫理をベースとし，動物園の存在意義を発信し，高め，社会貢献につながることである．動物園の経営管理は，組織全体や個々スタッフに働きかけ，資源を活かし，多岐に分化した担当間の協働で，変化する環境に適応させつつ創造力を高め，成果を上げていくための技法，理論である．

　目標設定であるが，それぞれの動物園は，公営，民営での経営母体に所属する一セクションとして存在する場合が多い．その場合，経営母体が示す上位目標に合致した役割を果たすことが求められ，その上位目標は，一部は重なるものはあるが，各動物園が設定する目標のすべてと合致することはない．動物園は，動物園という現場を見据え，独自の存在意義を示す目標設定を行うからである．たとえば，経営者の自治体がその動物園に課す行政目標に動物園を地域の観光資源として，観光振興や街のにぎわいづくりへの効果をあげる場合もあるし，また私鉄会社が所有する民営動物園は鉄道利用客の増加を所有する動物園に期待するなど，経営母体の上位目標は，動物園の利活用の目標である．それぞれの経営母体や設置者が示す上位目標は，「いのち」という動物を展示する動物園独自の目標としてはなじまないことが多い．

　一方，さまざまな立場の動物園水族館が集まってつくる日本動物園水族館協会では，各動物園水族館に種保存，教育・環境教育，調査・研究，レクリエーションの4つを横断的で共通な役割として示しているが，各動物園はこうした役割を踏まえ，置かれている動物園の環境，実情に合わせ，集中と選択のなか，独自の目標設定を行うべきである．この場合，役割と目標を混同しないようにすべきである．

　目標の設定は，所属する経営母体が示す上位目標や協会が打ち出す役割を拠り所にしながら，各動物園の事情や地域性などを勘案すべきである

が，経営管理で重要なポイントであることを繰り返したい．各動物園はさまざまな組織や機関，地域社会や人と関係してステークホルダーが構築されているが，目標設定と外部発信は安定したステークホルダーでの関係にも重要な意味をなし，さらに，スタッフの動機付けや士気高揚，組織力の結集，明確な戦略を描くことにもつながって行く．

設定された目標には，目標ごとに具体な戦略が立てられ，それに添った実施計画で動物園業務が展開されるべきである．目標設定の価値は，計画が実行されて初めて現れるのであるが，事業展開はPDCAサイクルに載せ，実践後は一定の評価を加え，次の目標設定に反映させていくことが重要である．なお，近年，指定管理者制度として動物園の運営管理全体を指定した外部機関，民間企業に指定する制度が始まっている．この場合，各動物園が独自に設定した目標と指定管理者との間で目標の調整も必要となる．指定する外部機関や民間企業への目標について，内容説明や理解が十分でなければ，成果の評価も難しくなる．外部に示す目標設定は直営と異なりさまざまな配慮が必要であり，管理運営は難しくなる．このことは，動物園経営の根幹にかかわることで，慎重な対応が求められる．

10.1.3　目標達成に必要な動物園組織

組織はときどきの目標達成のためにつくられる人の集合体であり，1つのまとまりとして働くものである．動物園という組織は，動物展示のサービス提供を主目的につくられているが，分業された多くの担当業務が統合され，初めて機能を発揮するのである．

分野ごとの担当配置は，それぞれ動物園の経営方針や形態等で異なるが，大きく動物飼育関係の部門と動物園全体の管理関係部門の2つに分けられる．動物飼育関係の部門は，さらに，動物飼育と展示，獣医医療や保健衛生，教育プログラムや学芸企画，動物収集計画や飼料調達などの飼育事務など多岐にわたるが，近年では種保存事業など生息域内保全への寄与なども含め調査研究の業務も加わり，動物飼育関係部門が構成されている．

一方，集客施設としての動物園は入園受付や案内，情報提供サービスなどのほか，便益施設の維持等に対応する分野もあるが，一般来園者には見えないが庶務や経理事務，広報宣伝，施設や機械の維持保守の担当業務も含めて動物園全体の管理関係部門を構成している．このように動物園業務は多岐に及んでいる．しかし，動物園事業は，あくまでも各担当業務の総和で成果が発揮できるのである．

10.1.4　組織管理と統括

動物の展示を通して楽しく学ぶという基本使命は，「モノ」を活かした単なるサービス業務とは異なり，動物という「いのち」の飼育に種の保存も加わった専門性の高いスタッフと幅広い担当の総和で果たせるものである．動物園では一般的に部門ごとに責任者を配置し，園長等の責任者が全体を統括する．

組織（企業など）の管理方式はさまざまであるが，その経営上で最も核心となる重要な現場をライン部門に据え，それをサイドからスタッフ部門が支えようとするラインアンドスタッフ組織が現場を重視する経営方針で採用される場合が多い．

動物園の場合，飼育展示サービスが最も重要な現場部門であるが，動物園の円滑かつ効率的な組織管理としてラインアンドスタッフ組織が有効な方式の1つといえる．動物園で最も重要な動物飼育とその展示，付随するサービスや情報発信の現場の動物飼育関係部門は，まさにライン部門に相当し，それをサポートする管理関係部門がスタッフ部門に相当する．現場をサポート支援し，全体で効果を上げるラインアンドスタッフ組織方式は，特殊な動物園事業に有効な手法と考えられる．

飼育展示，庶務経理事務，施設管理等の並列分業制は，部門ごとの責任の明確化，部分的な効率の良さが期待できる反面，往々にして縦割りや連帯意識の希薄化，セクト主義で組織全体として非協力的な弊害が生じやすい．この際，園長など全体統括者の調整能力が重要になる．

動物園業務は，動物飼育関係部門のほか，来園者サービス部門，庶務経理や施設管理，広報宣伝など多岐にわたる．それぞれの個性をもった仕事であるが，どう調和させ円滑に進めるかは，まさに園長の手腕でもある．各担当の統合，組合せで目標が達成される動物園の使命は，オーケストラ演奏にも似ている．各担当分野の仕事をバランスよく調和，統合させる園長の仕事は，オーケストラの指揮者ともいえる．指揮者は演奏曲を自身で解釈し，指揮棒を振るのである．園長はさまざまな社会情勢を見きわめながら現状を認識し，現状組織の力量などから動物園にできること，なすべきことを判断し，各担当業務を調和させ，仕事を進めていく仕事である．

動物園という専門性が高い組織に長年トップが居続けた場合，トップダウンか権威主義的な経営に陥りやすい．決断は早いが，部下との間に軋轢が生じやすく，経営管理上の問題にもなる．だからといって，すべて部下参画型，協調型で意思を決定する方式は，意思決定のスピード感に欠け，危機的状態での判断が無責任に陥るなどの弊害もある．

動物園経営者である園長は，職員との信頼関係のもと，動物の健康，入園者の顔，園スタッフの心理，組織や社会の空気，などなどを常に広い視野でのバランス感覚と豊な人間性をもち続けて経営管理にあたらなければならない．

10.1.5　組織管理の人間論

経営管理学は，じつは人間社会にあるさまざまな組織運営を対象にした学問である．組織を取り巻く社会環境がどんどん変化する現代社会にあって，経営管理，その基礎である組織管理，人間関係も変化し続けていて，経営管理の明確な答えはないといってもよいが，組織運営するうえで，意識すべき項目はいくつかある．

まず，大事なのは職場の人間関係であることはいうまでもないが，意外に難しいものである．仲間どうしの関係，管理者との信頼関係が組織管理上の基礎である．動物飼育業務は，動物との信頼関係もさることながら，いつも一緒に仕事をする仲間との信頼と協力関係がなければ難しい仕事である．良い人間関係は職員のモチベーションだけでなく士気の高揚にも結びつく．

次にあげたいのは，仕事上の満足感の達成である．動物園は多様な業務分担で組織化されているが，なかでも飼育係や動物解説などの来園者サービススタッフは，動物展示を介して直接来園者と接することが多く，目の前で来園者に感謝され，喜ばれ，声をかけてもらい，直接の感動を体感することが多い．自分自身の頑張りをじかに感じる場で仕事をしているのである．恥ずかしいと感じることがある反面，自己の満足につながることも多い．動物園利用者は良識のある来園者も多く，飼育員は自己尊厳と自己実現というより高い欲求が満たされ，ある意味，そうした利用者に育ててもらうことにもなる．

上司との信頼関係も大事な要素である．会社や工場のライン部門や営業などのノルマ制と異なり，園長や上司は動物飼育と展示現場の大きな部分について飼育係を信頼し，任せることが多い．それは，園長や上司と飼育員個人との信頼関係で成り立ち，飼育係には一定範囲の自由度が与えられる．このとき，動物園（園長や上司）と飼育係は共通の利益，すなわち，お客様を喜ばせるということについて，お互いが追求し，統合することとなる．園長の重要なリーダーシップは，動物園の目標と，働く飼育係の目標を一致させることで発揮される．階層的な指揮命令の管理ではなく，同じ目標に向かい互いに協力し合う人間関係は，

さまざまな効果を伴う．楽しく仕事する飼育係は仲間どうしでの目標に対応した協調性や充実した人間関係にも結びつき，モチベーションや士気を上げ，好循環に結びつく．

　以上，いくつかの項目に分け動物園での経営管理学を概論した．記述した内容は，動物園経営に長くかかわり体験したことなども参考にしているが，各動物園の長い動物園経営のなか，悩みながらも，すでに日々繰り返されてきたことの方が参考になることが多いのでないだろうか．特別な経営理論を背景にしたものではないことをご容赦願いたい．

　動物園の営業戦略や財務管理等も加えた動物園の経営学として総合的に論じることが必要だったのかもしれないが，今回は経営学の一分野である経営管理学として組織の管理運営にとどめた記述としている．　　　　　　　　　　〔小松　守〕

文　　献

宮崎哲也（2012）：新「経営学」のきょうか書，秀和システム．

10.2　各　　論

10.2.1　動物園の組織と体制

　本節は「組織と体制（10.2.1）」「法規（10.2.2）」「危機管理（10.2.3）」「コレクションプラン（10.2.4）」「世界の動物園連合体（10.2.5）」の5項目で構成されている．今後の動物園経営を考えると，組織・体制・法・危機に対する組織運営と，動物園の根幹資源である動物確保，世界動向の3分野が重要と編者はみていることがわかる．いずれも飼育や臨床などの動物園技術とは異なる戦略課題だ．技術論だけではもはや動物園は語れない．同感だがそれでも不十分と思う．戦略だけでなく，それをもって実現するもの，すなわち5～10年後の動物園の目的やビジョンを徹底して論じなければならない，という時代認識と危機感を筆者である私はもっている．

　それはさておき，私に課せられたのは「動物園の組織と体制」という項だ．私は経営学者でもなければ経営者でもない．地方都市・富山で市立の施設を預かる一介の動物園長だ．にもかかわらず私がこの項を書くことになったのは，「森を元気に，人を元気に，命を元気に，地域を元気に」の旗を掲げ，園を含む里山で，地域とともに日本の野生動物や家畜を相手にいっぷう変わった動物園を作り出したせいか．それとも日本の動物園水族館が加盟する公益社団法人 日本動物園水族館協会（JAZA）の会長として（2014年4月1日現在）ビジョンや戦略作り，事業と組織の改革をがむしゃらに進めているからか（項立てに「日本の動物園連合体」がないのはさみしいが，それは私が補完しよう）．

　本書は専門家向けではない入門書ということに安堵し，以下，私見を述べる．

a．目的と手段の体系を意識せよ

　「組織はいつまでもあり続けて，北風を防いで暖かい場（職場）を提供してほしい」と，職員が願うのはあたりまえのことだ．学生諸君は卒業して自分もそうなりたいと思うだろう．

　こう書くと，組織は目的のように聞こえる．君にとってはそうかもしれない．しかし体系的には違う．組織は目的を実現するための，あくまで手段である．動物園の目的とは何か．法体系のない現状では，地方自治体立は設置条例，法人立は定款の「目的」条項を実現することである．

　富山市ファミリーパークを例にとる．目的は，条例で「動植物に関する知識の普及」「野外レクリエーション等の場を提供して市民の健全な余暇活用に資する」ためとある．

　これを実現する手段として，組織＝公益財団法人 富山市ファミリーパーク公社が設置された．財団の定款には「この法人は，富山市ファミリー

パークの事業の発展振興を図り，動物と自然環境についての知識を啓発し，人と動物の共存に貢献するとともに，動物と自然を通した福祉の増進に寄与することを目的とする」と書かれている．

また「目的」という言葉がでた．これは，条例事項の実現を大目的とすれば，大目的実現の手段として作られた組織の目的＝小目的である．さらに小目的実現の手段として，「施設の管理運営」「動物及び自然を活用した飼育展示，教育啓発，情報発信，調査研究等に関する事業」「地域の施設や住民，各種団体等と連携を図り，地域の活性化に貢献する事業」「呉羽丘陵の利用促進及び里山再生に関する事業」などを行うわけだ．

組織を語る場合，「私＝個」の視点ではなく，目的とそれを実現する手段（＝戦略）の体系のなかで動態的にとらえることが必要である．目的を有効に実現するために組織はあるが，必要に応じて組織は変わる．これが組織の本質的概念である．富山市ファミリーパークでは，条例はいじらずに財団を公益財団法人とした 2012 年 4 月，里山再生や地域連携等の新しい役割を盛り込んだ内容に定款を変えた．

b. 現在の組織と体制で課題対応は可能か

さて，日本の動物園組織は目的に応じて変わってきているであろうか．目的と手段の体系を有効に構築しているであろうか．残念ながらそのような園は少ない．「レクリエーション，自然保護，教育，研究が動物園の目的」とよく言われるが，違う．それは属性であって目的ではない．目的に関する議論が成熟しておらず，動物園を設置する多くの自治体や動物園運営の目的と手段の体系の中にそれが根拠づけられていないことが未成熟要因の1つだ．

日本の動物園は「収集」「飼育繁殖」「展示」を基本として事業を進めてきた．「調査」「研究」「資料保管」も付帯して行われてきた．近年「教育」がそれに加わり，動物園組織もそれに対応した部門，担当等が配置され，獣医，飼育部門だけの時代から変化した．しかし園全体を俯瞰すると，これだけで対応できない事態が生じてきている．

1つには，指定管理者制度の広がりである．効率的運営を第一義とした競争原理のこのシステムは，大目的実現のための事業と組織の継続的な評価を，数年契約下での管理運営・費用評価に落とし込める危険性があり，今後，公益性がより求められる動物園事業になじまない制度といえる．目的と手段の体系を評価する，抜本的な見直し制度が必要だと考える．

2つには，動物園の経営・財務・運営全般がかつてないほど厳しい点だ．飼育下の繁殖動物を資源とする展示動物の安定確保が困難になってきた．日本では飼育動物の高齢化が顕著で，5～10年後にはかなりの動物が日本から消失していくだろう．飼育施設の世界基準が高くなり，日本に動物が持ち込めない事態も生じている．背景には欧米を中心とした生態系保全や動物倫理，動物福祉の考え方がある．そして動物園全般に関する世界基準が欧米を軸として構築されつつある．日本の動物園，および JAZA は，これに対する戦略や戦術的対策をとってこなかった．一部の大動物園を除き，多くの日本の動物園は鎖国状態に近い状況だといわざるを得ない．

ところが基準を満たす新施設整備は，人口減少と経済停滞が進む日本の財政状況では非常に困難である．また地域や市民の理解と支援を得ることや，情報発信，普及啓発，情報管理，人材養成など，各園の運営や体制に関する課題は多岐に及ぶ．どれもハードルは高く，文字通り園の左右，存続を決する舵取りが求められている．

他方で，希少種保全など，公益性の高い事業を行っている動物園が，動物愛護法によりペットショップと同列に動物取扱業者として規制されているのが実態である．鳥インフルエンザや大災害が発生すれば，園の安全と危機管理対策は1園1地域では果たせない．

動物園の法整備がない現状下では，粛々と個々のコンプライアンスの遵守を行いつつ，動物園を守る包括的法制度を構築するための関係機関への働きかけが最重要課題である．

改めて世界的，全国的課題への統一的取り組みが不可欠な重要課題が多いことに気づかされる．園内外に対する日本の動物園連合体としてのJAZAのイニシアティブの確立は焦眉の課題といえる．

c. 現状の組織と体制—その弱さを補う①：園長と職員

これらの課題に向き合うのは，公私立ともに最高意思決定者の考えを見きわめ，進言し，園全般の戦略的な分析と判断をする部署である．ところが行政改革や効率化，組織縮小化が進むなかで，この部署をもつ園はきわめて少ないのが現状である．

ではどう考えればいいか．組織は部署で成り立つものではない．人で成り立つ．

これを乗り切るのは園長の資質である．総務系，庶務系，営業系，技術系を横断して判断し，上層部を動かすことができるポジションは園長である．組織として戦略的部門を作れないのならば，園長がその具現者となるしかない．

ところが，近年，自治体立動物園では，動物園のことを知らない（関心のない）他所から異動してくる事務系園長が増えた．そのことに将来を憂う動物園関係者の声をよく聞く．それは違うと言いたい．再び言う．組織は人で成り立つ．園内の「井の中の蛙」より，園外の「広い世界」を知る人のほうが戦略の実現に効果がある場合がある．引き込む努力が不可欠だ．

事業がうまく進まない理由に縦割社会をあげる声も多い．ところが縦割りを崩すと組織は維持できない．切符を売り，給料計算をしながら飼育をすれば事故のもとだ．組織が円滑に動き，事業を実現するには縦割り制は不可欠である．それが組織である．しかしそれだけでは組織は動かない．布が縦糸と横糸で織り成すように，組織を横断する横糸の存在が組織に重要である．その役割は組織を補完し縦組織の力を十二分に引き出すことにある．横糸は部署，職員を問わない．組織に所属する人なら誰だってそれぞれに応じた横糸になれる．

さてここで，体制について一言論じよう．じつは，縦糸と横糸で織り成す布が体制そのものなのだ．横糸が多ければ多いほど布（体制）は安定する．体制とは，目的を実現するために園と関係する上下部組織や関係組織間の構造，指定管理者制度等の制度やシステムも含む，しくみ全般を指す．園の体制は個々に違いがあるだろうが，日本の動物園体制となると，皆無に等しいのが悲しいかな，現実である．理由は簡単．体制構築の努力をしてこなかったからだ．

d. 現状の組織と体制—その弱さを補う②園とJAZAとの二人三脚，そしてJAZAの活用

最後に．縦糸と横糸は，見方を変えれば動物園とJAZAの関係でもある．動物園は，生物を維持し，人々に感動，元気，休養を提供するとともに，生物の保全や命を大切にする人づくり，そして学術・文化の振興を通じて自然と社会に貢献できる日本に不可欠な存在である．その動物園を縦糸とみなせばJAZAは横糸である．動物と職員がいる現場をもつ動物園，日本の動物園の連合体であるJAZA．できることできないこと，得意分野はそれぞれ違う．違いを意識して有効・有意義な二人三脚を組むべきだ．

JAZAは1939年，「日本の動物園と水族館の発展」を目的として19園館（動物園16，水族館3）による任意団体として発足．1965年には88園館（動物園55，水族館33）が加盟する文部省社会教育局（現文科省生涯学習政策局）所管の社団法人となった．1971年，国際自然保護連合（IUCN）に加盟．1988年，秋篠宮文仁親王殿下を総裁に推戴するとともに「種の保存委員会」を設置し希少動物の保護増殖を重要事業とした．1993年に

は世界動物園機構（WZO），現在の世界動物園水族館協会（WAZA）に加盟し，世界とのつながりをもった．2003年には163園館（動物園95，水族館68）となった．しかし，動物園は1998年の96園，水族館は2005年の70館をピークに，経営難やJAZA動物倫理規程を遵守しない施設の退会による減少傾向が続き，2014年4月現在，加盟数は151園館（動物園87園，水族館64館）となっている．

こうしたなか，JAZAは既存の加盟会員を対象にした事業に加え，不特定多数の人々（社会）も対象とする公益事業化路線を選択し，2012年4月に公益社団法人に移行した．それを期に，日本の動物園水族館の将来ビジョンや戦略を明確にし，その実現のために世界や日本社会，日本国家，自治体，メディア，市民，そして各動物園などへ働きかけ，苦悩する動物園水族館を支え，船団として進むことを決定し，それを実現するための体制と組織に改変した．

目的とそれを実現するしくみや権限や責任が不明確であった状態を排し，「目的」と「手段」の体系を作ったわけである．すなわち，

目的： 動物園のオーナーシップを大原則とし，①世界動物園連合体に対する日本連合体として，主張，連携，情報共有，動物資源確保・譲渡・動物斡旋，生物多様性保全などを実施．②国内的には，動物園の社会的役割や信頼の構築，国によるJAZAや動物園への支援のしくみづくり（法制度の確立），広域災害・感染症対策，生物多様性国家戦略への参画，人材養成などの戦略課題の実現．③日本の動物園の存続と発展を支援し，日本における動物園の体制を確立．

手段： ①日本の動物園水族館の10年ビジョンと戦略の策定．②入り組んでいた組織を全面的に改組し，総務・地域・教育普及・安全対策・生物多様性の5委員会に統合，執行理事が各委員長となり，権限・責任，実効性のある事業執行を行う．③広報戦略室を新設，そのもとに外部委員を含む広報戦略会議を組織．④会費改訂と地域区分再編．⑤規程・根拠の確立．⑦加盟メリットの強化．⑧「消えていいのか動物園水族館—動物園水族館はいのちの博物館」運動の実施．⑧事務局改革など，組織全般にわたる体制作りを実施した．

動物園の未来は決して安泰ではない．しかし高い目的を実現するには，理想の組織と体制を目指す努力をすると同時に，動物園とJAZAが相互に補完しあい，それぞれの目的実現のために作られたお互いの組織を十分に活用し合い，組織と体制の弱さを補強し合うことが肝要である．いまだ動物園とJAZAそれぞれの目的-手段の体系が整理されていない事例も多く見受けられ，さらなる努力が必要だと感じている．

最後に．JAZAの大目的を紹介して筆を置こう．

「動物園，水族館の発展振興を図ることにより，文化の発展と科学技術の振興並びに自然環境の保護保全に貢献し，もって人と自然が共生する社会の実現に寄与する」（定款3条）．

〔山本茂行〕

10.2.2 動物園の関係法規

ここでいう「法規」は法令（国会が制定する「法律」や行政機関が制定する「命令」，および地方公共団体が制定する条例や規則）と同義として扱うこととする．動物園を運営していくうえで，関係する法規はたくさんあるが，動物園自体を定義し活動を規定する「動物園法」というような法規は現在のところ日本には存在せず，社会のなかで動物園の地位が法的に安定しているとはいいがたい（2.2.1項参照）．本章では，特に動物園における動物の管理に際して重要と思われる法規を中心に，その概要を紹介する．

a. 種の保存法

正式には，「絶滅のおそれのある野生動植物の種の保存に関する法律」という．種の保存法の目的は，「野生動植物が，生態系の重要な構成要素

であるだけでなく，自然環境の重要な一部として人類の豊かな生活に欠かすことのできないものであることにかんがみ，絶滅のおそれのある野生動植物の種の保存を図ることにより良好な自然環境を保全し，もって現在及び将来の国民の健康で文化的な生活の確保に寄与すること」とされており，国内外の希少野生動植物の保護について，規定している．

本法律では，外国産の希少野生生物の中で「ワシントン条約」（絶滅のおそれのある野生動植物の種の国際取引に関する条約）付属書Ⅰの掲載種などを国際希少野生動植物種に指定し，販売・頒布目的の陳列と，譲渡し等（あげる，売る，貸す，もらう，買う，借りる）を原則として禁止している．内国産の野生生物については環境省が作成するレッドデータブックやレッドリストで「絶滅のおそれのある種（絶滅危惧Ⅰ類，Ⅱ類）」とされたもののうち，人の影響により生息・生育状況に支障をきたす事情が生じているものを国内希少野生動植物種に指定し，これらの販売・頒布目的の陳列と，譲渡し等を原則として禁止している．国内希少野生動植物種に指定されている種のうち，その個体の繁殖の促進，生息地等の整備等の事業の推進をする必要があると認める場合は，「保護増殖事業計画」を策定して計画に則った事業を行っている．

種の保存を図る目的で，国内の動物園間では国際・国内希少野生動植物種の譲渡し等を行うことがあるが，この場合も事前に環境大臣の許可を受ける必要がある．環境省は，動物園等から譲渡し等について許可申請等を受けた場合，その適否を審査するが，この際，その種の血統登録を担う種別計画管理者からの意見を踏まえて判断する場合が多い．種別計画管理者は公益社団法人 日本動物園水族館協会に加盟する動物園水族館の職員が分担して受け持っている．すなわち，動物園には動物の譲渡しを申請する側面と，申請を審査する側面があり，動物園の社会的信用を保つうえで，特に審査する動物園の責任は重い．

また，保護増殖事業に関連して，近年，国内希少野生動物種の保全活動を推進する動物園が事業の確認・認定を受ける事例が増えている（表10.1）．なかには複数の動物園が連携して取り組む事例もあり，今後いっそうの参画が期待される．

b. 文化財保護法

文化財保護法の目的は，「文化財を保存し，且つ，その活用を図り，もって国民の文化的向上に資するとともに，世界文化の進歩に貢献すること」とされている．

動物園において文化財保護法との関係が深い事項として天然記念物があげられる．天然記念物とは，動物，植物，地質・鉱物およびそれらに富む天然保護区域で学術上の価値が高いものを，文化財保護法に基づき文部科学大臣が指定したものである．なお，特別天然記念物とは，天然記念物のなかでも特に重要なものとして文部科学大臣が指定したものである．平成24（2012）年10月1日現在，動物種としては21種が特別天然記念物に指定されており，そのなかにはトキ，コウノトリ，タンチョウ，オオサンショウウオなど，動物園の取り組みによって守られている種も多い．天然記念物を捕獲したり，動物園間で移動したりするなど，現状を変更しようとする場合には，文化庁長官の許可が必要であるとともに，死亡した際の報告なども義務づけられている．たとえば，コウノトリやオオサンショウウオなどは文化財保護法

表10.1 動物園が確認・認定を受けている保護増殖事業

種 名	確認・認定動物園
タンチョウ	釧路市動物園
シマフクロウ	釧路市動物園
ツシマヤマネコ	井の頭自然文化園，佐世保市西海国立公園九十九島動植物園，福岡市動物園，よこはま動物園，富山市ファミリーパーク，盛岡市動物公園，沖縄市沖縄こども未来ゾーン，名古屋市東山動物園，京都市動物園
トキ	石川県いしかわ動物園
アカガシラカラスバト	恩賜上野動物園，多摩動物公園

環境省ホームページより抜粋；2012年10月現在．

上の特別天然記念物であると同時に，種の保存法上の国内希少野生動植物種でもあるため，このような種を動物園間で移動させる際には，それぞれの法律に基づいた別々の手続きが必要となる．

c. 動物愛護管理法

正式には，「動物の愛護及び管理に関する法律」という．動物愛護管理法の目的は，「動物の虐待の防止，動物の適正な取扱いその他動物の愛護に関する事項を定めて国民の間に動物を愛護する気風を招来し，生命尊重，友愛及び平和の情操の涵養に資するとともに，動物の管理に関する事項を定めて動物による人の生命，身体及び財産に対する侵害を防止すること」とされており，すべての人が「動物は命あるもの」であることを認識し，みだりに動物を虐待しないようにするのみならず，人と動物がともに生きていける社会を目指し，動物の習性を理解したうえで適正に取り扱うよう定めている．

動物愛護管理法において，動物園は「動物取扱業者（主に展示を業として行う者）」として扱われる．動物取扱業者は，動物の適正な取扱いを確保するための基準等を満たしたうえで，都道府県知事などの登録を受けなければならず，登録を受けた動物取扱業者には，動物取扱責任者の選任および都道府県知事などが行う研修会の受講が義務づけられる．施設や動物の取り扱いに問題がある場合には，都道府県知事などから改善勧告や命令等を受けるとともに，悪質と認められた場合には，登録の取消や業務の停止命令を受けることがある．

また，動物愛護管理法に基づき，トラ，タカ，ワニ，マムシなど，人に危害を加えるおそれのある危険な動物は特定動物として指定されており，これらの種を飼う場合は，都道府県知事等から飼養・保管の許可を受ける必要がある．飼養・保管の許可を受けるには，動物が脱出できない構造の飼養施設を設けるなどして，事故防止を図らなければならない．また，飼養にあたってはマイクロチップなどの個体識別措置も義務づけられている．

d. 外来生物法

正式には，「特定外来生物による生態系等に係る被害の防止に関する法律」という．外来生物法の目的は，「特定外来生物の飼養，輸入，その他の取扱いを規制するとともに，国等による特定外来生物の防除等の措置を講ずることにより，特定外来生物による生態系等に係る被害を防止し，もって生物の多様性の確保，人の生命及び身体の保護並びに農林水産業の健全な発展に寄与することを通じて，国民生活の安定向上に資すること」とされており，特定外来生物の飼養，栽培，保管，運搬，輸入といった取扱いを規制している．

特定外来生物とは，海外から日本に導入される外来生物のなかから，国内の生態系などに被害を及ぼすか，及ぼすおそれがあるものとして政令で定められたものであり，アライグマ，シフゾウ，ガビチョウ，カミツキガメ，ウシガエルなどが指定されている．これらの動物は従来，動物園において普通に飼育，展示されてきた種であるが，平成17（2005）年にこの法律が施行されて以降，これらを飼養するためには環境大臣の許可が必要となった．常時の飼育展示はもとより，企画展等において，身近に生息する特定外来生物を採集し短期間展示するような場合でも許可を得る必要がある．また，企画展が終了したからといって野外に放すことは，たとえ放す場所がその個体を採集してきたもとの生息地であっても認められないので注意が必要である．また，特定外来生物の指定種は毎年のように追加指定されており，情報収集を怠らないようにする必要がある．外来生物による生態系の破壊は，動物園においても普及啓発すべき重要なテーマである．まずは普及啓発をすべき立場にある動物園が法律違反を指摘されることがないよう，適正に対応しなければならない．

e. 家畜伝染病予防法

家畜伝染病予防法の目的は，「家畜の伝染性疾

病（寄生虫病を含む．）の発生を予防し，及びまん延を防止することにより，畜産の振興を図ること」とされている．

家畜伝染病予防法において「家畜伝染病」とは限定列挙された伝染性疾病であり，それぞれに相当する家畜についての疾病をいい，家畜伝染病の発生やまん延を防止するための届出，検査，殺処分，移動制限等が規定されているが，近年では口蹄疫や高病原性鳥インフルエンザの流行などを踏まえ，平成23（2011）年に法律の一部が改正された．改正において，家畜所有者に日頃からの消毒などの衛生対策の適切な実施や，都道府県への飼養衛生管理状況の報告などを義務づけ，特に初動に重点を置いた防疫体制の強化が図られた．また，飼養衛生管理基準では殺処分時の死体埋却地の確保等についても規定されている．

動物園は畜産農家ではないが，当該家畜を飼養している場合には，畜産農家と同様の対応が求められる．また，当該家畜以外の野生動物などは本法律の対象外であるが，分類上近縁な種においては，同じ感染症に罹患するリスクがある．希少な野生動物を家畜伝染病から守るためにも，日頃から関係機関と連絡をとりあいながら防疫マニュアルを策定しておくなど，万一の際にも適切に対応できるようにしておくべきである．

以上，動物園に特に関係が深いと思われる5つの法律について概略を紹介したが，このほかにも，動物園に関係のある法律として鳥獣保護法，博物館法，感染症予防法などがあげられる．また，各自治体にはそれぞれの条例が制定されている．さらに海外の動物園と動物の交流をする際には，ワシントン条約など，国際的な取り決めに基づいた手続きを進める必要も生じる．動物園としては，関連する法規の趣旨をしっかりと理解しておく必要がある．しかし，法規の細部まで覚えておくことは不可能であるし，あまり意味のあることではない．なぜなら法規はときに改正されるからである．法規の趣旨はしっかりと理解しながらも，何か新しい案件を進める際には，所管の行政機関のホームページで確認する，あるいは直接問い合わせることが賢明であろう．また，新しい法律の制定や，大幅な法改正がある際には，行政機関による関係事業者向けの説明会なども開かれる．このような機会は疎かにせず，必ず参加するよう心掛けたい．　　　　　　　　〔冨田恭正〕

文献（参考ウェブページ）

環境省ホームページ　http://www.env.go.jp/
農林水産省ホームページ　http://www.maff.go.jp/
文化庁ホームページ　http://www.bunka.go.jp/
経済産業省ホームページ　http://www.meti.go.jp/

10.2.3　危機管理

地域住民の理解を得ながら動物園事業を展開していくためには，日頃から防災や危機を想定した準備を整えておくことが大切である．動物園は，来園者が快適にすごせる時間を提供するとともに，動物園が位置する地域住民が安心して暮らせ，職員にとっても安全な職場でなくてはならない．実際にリスクが発生した場合は，人命の安全を最優先に，被害を最小限にとどめるように行動する．

本項では，想定されるリスクを整理し，リスクに対して事前に準備を行うリスク・マネージメントの留意点と，実際に事故や災害が発生した場合の危機管理について概要を説明する．

a.　リスクの洗い出し

動物園をとりまくリスクには，生きている動物を飼育展示する動物園ならではの独自リスクと，多数の来園者を迎える集客施設としての一般的なリスクとに大きく2つに分けられる．

動物園独自のリスクとしては，動物の脱出，動物から来園者が受ける事故，動物から職員が受ける事故，人と動物の共通感染症や動物の感染症の発生などがあり，一般的なリスクには，地震，台

風，津波，水害，雪害などの自然災害，火災，停電，機器の故障，来園者による違法行為，テロ，職員不祥事，風評被害などが考えられる．日頃からアンテナを高くしてリスクに対して注意を払い，ニュースなどで関連する報道があった場合は，自分の施設で発生する可能性や発生した場合の対策について検討する．

(1) 動物園独自のリスク

・動物の脱出： あってはならないことだが，動物園動物が動物舎から逃げ出す事故は珍しいことではない．「動物園」と「動物脱出」をキーワードにインターネットで検索をすると，国内外を問わず動物園動物の脱出事故が少なからず起きていることがわかる．脱出防止のために動物舎の入り口は二重扉が基本で，1つの扉が機能しなくても残りの扉で安全を確保するダブルキャッチシステムがとられているが，鍵や扉の閉め忘れによる事故は後を絶たない．このように原因の多くは飼育管理上の人為ミスである．

今まで何もなかったから今回も大丈夫という思い込みは事故のもとになる．新着動物や新築した動物舎がらみの動物脱出事故が目につくが，動物の能力を適切に評価し，能力に応じた動物舎を整備する．日常的には担当職員による日々の動物舎点検を着実に行うことが事故防止につながる．

動物が脱出したことを想定した捕獲訓練を定期的に行うことも重要だ．訓練により，来園者の誘導や避難場所の点検ができ，捕獲方法，捕獲器具，無線機などを使った連絡体制などの課題を抽出することができる．訓練後は，問題点と解決策を検討し，その結果を職員で共有する．

・動物による事故： 来園者と動物が同じ空間にいるふれあい施設では，モルモットやウサギに咬まれる，ヤギに押されて倒されるといった事故が起きる．ふれあい方法を来園者に指導するとともに，動物に問題がある場合は，ふれあいに使う動物を選別する．また，事故発生時の謝罪，消毒，病院紹介，救急車の手配などをマニュアル化して職員に徹底するとともに，原因を調査して再発防止に努める．

動物が原因で受傷する危険性は，日々，動物に接する職員の方が来園者に比べはるかに高い．日頃おとなしいと思われている動物も，生理状態により攻撃的になる．動物のわずかな変化を見逃すことのないよう観察に努め，自身の安全を確保する．作業をしていてヒヤリとしたこと，はっとしたことを個人の経験にとどめず，職員間で共有して事故防止に活用する．

・感染症： 人と動物が共通の病原体に感染する疾病である人と動物の共通感染症（ズーノーシス）対策は，多数の来園者を迎える動物園として，公衆衛生上の重要な課題である．動物園動物に感染が疑われた場合は，感染症予防法や家畜伝染病予防法等の関係法律に従い，所管の家畜保健衛生所等と連絡を密にとり，動物園動物の健康チェック徹底，入園ゲートの足踏み消毒マット設置，入園車両の消毒，動物舎前の足踏み消毒槽設置，動物舎への出入り制限，感染地域からの動物導入や職員の出張中止などの対策を実施する．

なお，感染症の流行により野生動物は汚いもの，排除すべきものとの風評が立ちがちである．このようなときこそ動物園人は動物の専門家として，動物園動物の安全性や人と野生動物との共存を訴えて，誤解に基づく風評を打ち消す行動をとりたい．

(2) 一般的なリスク

・自然災害： 日本は世界でも有数の地震国である．地震以外にも津波，台風などによる風水害，雪害などの自然災害が発生している．2011年3月に発生した東日本大震災は，東北地方を中心に関東以北の動物園・水族館に大きな被害をもたらした．動物舎の倒壊はもとより，電気，水道，ガスといったライフラインが機能せず，動物飼料の手配をはじめ動物の生命を維持することに困難をきわめ，犠牲となった動物園動物も数多い．被害を最小限に抑えるため，発生を想定した対策を事

前に検討し，日頃から定期的に訓練を積んでおく．被災を想定した近隣動物園との相互援助協力を結んでおくと心強い．

・火災・故障・設備破損： 建物や設備器具は，日頃から点検を行い，経年変化や不具合に対処しておく．さらに，火災，停電，漏水などが発生した場合，どのような事態が想定され，どのように対処すればよいか事前に検討しておく．

・事故・違法行為： 動物園・水族館で，盗難，来園者どうしのいさかい，痴漢行為，展示動物へのからかいや投石，餌やり禁止動物への餌やりなどのマナー違反や不法行為は日常的にみられる．注意看板，声かけ，園内巡視により未然に防止する．爆破予告や不審物放置といったテロ対策も忘れてはならない．所管の自治体，警察署，消防署などと緊密な連絡体制をとり，事故発生に備える．

b. リスク・マネージメント

リスクが現実に発生した場合，事前に作成した対策をもとに，来園者，地域住民，職員などの人命を守ることを最優先に対処する．続いて，動物園動物や動物園資料の安全を図る．事故や災害が動物園動物や動物園資料に発生した場合，状況により救えないものが発生する場合もある．園として何が重要なのか，どの動物を優先的に救うか，平常時に優先順位を決めておく．

(1) 危機管理体制と緊急連絡網

リスクに対応する危機管理体制を組む．危機全体に対する総合的なものと，動物脱出，雪害，火災といった個別のものが考えられる．あわせて緊急連絡網を整える．緊急連絡網の作成にあたっては，連絡する順位を考え，連絡相手が不在の場合の代替ルートを織り込んでおく．動物園関係者とは別に，警察，消防，自治体，病院など危機発生時に連携する関係者の連絡簿も必要となる．

(2) 対応マニュアルと訓練

職員の参加を得て現場に即した対応マニュアルを作成する．作成に職員が参加することで，自園の置かれた状況や特徴を確認する職員教育の場ともなる．個々のリスクに対して，定期的に訓練を行い，園の実態に合っているかどうか見直す．訓練を重ねることで，机上では見えなかったことが判明する．訓練結果を分析して，より効果的な対応マニュアルに改訂していく．

c. 実際に危機が発生した場合

事故や災害が発生した場合，的確な情報収集に努め，実際に何が起きているのか把握することに全力を傾ける．行動にあたっては早期収拾を念頭に，来園者の安全を確保し人命を最優先する．繰り返しになるが，危機管理については日頃からの備えが肝要である．そのためには，さまざまなリスクを想定し，アンテナの感度を上げて対応策を練っておく．ヒヤリ・はっと事例は事故発生の兆候であり，リスク・マネージメントの貴重な情報源である．ヒヤリ・はっと情報を定期的に集め，職員間で共有することで，緊張感の維持と再発防止に役立てていく．

言うまでもないことだが，事故を隠蔽することで受ける動物園のダメージははかりしれない．情報を小出しにすることも，隠蔽の疑念をいだかせる．危機広報の窓口を1人に一元化することで混乱を避け，情報を小出しにせず，判明している事実を誠実に報告することは，動物園の社会的責務である．　　　　　　　　　　　〔成島悦雄〕

文　献

文部科学省生涯学習政策局社会教育課・三菱総合研究所（2008）：博物館における施設管理・リスクマネージメントガイドブック（基礎編）．

文部科学省生涯学習政策局社会教育課・三菱総合研究所（2009）：博物館における施設管理・リスクマネージメントガイドブック（実践編）．

文部科学省生涯学習政策局社会教育課・三菱総合研究所（2010）：博物館における施設管理・リスクマネージメントガイドブック（発展編）．

（※上記3点は文部科学省のホームページからPDF版をダウンロードできる．）

10.2.4 動物の収集計画（コレクション・プランニング）

生きた動物を収集し展示することは，動物園機能の根幹である．保全科学・普及啓発・余暇の場として動物園の機能も生きた動物たちなくては成り立たない．個々の動物園は，その園のコンセプトに沿って動物の収集を行ってきた．しかし単科動物園や地域の動物限定など厳格なコレクションのポリシーをもった園を除き，動物の収集は入手の難易度，キュレーターの好み，競争意識，コマーシャリズムといった部分に左右されてきた．ところが近年の動物園をとりまく社会環境の急激な変化は，展示動物の確保を難しくさせ，その傾向にはますます拍車がかかっている．そこで長期的に展示動物を確保し，動物園の機能を低下させないためには，戦略的な動物の収集計画が必要となってきた．動物の戦略的な収集計画は動物園にとっては比較的新しい概念であるが，すでに国や地域あるいは地球規模に及ぶ計画が実行され始めている．

地球の自然環境の悪化や人による過度の捕獲などにより絶滅のおそれのある動物はますます増加している．動物園はそれらの種の域外保全の場としてその飼育下個体群の確立に力を注ぐこと，あるいは動物をとりまく環境について情報を発信し普及啓発していくことが求められている．ところが，飼育下個体群を確立し長期にわたって維持するには一筋縄では解決できない問題が横たわっている．動物を繁殖させ世代を重ねることは，個体群のもつ遺伝的多様性の減少を招くことを意味する．多くの繁殖計画ではその目標として100年間に遺伝的多様性の残存率を90％とする．遺伝的多様性の減少は，特に個体数の小さな集団および世代期間の短い種に顕著に現れる．遺伝的多様性が減少した個体群は画一化した形質の集団となるため，環境の変化等に対応する能力が減少し，ひいては，集団が存続できなくなる危険性を高めることになる．そこで，できるだけ多くの個体を確保し多様性の損失を防ぐ必要がある．しかし動物園のもつ資源（飼育スペース，飼育にかかわるコストなど）は限りがある．特に飼育スペースは飼育個体数を制限してしまう．これを解決するためには，希少種ごとに飼育下繁殖計画の目標を定め，飼育環境が競合する種についてはスペースの割り当てを調整しなければならない．ところが問題は希少種だけではとどまらない．

a. ラクダの消える日

ラクダはだれでも知っている動物であり，動物園でもなじみの深い種である．ラクダはヒトコブラクダとフタコブラクダの2種がいる．ところが，近い将来ラクダが日本の動物園から消え去るおそれが出てきた．飼育されているラクダは家畜であり域外保全の対象になるわけでもない．それぞれの国内の動物園での飼育園数と飼育個体数を日本動物園水族館協会加盟園について調べてみると，フタコブラクダは1912年に35園107頭から20年後の2012年には16園38頭に，ヒトコブラクダは1992年に19園60頭から2012年には8園23頭に急激に減少してしまった．この2種のラクダの集団の年齢分布については調べられていないが，近年の繁殖数の少なさから高齢化していることが予想されている．ラクダは特に繁殖が難しい動物ではなく入手もそれほど難しくなかったため，それぞれの園館がむやみに個体数を増加させないための繁殖制限が行われ，その結果として個体数の減少を招いてしまった．

近代動物園の歴史をさかのぼると，おもに野生から捕られた動物を入手し展示していた．1種につき1頭を展示し，その個体が死亡したら代わりの個体を購入するか，その動物舎で飼育が可能な類似種を手に入れた．もちろん現在では，動物園で飼育展示される個体の多くが飼育下で繁殖した個体であり，野生由来の個体を恒常的に補填することで展示動物を確保することは許されない．単体の動物園が個々の方針のみで展示動物を維持していくことはなかば困難であり，国内あるいは海

外の動物園や繁殖施設との連携が必須となっている．そこで地域すべての施設の飼育動物を1つのコレクションとみなし，そこに飼育される動物を選定し継続的な飼育を可能とする計画が必要となってきた．しかし海外との連携は容易ではなく，特に希少種の国際間の移動についてワシントン条約（CITES）により厳しく制限されている．また日本の家畜伝染病予防法では，口蹄疫，鳥インフルエンザなど畜産業に大きな影響を及ぼす疾病等の発生により関連のある種の輸入が一時的あるいは恒常的に禁止されるほか，輸入検疫などのコストも高い．さらに人に感染するパンデミックな疾病の出現をうけて，霊長類，翼手類，齧歯類，食肉類の一部の輸入が原則的に禁止された．加えて，すべての陸生哺乳類では輸出国や地域の機関の認めた衛生条件が輸入のために必須となる．そのため国によっては非常に煩雑な手続きやかかわるコストが増大し，簡単に輸入ができない．

b．地域収集計画の策定

展示動物の確保や継続的な域外保全計画の遂行のため全米動物園協会（AZA），欧州動物園協会（EAZA），大洋州動物園協会（ZAA）などでは，それぞれの地域で動物の分類群ごとに，どんな種をどれだけ飼育展示するかという計画を策定している．これを地域収集計画（regional collection plan）と呼んでいる．

かつては分類学的配列の手法により動物舎が配置されることが多く，たとえばキジ類では何コマもある長屋式の禽舎で多くの種が飼育されることが通例であった．近年の動物舎環境を見せる大がかりなものに変わりつつあり，クラシックな長屋式の禽舎は徐々に消えている（図10.1～10.2；これらは霊長類の展示例）．そのあおりで全米の動物園におけるキジ類の飼育個体数が急激に減少し，このままでは保全の必要な種でさえ消えてゆく可能性が出てきた．そこでキジ類の地域収集計画を立ち上げ，動物園が連携して継続的に計画の対象種を管理する方向を示した．地域収集計画に

あたり，分類群ごとにどれだけの種および個体が飼育できるか，地域全体の収容力を調査しなければならない．大型の動物やペア飼育の種などは特にこの調査が必要である．収容力によって，その地域で可能な繁殖計画が決まってくる．

地域収集計画の策定にあたって，基本的には分

図10.1　長屋式展示の例
コンパクトなスペースに複数の種が収容できる．

図10.2　環境を見せる展示の例
水堀と植栽に覆われ展示効果が高いが，収容種数は限られる．

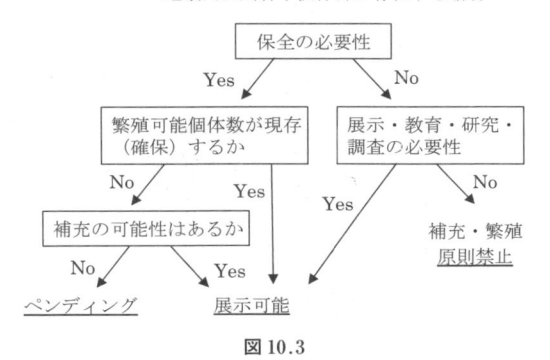

図10.3

類群ごとにすべての種について，以下の点を考慮し種の選定を行うこととなる．まず域外保全という観点が重要である．国際自然保護連合（IUCN）により公開されているレッドリストによる危機度の評価，ワシントン条約（CITES）の評価，または国内のレッドリストなどが域外保全の必要性の目安となる．これらに該当する種は計画の優先度が高く扱われる．次に実現の可能性があげられる．どれほど計画の必要性が高い種であっても，入手の可能性がほとんどない種や現時点で飼育および繁殖の技術を持ち合わせていない種については除くべきである．最後に，展示動物としての側面である．カリスマ的な種，来園者の知的好奇心を喚起させる種，その地域の文化や生活に深いかかわりをもつ種，生きた化石などの学術的な価値をもつ種などは，展示動物を通じて生物や自然環境などを普及啓発する機能をもつ動物園にはずせないものとなる．選定された種についてはいくつかのカテゴリーを設け，その種の管理方法，個体数などを決める．繁殖計画をつくり移動の調整や勧告を行う種，あるいは血統登録簿のみ作成する種など重要度によって分けられる．選定には，対象となる分類群の種の危機度のランク，地域で飼育されている個体数，世界で飼育されている個体数，飼育の難易度，特記事項等を一覧した表をもとに，マトリクスを利用して評価をし，計画の基礎を策定する．

動物園が長期にわたって多くの種を維持していくには，その資源は少なすぎるほどである．資源を可能な限り有効に活用し，絶滅のおそれのある種の域外保全への貢献あるいは展示動物の確保を続けるためには，その国や地域の動物園の収集計画の立案が必須となってきた．世界動物園水族館協会（WAZA）が主導する世界種管理計画（Global Species Management Plan：GSMP）も，希少種保護について国際的な連携を求めてきている．もちろん収集計画の基本は個々の動物園にゆだねられているが，これらの計画に参画することが，個々の動物園の展示動物の将来に対して必ずや貢献するはずである． 〔日橋一昭〕

10.2.5 世界の動物園連合体

本項では動物園に関連した国際機関について紹介するとともに，それらがどのような形で野生生物保全に寄与しているのかについて述べる．

a. 世界動物園水族館協会（World Association of Zoos and Aquariums：WAZA，www.waza.org）（図10.4）

2012年に77周年を迎えたWAZAは，中央ヨーロッパ動物園長会議がもととなり1935年に設立された国際動物園長協会がその始まりである．その後何度か名称が変更され，2000年から現在のものが使用されている．WAZAはそのビジョン（将来像）として，世界中の動物園水族館における十分な保全可能性の実現を掲げており，世界中の動物園水族館コミュニティの声となり，保全活動における協働を促進させることをその使命としている．さまざまな関連組織とパートナーシップを結び，各組織と動物園水族館コミュニティとの連携に努めるほか，世界中の動物園水族館が保全活動に取り組む指標となっている世界動物園水族館保全戦略を策定，世界中で行われている保全プログラムを助成するなど，生息域内外における保全活動への支援も展開している．WAZAの運営を管理するのが評議会であり，そのほかに9つの委員会が存在する．各委員会はさまざまな任務を遂行しているが，世界中のさまざまな地域との

図10.4 世界動物園水族館協会（WAZA）77周年記念ロゴ

連携に関与しているのが個体群管理委員会（Committee for Population Management：CPM）である．この委員会は世界を代表する8つの地域協会の代表者で構成されており，国際血統登録簿やその他のさまざまな議題が扱われる．CPMの活動の重要な柱である国際血統登録簿およびGSMPについて以下に述べる．

国際血統登録簿（International studbook：ISB）とは，絶滅の危機に瀕した種／亜種を対象に，最新の正確な血統情報を維持していくことを目的として，飼育下個体を登録するためのものであり，これを管轄しているのがWAZAである．適切な個人を担当者としてWAZAが指名する．ISBとは別に，各地域における血統登録簿が存在する種／亜種もあり，これらは地域血統登録簿（Regional studbook：RSB）と呼ばれる．RSBは各地域協会の管轄であり，その管理体制は各地域協会によって異なる．2012年12月現在，49ヶ国に存在する395の動物学的機関に所属する985人の血統登録担当者により約1600冊の血統登録簿が発行されている．現在の血統登録対象種数は994種であり，合計100万個体以上が登録されている．血統登録簿は保全に欠かせない正確な最新のデータを保持していくうえで要となるシステムであり，遺伝学的分析ならびに個体群統計学的分析を行ううえで必要不可欠なものである．

WAZAが管轄するしくみは血統登録簿だけではない．2003年WAZA総会において採択された文書がもととなり，2011年，CPMは国際種管理計画（Global Species Management Plan：GSMP）を策定した．GSMPは，これまでに各地域協会内で実施されてきた計画を統合し，個体群の長期的持続可能性を向上させるべく世界規模で協力していくことを目的としている．GSMP会議では個体群統計学的分析ならびに遺伝学的分析に基づき，各地域における個体群目標を全参加者が把握し，議論を重ね，最終的には各地域における繁殖計画や地域間での個体の移動などの詳細が詰められる．2012年12月現在のGSMP対象種は，スマトラトラ（*Panthera tigris sumatrae*），アムールトラ（*Panthera tigris altaica*），レッサーパンダ（*Ailurus fulgens*），ズアオキノドガビチョウ（*Dryonastes courtoisi*）の4種／亜種である．このほかに現在準備中のものが数種おり，今後GSMP対象種数の増加が見込まれている．

b. 保全繁殖専門家グループ（Conservation Breeding Specialist Group：CBSG, www.cbsg.org）

CBSGはIUCNと動物学的コミュニティの間の連絡役として1979年に設立された．当初は飼育下繁殖専門家グループ（Captive Breeding Specialist Group）という名称であったが，野生下個体群の集中管理の必要性を感じ，1996年に現在の名称に変更された．現在CBSGはIUCNの種の保存委員会（Species survival committee：SSC）の1つであり，550名の専門家からなる国際ボランティアネットワークである．CBSGは世界中の保全活動の有効性を向上させることにより絶滅危惧種を救うことをその使命としている．CBSGはこれまでに67ヶ国において230種以上を対象とした440以上のワークショップに参加をしている．また，190の動物園水族館，180の保全NGO，65の大学，50の政府機関および35の企業との協力を行ってきた．CBSGが開発したおもな保全ワークショップとして，個体群および生息域存続可能性評価（Population and Habitat Viability Assessment：PHVA）ワークショップ，保全評価および管理計画（Conservation Assessment and Management Plan：CAMP）ワークショップ，包括的な保全計画（Comprehensive Conservation Planning：CCP）ワークショップがあげられる．

図 10.5　国際種情報システム機構（ISIS）のロゴ

c. **国際種情報システム機構**（International Species Information System：ISIS, www.isis.org）（図 10.5）

ISIS は，機関，地域および世界レベルでの動物管理および保全目標達成のために，動物園，水族館および関連保全機関が，動物とその環境に関する知識の収集および共有をする際の国際協力を促進することを使命とする国際非営利団体である．1974 年に 55 園館の参加をもって，ISIS のシステムは開始され，1979 年には 100 機関，1990 年には 400 機関，2012 年 12 月現在では 806 機関まで，その加盟機関数は増加している．現在 ISIS のデータベースには 1 万 5 千タイプ（種／亜種／交雑種），250 万個体が登録されており，今後もその数は増加していくことが予想されている．ISIS は加盟機関によって選出された理事によって管理されており，本部のあるアメリカ合衆国ミネソタ州イーガン市のほか，コロンビア，オランダ，インド，日本に各地域の担当者が常駐している（2012 年 12 月現在）．

では実際にそれぞれの動物園と ISIS はどのようにつながっているのだろうか．ISIS は動物の記録を保存するためのソフトウェアを開発しており，各加盟機関が入力したデータが ISIS のサーバー上に集約され，ウェブサイトを介して加盟機関はデータを共有している．ISIS 設立当初はデータを紙に記入してやりとりされていたが，その後 PC およびインターネットの普及を経て，現在はインターネット上のアプリケーションを用いたデータの管理が行われている．

ではなぜ飼育個体のデータを共有する必要があるのか．繁殖可能な個体の入手および繁殖の継続による展示個体の保持は，動物園において常に考慮しなければならない非常に重要な課題であるとともに，関係者の悩みの種でもある．1990 年に ISIS に登録されていた哺乳類のうち，飼育下繁殖個体は全体の 2/3 だったが（ISIS, 1990），2007 年には，その割合が 89％まで上昇している（ISIS, 2008）ことからも，飼育下繁殖の重要性がわかる．展示スペースを空にしないことは当然だが，そのためだけに由来の不明な個体を迎えるのは，はっきりいってギャンブルである．繁殖可能な年齢の個体であり，かつ既存個体との遺伝的関係性が良好だったとしても，繁殖が成功しない可能性はもちろん存在する．事前に個体情報を可能な限り把握し，自園館の既存個体群との関係性を明らかにするとともに，所属地域において血統登録種となっている場合には血統登録担当者に分析を依頼し，その個体を導入した場合に地域内の個体群動態がどのように変化するのかを明らかにすることが重要である．また，このような過程を経て導入個体を選定することにより，個体群目標の達成に近づくことが可能となる．そして，それを可能にするのは，ISIS のデータベース以外には存在しない．今や国内レベルではなく，世界レベルでの協働が求められている時代である．皆で力を合わせなければ，保全活動は功を奏しない．他園館との協力なしに，ひとつの動物園だけが生き残るということはあり得ないのである．

ISIS には動物記録を保存するためのソフトウェアが各種存在する．そのおもなものを以下に簡単に述べる．まず動物記録保障システム（Animal Records Keeping System：ARKS）だが，これは各 ISIS 加盟園館において使用されているソフトウェアであり，日々の動物の記録を保存するためのものである．たとえば，3 つの動物園に移動した個体の場合，各園に 1 つずつデータが存在し，それらが ISIS のデータベース上で統合されるようになっている．獣医学的動物記録保

存システム (Medical Animal Records Keeping System：MedARKS) は，ARKS の獣医学版だと思ってもらえばよい．一般的な医学的データに加えて，寄生虫学，治療，処方箋，麻酔，冷凍保存，臨床検査，病理学に関するデータを記録することができる．単一個体群記録分析システム (Single Population Animal Records Keeping Software：SPARKS) は，血統登録担当者のためのソフトウェアである．血統登録簿作成に必要なデータ管理のほか，個体群管理プログラムに必要不可欠な個体群統計学的および遺伝学的分析を行うことができる．動物学的情報管理システム (Zoological Information Management System：ZIMS) は，ISIS が 10 年以上の歳月をかけて研究，開発を行ってきた次世代のソフトウェアである．インターネット接続さえあれば，さまざまなメディアからのアクセスが可能である．場所も時間も選ばない．また，インターネット上のアプリケーションであるため，地球の裏側で入力されたデータが瞬時に利用者の手の中に表示される．

現在 ZIMS には ARKS の機能のほか，収容場所，ライフサポートシステム，職員管理など，各機関におけるデータ管理に必要な機能が収められている．2012 年 12 月現在，ISIS 加盟機関は ARKS から ZIMS へと移行中であり，今後 MedARKS ならびに SPARKS の機能もより高性能なものとなって ZIMS に追加され，ISIS の動物学的情報管理システムは ZIMS に一本化されることとなる．世界中の動物学的機関が ZIMS を用いてデータを共有することにより，よりよい個体群管理が可能となり，ひいてはより効果的な野生生物保全が可能となるだろう．ISIS はその一助となれることを心から願っている．

〔冨澤奏子〕

文献（参考ウェブページ）

World Association of Zoos and Aquariums (WAZA)：世界動物園水族館保全戦略. http://www.waza.org/en/site/conservation/conservation-strategies

索　引

欧　文

Animal Welfare　164
ARKS　190
BSE　115
CBSG　189
CPM　189
CR　33
CS　33
EEP　50
ESD　148
GSMP　188,189
ha-ha　125
hands-on　143
ICZ　16
interactive　144
iPS 細胞　60
ISB　189
ISIS　50,57,80,190
IUCN　47,57,179,188
IZE　149
JAZA　57,177,179
JAZA 動物倫理規程　180
LH サージ　40
MedARKS　191
OIE　111,164,168
participatory　144
RSB　189
SARS　115
SPARKS　80,191
SSC　189
SSC-J　50
SSP　50
The Big Idea　134
UR　33
US　33
WAZA　57,180,188
WZO　180
ZIMS　191
Zoo Biology　25
Zoo Horticulture　137
zoo rock　137

あ　行

赤足病　94
悪性カタル熱症　116
顎　28
安佐動物公園　20,51
旭山動物園　15,19
アジア・太平洋地域渡り性水鳥保全戦略　58
アスペルギルス症　116
阿蘇カドリー・ドミニオン　22
アニマル・キングダム　10
アニマルコンタクト　150
アフリカクルーズ（野毛山動物園）　160
アフリカ・ハウス（チューリッヒ動物園）　124
アメリカ自然史博物館　127
アリゾナ・ソノーラ砂漠博物館　128
安楽殺処分　66,101,119

活餌　94
域外保全　49,51,56,59,186
域内保全　49,51,56,67
生き物・学び・研究センター　26
池　87
石川千代松　13
異節類　28
移送　82
一眼レフカメラ　162
一次予防　103
市原ぞうの国　21
遺伝(的)管理　74,77
遺伝資源　59
遺伝子資源　59
遺伝子資源バンク　59,62
遺伝子の多様性　56
遺伝的多様性　76,186
胃内異物症　110
井の頭自然文化園　17,144
いのちのミュージアム　1
イベルメクチン　112
インタープリテーション　157
インディラ　19
咽頭歯　29
インフォーマル・エデュケーション　134
インフォームド・コンセント　100

上野動物園　12,18,126
ウェーバー器官　31
ウガンダ野生生物保全事業　51
鰾　30
ウッドランドパーク動物園　128

営巣木　87
栄養素要求量　70
液体窒素　59
エストラジオール-17β　43
越冬地放鳥　54
エトルフィン　119

黄体形成ホルモン　40,43
黄体ホルモン　43
オウム病　115,116
オオアリクイ　85
オオカミ　108,121
オオコウモリ　85
オオサンショウウオ　51,93
沖縄こどもの国　20
オシコーン　29
オペラント条件付け　33,35
オペラント反応　33
オランウータン　158

か　行

外交配　74
解説計画　142
解説サイン　133,135
改善用評価　140
ガイド　157
外部発信　175
怪網　30
外来生物法　58,182
カエルツボカビ症　94,115,116
化学的不動化　82,120
角質器　29
角質鱗　29
学社連携　153
学習　32
　　──の生物学的制約　33
貸し出し用教材　155
風切羽　29
家畜伝染病予防法　116,182,184
金沢動物園　22

索　引

ガラス　138
カラーリング　72,87
ガルシア効果　33
カルシウム剤　91
皮手袋　81
がん　107,109
環境エンリッチメント　85,162,169
環境教育　1,4,133,148,158
環境試料タイムカプセル棟　62
環境要因　66
環境倫理　165,166
観察プログラム　154
感染症　115,184
感染症法(感染症予防法)　116,183,184
感染症防止対策　116
カンムリシロムク保護事業　51

キー・エリア　71
擬岩　137
危機管理　183
危機管理体制　185
鰭脚類　29
希少種　55
寄生　111
寄生虫学　111
寄生虫病のコントロール　113
基礎代謝量　70
気嚢　30
揮発性脂肪酸　68
擬木　137
キャッチャーポール　81
キャノネット　82
吸虫　111
教育　1,132,148,158
教育基本法　153
強化　33
強化子　33
狂犬病予防法　116
共生　111
蟯虫　112
共通祖先　78
京都市動物園　13
キリン　118
筋胃　30
緊急連絡網　185
近交係数　76,78
近交弱勢　75,78
近交劣化　75
筋弛緩薬　119,120
近親交配　75,78

くる病　92

グレイザー　84
クローン動物　60

経営　173
経営学　4
経営資源　173
経営理念　174
景観デザイン　136
頸椎　28
鯨類　29
外科学　106
ケージ　86
血縁占有度　77
結核　110,116
結果評価　139
齧歯目　84
血統登録　195
原猿類　85
嫌悪刺激　33
嫌気発酵　69
健康診断　99
検卵　89

コイヘルペスウイルス病　115
コウ(，ジョン)　129,136
攻撃行動　37
後肢帯　28
後腸発酵動物　69
口蹄疫　115,183
行動学　36
行動観察　27
コウノトリ　53
コウノトリ野生復帰推進計画　53
交配法　74
交尾器　31
厚皮獣館(ロンドン動物園)　124
高病原性鳥インフルエンザ　115,183
抗不安薬　120
コウモリ　85
コオロギ　94
古賀忠道　14,18,126,152
国際間交流　50
国際希少野生動植物種　181
国際血統登録　50
国際血統登録簿　189
国際自然保護連合　47,57,179,188
国際獣疫事務局　111,164,168
国際種管理計画　189
国際種情報システム機構　57,80,190
国際動物園教育者協会　149
国内希少野生動植物種　181

個体管理　71
個体群管理委員会　189
個体識別　71,87
個体数調節機能　67
古典的条件付け　32
子ども動物園　151
コミュニケーション　36
コレクション　21
コレクション・プランニング　186
コンウェイ(，ウィリアム)　11,127,130
根拠に基づいた医療　100
コンゴ(ブロンクス動物園)　130
近藤典生　14
コンパクトカメラ　162

さ　行

採血　105
再導入　55,59
採用試験　172
作為交配　74
雑種強勢　74
佐渡　53
砂嚢　30
サファリ　11
「3R」の原則　26
参加型プログラム　149,158
三次予防　103,106
サンディエゴ動物園　9,60

飼育下繁殖　52
飼育下繁殖専門家グループ　189
飼育ケージ　93
飼育個体群の遺伝的管理　77
飼育個体群の管理　48
飼育体験　162
シェイピング　36
シェーンブルン宮殿　6
ジオ・ズー　8
ジオラマ展示　126
紫外線ライト　91,92
シカゴ万国博覧会　123
子宮　31
始原生殖細胞　61
事後学習　155
シジュウカラ　161
シジュウカラガン　53
耳小骨　28,31
ジステンパー　105,110,116,117
事前学習　155
自然災害　184
自然繁殖　40,88
事前評価　139

持続可能性　148
持続可能な発展のための教育　148
持続可能な利用　67
湿度管理　93
指定管理者　175
指定管理者制度　178
耳標　72
姉妹都市　63
市民ガイドボランティア　156
市民ズーネットワーク　169
ジャイアントパンダ　63
社会教育施設　153
社会行動　36
弱有害遺伝子　79
写真撮影　162
ジャングル・ワールド（ブロンクス動物園）　128, 129
獣医学教育モデル・コア・カリキュラム　98
獣医学的動物記録保存システム　190
獣医師免許　172
収集計画　186
集団の有効な大きさ　76
終末期医療　100
絨毛性性腺刺激ホルモン　43
宿主　111
宿主特異性　115
種差別　165
種の多様性　56
種の同一性　65
種の保存　1
種の保存委員会　179, 189
種の保存法　46, 56, 58, 180
種別計画管理者　181
種保存計画　50
馴化　32
馴化施設　55
準備性　34
消化管内微生物　69
消化器系　29
条件刺激　33
条件性反応　33
条虫　111
常同行動　171
傷病鳥獣救護　102
食物嫌悪学習　33
初乳　86
鋤鼻器　32
飼料消化率　70
資料の整理　71
資料の保管　64
人工育雛　90

人工授精　40
人工照明　88
人工巣穴　52
人工巣塔　53
人工繁殖　88
人工哺育　86, 96
人獣共通感染症　115
心臓　30
人畜共通感染症　115
心理学的幸福　168

水晶体　32
水族館　17
水平交換歯　29
ズーストック計画　15
ズーノーシス　115, 184
巣箱　161
ズーラシア（よこはま動物園）　161
刷り込み　90, 96

精子　60
生殖幹細胞　61
生殖細胞　59
生殖周期　40
聖書動物園　22
精巣　31
精巣ホルモン　43
生息域外保全　49, 56, 59, 186
生息域内保全　49, 56, 67
生息環境の再現　66
生息地分断ゲーム　159
生態学　36
生態系の多様性　56
生態展示　10
性判別　88
生物多様性　148
生物多様性委員会　57
生物多様性基本法　58
生物多様性国家戦略　58
生物多様性条約　58
世界遺産条約　58
世界種管理計画　188
世界動物園機構　180
世界動物園水族館協会　57, 180, 188
世界の動物園連合体　188
脊椎　28
赤痢　116
絶滅危惧Ⅱ類　55
絶滅の渦巻　47
セルロース　69
セルロプラスミン　44
セレン欠乏症　104
繊維芽細胞　61

繊維成分　69
前胃発酵動物　69
センザンコウ　29
前肢帯　28
選択的連合　33
線虫　111
セントラルパーク動物園　9
船舶輸送　82

総合的な学習の時間　153
総合ビタミン剤　91
相互行動　38
創始個体　58
創傷　106
草食動物　68, 84
　　――の消化管システム　69
総排泄腔　30
ゾウ列車　14, 18
側線　31
組織管理　175
嗉嚢　30

た　行

対応マニュアル　185
体験型展示　143
体細胞　59
代謝体重　70
胎盤　31
多錐体性腎　31
玉網　81
多摩動物公園　14
多目的スペース　141
単一個体群記録分析システム　191
単胃動物　69
単科動物園　21
単錐体性腎　31

地域血統登録簿　189
地域収集計画　57, 187
地域保全計画　16
チオ硫酸ナトリウム　93
逐次接近法　35
致死遺伝子　75, 79
致死相当量　79
チメック（, ベルンハルト）　8
中間評価　139
チューリッヒ動物園　124
調査・研究　1
鳥舎　87
鳥獣保護事業計画　102
鳥獣保護法　58, 102, 183
鳥類の飼育　86
貯卵　89

索　引

鎮静　120
鎮静剤　83
鎮静薬　120
チンパンジー　118, 120, 160

ツシマヤマネコ　47, 54
角　29
ツベルクリン検査　110

定期巡回　99
テストステロン　43
データベース　73
レッサーパンダ　117
レッドリスト　188
テーマパーク化　131
展示デザインチーム　134
展示デベロッパー　135
展示の評価　139
天然記念物　181
天王寺動物園　13
転卵　90

道具的条件付け　33
凍結保存　60
動植物園　17
糖新生　68
頭頂眼　32
糖尿病　110
動物愛護運動　165
動物愛護管理法　182
動物愛護法　178
動物遺体　101
動物慰霊碑　167
動物栄養学　67
動物園　17, 64
　　──の関係法規　180
　　──の目的　177
　　──の倫理　168
　　──の歴史　6
動物園科学　24
動物園学　2, 24
動物園学習　155
動物園経営　173
動物園獣医師　98
動物園組織　173, 175, 177
動物園体験　149
動物園長　177, 179
動物園展示　122
動物園動物飼育に関する国際会議　16
動物解説員　150
動物学園　2
動物学的情報管理システム　191

動物感染症　115
動物教育　149
動物記録保障システム　190
動物権利運動　165
動物公園　17
動物実験　165
動物園生物学　24
動物脱出事故　184
動物等取扱業　18, 178, 182
動物取扱責任者　182
動物の収集計画　186
動物の生活の質　168
動物福祉　119, 129, 164
動物由来感染症　115
動物倫理　164
トキ　48, 52
トキ保護センター　52
特定外来生物　182
特定動物　182
特別天然記念物　181
都市公園法　18
ドバン　75
止まり木　87
共食い　94
富山市ファミリーパーク　20, 177
ドリームナイト・アット・ザ・ズー　16
トローバン　72
トワイクロス動物園　22

な　行

内科学　109
内交配　74
内分泌モニタリング　42
中川志郎　2
長屋式展示　187
ナマケモノ　85
鉛中毒　110

肉食動物　84
二次予防　103, 105
日周期活動　36
日本オオサンショウウオの会　52
日本カモシカセンター　21
ニホンコウノトリ　53
日本動物園水族館協会　13, 17, 50, 57, 177, 179
日本の展示文化　132
日本標準飼料成分表　91
日本モンキーセンター　22, 25
尿酸　68
妊娠個体の飼育　86
妊娠判定法　44

ネズミ　84
熱中症　81, 82

野毛山動物園　160

は　行

バイオテレメトリー　39
配偶システム　36
肺呼吸　30
博物館　18, 132
　　──の四大機能　64
博物館相当施設　64
博物館法　18, 64, 183
博覧会　12, 132
ハーゲンベック（，カール）　7, 8, 125
バスキングスポット　92
バスキングライト　91
ハズバンダリートレーニング　34, 35, 99, 162
爬虫類の飼育　90
罰　33
罰子　33
発情周期　40
はな子　19
パノラマ式展示　8, 125
ハビタット・グループ　127
パブロフの犬　32
パラポックスウイルス症　116
ハンコックス（，デイヴィッド）　124, 128
繁殖ケージ　87
繁殖生理　40
繁殖地放鳥　54
反芻胃　30, 69
反芻動物　69, 110
ハンズ・オン　144

非意図的人為選択　65
東山動物園　18
ヒゲクジラ　29
非侵襲的研究法　26, 40
ビタミンB_1欠乏　104
ビタミンB合剤　104
ビタミンD_3　91, 92
蹄　84
人と動物の共通感染症　101, 115, 184
皮膚　29
皮膚移植手術　108
皮膚腺　29
評価　156
氷山モデル　3

病理検査　101
皮翼目　29

フィラデルフィア動物園　9
孵化介助　90
吹き矢　82, 117
複胃　30
富士サファリパーク　20
豚丹毒　116
物産会　132
物理的不動化　120
不動化　119, 120
ブラウザー　84
孵卵器　89
ブリーディング・ローン　76
プロジェクト・ワイルド　150
プロジェスタージェン　43, 44
プロジェステロン　42
プロスタグランジン $F_{2\alpha}$　44
ブロンクス動物園　9, 123, 126
文化財保護法　58, 181

ヘディガー（, ハイニ）　124
ベルリン動物園　7, 123, 126
変温動物　90
扁形動物　111
片利共生　111

膀胱　31
捕獲器具　81
捕獲技術　80, 88
捕獲筋病　80, 88
捕獲訓練　184
保護増殖事業計画　181
補充卵　88
保全医学　101, 103
保全生物学　46
保全繁殖専門家グループ　189
ホッキョクグマ　107
保定法　88
ホーナデイ（, ウイリアム・T.）　126
哺乳類の飼育法　83
ホモ接合体　75
ホワイト・シティ　123
ボン条約　58
本能による漂流　34

ま 行

マイクロチップ　72, 88
マーキング行動　38
マショアラ（チューリッヒ動物園）　131
麻酔　117, 120
麻酔管理　119
麻酔銃　82, 117
麻酔薬　118, 120
円山動物園　19

ミオパチー　80
味覚嫌悪条件付け　33
水場　87
ミネラルの給与　84
ミールワーム　85

無胃魚　29
無作為交配　74
無柵放養式　15
無条件刺激　33
無条件反応　33

メタルハライドランプ　92
メタン　69, 70
メナジェリー　6

盲腸　30
目標設定　174
モグラ　85
モート　125

や 行

夜行性　85
ヤコブソン器官　32
野生生物保全基金　57
野生生物保全センター　25
野生動物保護基金　57
野生動物リハビリテーター　103
野生復帰　48, 53, 103

幽門垂　30
ユーコン・ベイ（ハノーファー動物園）　131
輸送檻　82
ユニバーサルデザイン　140

幼獣の飼育　86
幼生（両生類）の飼育　95
幼虫移行症　113
翼手目　29, 84
横浜市繁殖センター　25
よこはま動物園ズーラシア　161
予防医学　103
予防接種　117
ヨーロッパ絶滅危惧種計画　50

ら 行

ライオン　106
ライガー　75
ラインアンドスタッフ組織　175
ラクダ　186
ラーソン（, マーヴ）　128
ラナウイルス症　94
ラバ　75
ラムサール条約　58
ランドスケープ・イマージョン　128
卵胞ホルモン　43

理科授業　154
陸生動物衛生規約　168
リスク・マネージメント　185
リハビリテーション　106
両生類の飼育　92
リラキシン　44

類人猿　85

冷凍動物園　60
レスポンデント条件付け　32
レッサーパンダ　105, 110
レッドリスト　55, 181
裂肉歯　29
レッドリスト　47

老齢動物　86
濾過槽　93
ロッテルダム動物園　16
ロンドン動物園　1, 7, 123

わ 行

ワークショップ　150
ワクチン　104, 110, 117
ワシントン条約　20, 46, 56, 58, 181, 187
渡りの復元　54

編者略歴

村田 浩一（むらた こういち）
1952年　兵庫県に生まれる
1975年　宮崎大学農学部獣医学科 卒業
現　在　日本大学生物資源科学部動物資源科学科 教授
　　　　よこはま動物園ズーラシア 園長（公益財団法人 横浜市緑の協会）
　　　　博士（獣医学）
〔おもな編著書〕
『新・飼育ハンドブック 動物園編 第4集―展示・教育・研究・広報』
（日本動物園水族館協会，2005年）
『動物園学』［監訳］（文永堂出版，2012年）
『獣医学・応用動物科学系学生のための 野生動物学』［共編］
（文永堂出版，2013年）
ほか

成島 悦雄（なるしま えつお）
1949年　栃木県に生まれる
1972年　東京農工大学農学部獣医学科 卒業
現　在　東京都井の頭自然文化園 園長（公益財団法人 東京動物園協会）
　　　　日本獣医生命科学大学 客員教授
〔おもな編著書〕
『大人のための動物園ガイド』［編著］（養賢堂，2011年）
『動物（小学館の図鑑 NEO ポケット）』（小学館，2011年）
『野生との共存―行動する動物園と大学』［編著］（地人書館，2012年）
ほか

原 久美子（はら くみこ）
1959年　東京都に生まれる
1984年　上智大学大学院理工学研究科 博士前期課程修了
現　在　横浜市立金沢動物園 園長（公益財団法人 横浜市緑の協会）

動物園学入門　　　　　　　　　　定価はカバーに表示

2014年7月15日　初版第1刷
2023年3月15日　　　　第11刷

編　者　村　田　浩　一
　　　　成　島　悦　雄
　　　　原　　　久美子
発行者　朝　倉　誠　造
発行所　株式会社　朝　倉　書　店
　　　　東京都新宿区新小川町 6-29
　　　　郵便番号　162-8707
　　　　電　話　03(3260)0141
　　　　FAX　03(3260)0180
　　　　https://www.asakura.co.jp

〈検印省略〉

© 2014〈無断複写・転載を禁ず〉　　　Printed in Korea

ISBN 978-4-254-46034-6　C3061

JCOPY ＜出版者著作権管理機構 委託出版物＞
本書の無断複写は著作権法上での例外を除き禁じられています．複写される場合は，そのつど事前に，出版者著作権管理機構（電話 03-5244-5088，FAX 03-5244-5089，e-mail: info@jcopy.or.jp）の許諾を得てください．

◆ 図説哺乳動物百科〈全3巻〉 ◆

世界中の主要な哺乳動物について，地域ごとにまとめた"MAMMAL"の翻訳

東大 遠藤秀紀監訳　日本生態系協会 名取洋司訳

図説 哺乳動物百科 1
―総説・アフリカ・ヨーロッパ―

17731-2　C3345　　　A4変判 88頁 本体4500円

〔内容〕総説（哺乳類とは／進化／人類の役割／哺乳類の分類）。アフリカ（生息環境／草原／砂漠／山地／湿地／森林）。ヨーロッパ（生息環境／草原／山地／湿地／森林）

東大 遠藤秀紀監訳　日本生態系協会 名取洋司訳

図説 哺乳動物百科 2
―北アメリカ・南アメリカ―

17732-9　C3345　　　A4変判 84頁 本体4500円

〔内容〕北アメリカ（生息環境／草原／山地と乾燥地／湿地／森林／極域）。南アメリカ（生息環境／草原／砂漠／山地／湿地／森林）

東大 遠藤秀紀監訳　日本生態系協会 名取洋司訳

図説 哺乳動物百科 3
―オーストラレーシア・アジア・海域―

17733-6　C3345　　　A4変判 84頁 本体4500円

〔内容〕オーストラレーシア（生息環境／草原／砂漠／湿地／森林／島）。アジア（生息環境／草原／山地／砂漠とステップ／湿地／森林）。海域（生息環境／沿岸域／外洋／極海）

農工大 梶　光一・酪農学園大 伊吾田宏正・
岐阜大 鈴木正嗣編

野生動物管理のための 狩猟学

45028-6　C3061　　　A5判 164頁 本体3200円

野生動物管理の手法としての「狩猟」を見直し，その技術を生態学の側面からとらえ直す，「科学としての狩猟」の書。〔内容〕狩猟の起源／日本の狩猟管理／専門的捕獲技術者の必要性／将来に向けた人材育成／持続的狩猟と生物多様性の保全／他

田名部雄一・和　秀雄・藤巻裕蔵・米田政明著

野生動物学概論

45010-1　C3061　　　A5判 250頁 本体4500円

大学学部で「野生動物学」を学ぶ獣医学・畜産学系学生のためのテキスト。野生動物の保護保全に必要な知識，方法そして姿勢を平易にまとめた。〔内容〕野生動物の系統と分類／調査法／生態／増殖／行動と社会／野生動物医学／保護管理

佐藤衆介・近藤誠司・田中智夫・楠瀬　良・
森　裕司・伊谷原一編

動物行動図説
―家畜・伴侶動物・展示動物―

45026-2　C3061　　　B5判 216頁 本体4500円

家畜・伴侶動物を含む様々な動物の行動類別を600枚以上の写真と解説文でまとめた行動目録。専門的視点から行動単位を収集した類のないユニークな成書。畜産学・獣医学・応用動物学の好指針。〔内容〕ウシ／ウマ／ブタ／イヌ／ニワトリ他

前東北大 佐藤英明編著

新動物生殖学

45027-9　C3061　　　A5判 216頁 本体3400円

再生医療分野からも注目を集めている動物生殖学を，第一人者が編集。新章を加え，資格試験に対応。〔内容〕高等動物の生殖器官と構造／ホルモン／免疫／初期胚発生／妊娠と分娩／家畜人工授精・家畜受精卵移植の資格取得／他

野生生物保護学会編

野生動物保護の事典

18032-9　C3540　　　B5判 792頁 本体28000円

地球環境問題，生物多様性保全，野生動物保護への関心は専門家だけでなく，一般の人々にもますます高まってきている。生態系の中で野生動物と共存し，地球環境の保全を目指すために必要な知識を与えることを企図し，この一冊で日本の野生動物保護の現状を知ることができる必携の書。〔内容〕Ⅰ：総論（希少種保全のための理論と実践／傷病鳥獣の保護／放鳥と遺伝子汚染／河口堰／他）Ⅱ：各論（陸棲・海棲哺乳類／鳥類／両生・爬虫類／淡水魚）Ⅲ：特論（北海道／東北／関東／他）

早大 木村一郎・前老人研 野間口隆・埼玉大 藤沢弘介・
東大 佐藤寅夫訳

オックスフォード辞典シリーズ

オックスフォード 動物学辞典

17117-4　C3545　　　A5判 616頁 本体14000円

定評あるオックスフォードの辞典シリーズの一冊"Zoology"の翻訳。項目は五十音配列とし読者の便宜を図った。動物学が包含する次のような広範な分野より約5000項目を選定し解説されている。――動物の行動，動物生態学，動物生理学，遺伝学，細胞学，進化論，地球史，動物地理学など。動物の分類に関しても，節足動物，無脊椎動物，魚類，は虫類，両生類，鳥類，哺乳類などあらゆる動物を含んでいる。遺伝学，進化論研究，哺乳類の生理学に関しては最新の知見も盛り込んだ

上記価格（税別）は 2022年 9月現在